普通高等教育“十三五”规划教材

资源循环概论

刘维平　主编

化学工业出版社

·北京·

全书阐述了资源循环利用基本内涵及其发展、主要研究内容和方法；论述了资源循环利用与材料工业、生态环境和城市矿产的相互关系；阐述了资源循环利用相关的法律规制与保障制度；以材料分类为主线，论述了金属材料、无机非金属材料和高分子材料的循环利用技术、方法和原理；并阐述了固体废物及水资源的循环利用途径及方法。

本书可作为高等学校环境工程专业、资源循环科学与工程专业、材料工程专业、冶金工程专业的教学用书，同时可供资源循环利用相关领域的科技人员参考。

图书在版编目(CIP)数据

资源循环概论/刘维平主编．—北京：化学工业出版社，2017.1（2025.5 重印）
普通高等教育“十三五”规划教材
ISBN 978-7-122-28587-4

Ⅰ.①资…　Ⅱ.①刘…　Ⅲ.①资源利用-循环使用-高等学校-教材　Ⅳ.①X37

中国版本图书馆 CIP 数据核字（2016）第 287009 号

责任编辑：满悦芝　　文字编辑：荣世芳
责任校对：边　涛　　装帧设计：刘亚婷

出版发行：化学工业出版社（北京市东城区青年湖南街 13 号　邮政编码 100011）
印　　装：北京盛通数码印刷有限公司
787mm×1092mm　1/16　印张 $13\frac{3}{4}$　字数 331 千字　2025 年 5 月北京第 1 版第 6 次印刷

购书咨询：010-64518888　　售后服务：010-64518899
网　　址：http://www.cip.com.cn
凡购买本书，如有缺损质量问题，本社销售中心负责调换。

定　　价：32.00 元　

《资源循环概论》编写人员

主　　编　刘维平

副 主 编　高　永　蒋　莉

主　　审　周全法

编写人员　（以姓氏笔画为序）

孔　峰　刘维平　陈　娴　李雪飞

周全法　赵美珍　高　永　蒋　莉

前　言

资源是人类社会赖以生存和发展的基础，是人类生产和生活的源泉。在相当大的程度上，资源决定着人口的分布转移、社会生产力的布局调整和产业结构的组合变化，影响着经济与社会的进步。随着我国经济的迅速增长，各类自然资源面临着巨大消耗和生态环境保护的矛盾，这就要求我们对资源树立新的认识，采用新技术和新方法进行资源的有效开发与循环利用。近年来，资源循环利用作为一门新的交叉学科和一种战略性新型产业，已在世界范围内得到迅速发展。

本书重点阐述了资源循环利用的基础知识；论述了金属材料、无机非金属材料、高分子材料、固体废物及水资源循环利用的技术和方法；论述了资源循环利用相关的法律规制与保障制度。在引导认识资源循环利用与人类生存环境关系的基础上，阐述了资源循环利用的基本内涵及其发展、主要研究内容和方法，论述了资源循环利用与材料工业、生态环境和城市矿产的相互关系。在金属材料循环利用中，着重介绍了有色金属和钢铁材料的循环利用方法，介绍了铜、铝、锌等有色金属回收预处理工艺和循环利用方法，叙述了从各种贵金属二次资源中回收金、银、铂等贵金属的工艺方法。无机非金属材料循环利用主要讲述了当前无机非金属材料在生产使用过程中所面临的生态环境问题和无机非金属材料再生循环利用技术，介绍了传统无机非金属材料中用量大、使用广泛的玻璃、非金属建筑材料的回收利用。高分子材料循环利用重点介绍了高分子材料的物理、化学和能量循环利用技术，介绍了高分子材料二次资源的来源及其引起的环境问题和塑料、橡胶、合成纤维的循环利用方式。固体废物循环利用介绍了钢铁工业、化工、冶金等工业固体废物资源化处理和循环利用的技术及废旧干电池、镍镉电池、混合电池、铅酸蓄电池中有价金属的回收利用方法和工艺。水资源循环利用着重对污水、雨水、海水及苦咸水循环利用的现状、存在的问题、需求潜力、循环利用技术进行了详细的阐述，对水资源可持续利用的对策、面临的问题、原则以及条件等问题进行了论述。资源循环利用法律规制与保障介绍了资源循环利用的相关立法、我国资源循环利用法律法规及法律保障制度。

本书由刘维平教授主编。参加编写人员分工如下：刘维平（第1章、第2章、3.1节、3.9节、4.1节、5.1节），李雪飞（3.2～3.5节），周全法（3.6～3.8节），孔峰（4.2节、4.3节），陈娴（5.2～5.7节），蒋莉（第6章），高永（第7章），赵美珍（第8章）。全书由刘维平负责统稿和定稿。

本书在撰写过程中参考了大量资料和许多专家学者的研究成果，限于篇幅，在参考文献中没有全部逐一列出，在此，对本书编写过程中参考和引用资料的专家学者表示衷心的感谢！

由于资源循环利用技术仍然处于发展阶段，加之编者学识所限，书中难免有错误和不足之处，敬请读者批评指正！

编者

2017年1月

目　录

第1章 资源与资源循环

1.1 资源与再生资源

1.1.1 资源特点与属性

资源是人类生存与发展的物质基础。对资源这一概念的认识，人们从不同的角度，对其作出了不同的解释。联合国环境规划署关于资源的定义是：一定时间地点条件下，能够产生经济价值以提高人类当前和将来福利的自然环境因素和其他要素。从广义上理解，资源概念泛指一切资源，即：一切可以开发为人类社会生产和生活所需的各种物质的、社会的、经济的要素，包括各种物质资源（各种自然资源及其转化物料）、人力资源（劳动力、智力等人才资源）、经济资源、信息资源和科技文化资源等。这些资源都是人类社会经济生活发展所必不可少的基本生产要素和生活要素。从狭义上理解，资源概念仅指物质资源，即：一切能够直接开发为人类社会所需要的用其作为生产资料和生活资料来源的、各种天然的和经过人工加工合成的自然物质要素，以及人们在自然资源使用过程中对产生的剩余物和弃置物通过加工重新使其恢复使用价值的物质资料。在资源循环利用中涉及的资源概念指物质资源的循环利用。

物质资源是人类社会赖以生存和发展的基础，是人类生产和生活的源泉，调节人和自然界物质和能量的交换循环，维系着自然生态系统的平衡。因而物质资源在相当程度上决定着人口的分布转移、社会生产力的布局调整和产业结构的组合变化，制约着经济与社会的进步。随着我国经济的迅速增长，各类自然资源面临着巨大消耗和生态环境保护的矛盾，这就要求我们对资源树立新的认识和观念，采用新技术和新方法进行资源的有效开发与循环利用。

物质资源是具有自然属性和社会属性的物质综合体。资源的自然属性是资源在自然界物质运动的漫长过程中产生和形成的，具有自身的自然发展规律。各种物质资源的元素结构及化学组合不同，所存在的地域环境和运动规律也不同，从而形成了不同的性质、特点和功能。多样性的物质资源相互渗透和相互依存，按照各自的特殊运动形式和规律进行物质和能量的交换、循环和转化，从而发挥着资源的不同功能和用途。资源的社会属性是资源在人类社会经济发展过程中形成和出现的，有其自身的经济发展规律。人类在发展社会经济、从事物质再生产的过程中，依靠科学技术的进步，逐步加深对资源内在规律本质的认识和掌握，探索资源的性能、特点、运动形式、功能用途及其所依存的地域环境条件，进行开发利用，调整资源利用的产业结构，并不断探索扩展资源的新领域、新品种和新功能，扩大资源开发利用的规模、广度、深度和强度，更多更好地将其转化成满足社会需要的物资产品。

（1）物质资源的自然属性

① 资源在物质结构上具有多元性。资源的物理实体表现为物质形态。尽管它们以各种不同的形态存在于生物圈、土壤岩石圈、水圈和大气圈，但就其物质本质来讲，都是由碳、氢、氮、氧、硫、磷等元素或与其他金属、非金属元素相互作用和组合形成的。人类社会同资源或者说同自然物质要素进行物质和能量的交换循环，实质上就是合理有效地利用资源的物质元素或由多种物质元素相互作用和组合所构成的特殊使用价值功能，这样，资源在物质结构上的多元素和多成分性就决定了资源使用价值的多功能性。

② 物质资源在物理性质上具有共同性。不同类别的物质资源虽然都是由不同的物质元素以不同的组合形式构成的，但从其物理性质上讲，都具有某些等同的基本属性，如：具有物理实体的物质引力，这一性质决定了资源物理实体具有相应的吸引力；具有物质所具有的永恒惯性，这表现为资源物理实体反抗外界对其静止状态或运动状态的任何改变，从而保持其静止状态或运动状态的惯性；具有气体、液体、固体三种物质形态，不同物质形态的资源所具有的性质和功能不同，但都能在一定条件下引起相互转化。

③ 物质资源在赋存形式上具有共生和伴生性。这集中表现为矿物资源。矿物的共生是指由于成因上的共同性，在同一成矿阶段中出现不同种类矿物的现象。矿物的伴生是指不同成因或不同成矿阶段的矿物仅在空间上共同存在的现象。矿物是在漫长岁月的地质作用下形成的产物，由于地质作用，在自然界中单一成分的矿物是极少的，绝大多数的矿物都是两种或者多种矿物元素共生、伴生的地质综合体。

④ 物质资源在相互联系上具有渗透结合性。各种自然资源既相互独立，又相互依存或者渗透结合在一起，构成相互制约平衡的自然物质资源体系和自然生态系统。在这个物质资源体系和生态系统中，土地是其自然物质基础，是各种自然资源的物质载体；农作物生长发育的耕地，草原中的草地，森林中的林地，水和矿物资源赖以贮存的水域地和矿藏地——矿山、煤田、油田、气田，以及海洋中的海底地、大陆架和滩涂等，都是承载各种自然资源的土地资源的主要构成部分。水、土资源必须良好配置结合，并分布在温、湿度适宜的气候资源中，才能形成良好的功能而适宜农作物和其他生物资源的生长发育。水贮存在地表上和地下，与土地密不可分，并受着气候的影响和制约。天上水、地表水、地下水和海洋水构成水的大循环系统，调节气候、滋润土壤、维系生物生长发育。水还构成人和生物的机体成分，是水生生物的栖息生存空间，是地球生命的源泉。由于各种自然资源存在着这种综合整体性，因而人们对任何自然资源的不合理开发利用，都会给该自然资源物质及其相关的自然资源和自然生态系统带来不良影响，甚至引起严重后果。

自然资源与其原材料、能源、废弃物和废旧物资也是互相联系制约、相互影响作用的。资源的利用率高，转化成的有用物质资料就多，废弃物的产生和排放量就少。废弃物和废旧物资回收再生利用得好，资源的物质功能和能量功能就发挥得充分，资源、能源的综合利用率就高，浪费就少，就可以减少原生自然资源的消耗量。

⑤ 资源在实际用途上具有多功能性。由于资源具有上述各种基本特征，因而对各有关资源都可以根据其物质构成、性质、特点、赋存形式、相互关系、功能及其物质能量关系等特征，从不同角度，以不同方式进行科学合理的开发利用，充分发挥其多种物质功能和能量功能用途，以满足社会、经济、生活多方面的需要。同时，各种资源的物质和能量功能，都可在一定条件下转换为新的功能用途。对资源的合理开发利用，实质上就是全面充分合理利用资源的多种物质和能量功能，减少其物质和能量功能价值的浪费和流失，促使其更多地转

化成生产成品和动力，以供社会多种消费需要。

⑥ 部分自然资源在生存机能上具有可更新性。其中具有生命机能的生物资源，可通过人们的科学合理的培育、保护，促使其在原有基础上再生增殖，扩大资源来源的规模、速度和数量；无生命机能的水、土资源，在使用后可通过人们的整治、改良、复垦和保护等措施，提高其功能价值，为社会生产和生活提供更加良好的可循环利用的水土资源。但对这些可更新资源，如果对其利用超过其可更新能力，破坏其生存循环规律，就会使其逐步退化成无更新能力的资源，甚至引起枯竭。因此，在开发利用可更新资源时，必须遵循自然生态规律，在保护自然生态平衡和更新能力的条件下，采取科学合理的保护性开发利用措施。

⑦ 部分自然资源在储存量上的有限性。我们只有一个地球，而地球的面积和体积及其物质构成的元素是有限的，因而决定了赋存在地球上的资源储存量有限。赋存在地球上的不可更新的矿物是由于地质作用，经过若干地质年代演变而形成，人类开发一点就少一点，在短时间内不可能再生。即使是可更新的生物资源，也因受着地球表面层上土壤面积及其功能的有限性及生物资源自然生命运动和自然生态环境条件的制约，其更新的规模、速度和数量也是有限的，如果开发超过了自然更新的极限能力，便会引起资源衰退和枯竭。

(2) 物质资源的社会属性

① 物质资源界定的相对性。从资源的社会属性上讲，它是人类社会经济技术发展过程中的产物。要使自然界中的自然物质因素能够成为资源而成为劳动对象和劳动资料，进入社会物质生产过程，从而转化成为社会产品，要受着一定时间、空间内科学技术经济条件和社会生产力发展水平的制约。对特定的自然物质因素，能否将其作为资源进行开发利用，要看在技术上是否可行，在经济上是否合理，其内涵界定并非一成不变。如某些自然资源在过去不能被开发利用，但随着科学技术的不断进步，生产技术手段的不断改进，到现在则已被开发成为重要的资源，并被利用转化成为重要的社会产品。如长期埋藏在地下的铀元素，今天已被开发成为发展核工业的核燃料。从战略总体上讲，地球上的一切自然物质因素，都是可以开发利用的资源或者待开发利用的潜在资源，是人类社会赖以生存发展的总资源。但从具体资源的开发利用战术上讲，在一定的时间范围内和经济技术条件及社会生产力发展水平下，要将某些自然物质因素确定为资源进行有效的开发利用，还要受诸多主客观条件的制约，还有一个相对发展的过程。从这个意义上讲，资源应是个相对的概念。可以预见，在当代高新技术飞速发展和社会生产力水平迅速提高的推动下，一些新的更加重要的资源将会被探索开发出来，以适应当今社会经济高速发展的需要。

② 资源供需的矛盾性。由于资源的有限性，决定了通过开发利用资源可提供社会生产和生活所需物质资料的有限性。在当代，一方面由于人口的迅速增长，社会经济的高速发展，社会生产力和人民生活消费水平的大幅度提高，促使人类社会对资源提供给其所需物质资料的需求量日益剧增，从而强化了对资源开发利用的规模、强度、深度和广度，导致了某些资源的日益退化、减少甚至枯竭。另一方面对资源的不合理开发利用，导致大量有用的宝贵资源未被充分合理利用而转化成为废弃物和废旧物资，造成资源的巨大浪费和流失，导致资源的供需矛盾十分尖锐突出，集中表现为当今世界范围内的资源短缺与危机。正是由于资源的这种供需矛盾，促使人们必须加强高新技术开发，广辟资源的新来源、新品种和新功能，并十分注意节约、保护和综合合理利用资源，从而促

进社会经济的进一步发展。

③ 资源的市场交换品属性。这里主要针对自然资源而言。在人们开发利用自然和改造自然的过程中，资源是一种可以在市场经济条件下进行有偿配置转让的物质产品，亦即是一种可以用特殊方式进行交换的商品。因此，资源也具有一般商品所具有的使用价值和价值的双重属性。

自然资源具有使用价值属性。资源是一种有用的物质体，是可以用来提供人类社会所需的物质资料。资源的这种有用性，集中表现为资源的使用价值，即资源所具有的物质功能和能量功能的效用，这是资源的自然本质的反映。资源在人们开发利用之前，具有潜在使用价值；当人们对其开发利用时，就具有现实使用价值。由于各种资源的自然属性（包括物理的、化学的、生物的）不同，其功能也不同。一种资源的性能特征是多方面的，其功能也是多样的。探讨资源性质的多方面性和功能的多样性，人们可以根据生产和生活中的不同需要，合理开发利用资源，充分发挥资源的多种功能和用途。资源多方面效能的出现和发挥，是人类社会在开发利用资源的长期实践中，不断积累的结果。使用价值构成资源财富的物质内容，成为其进行有偿配置、转让、交换的物质基础和承担者。

自然资源具有价值属性。其价值存在的前提是由资源对于人类生产与生活的效用性和稀缺性决定的；其价值实现的内涵与方式是由人们在开发利用资源过程中的人类劳动所决定的。由于资源是物质财富的实际载体，资源的价值也呈现出潜在价值和现实价值的基本特征。资源的价格是价值的货币表现，受资源供求关系的影响，价格总是围绕其价值上下波动。正确认识资源的价值属性，无论从实践上还是从理论上都有着重大的意义。

1.1.2 再生资源

从物质资源作为经济社会发展的基础以及资源形成过程中人类劳动的介入程度这一视角出发，可以将资源分成自然资源、人工物质资源和再生资源三大类。这种分类方法，从一定程度上反映出资源概念体系的发展历程，即由生产力低下时期的资源只包括基本上无人类劳动介入的自然资源，到引入有较多人类劳动介入的人工物质资源的概念体系，现在又将再生资源纳入资源概念体系范畴，这一历程是生产力发展、科技社会进步的直接结果。随着科技的发展，现在的概念体系还将不断被扩充。

自然资源的范围十分广泛，种类繁多，包括土地资源、气候资源、水资源、生物资源、矿产资源及海洋资源。按自然资源在自然界中的赋存形态，可以分为固体资源、液体资源和气体资源；按资源的赋存条件及其特征，可以分为地下资源和地表资源；按自然资源的赋存特点及其是否具有可更新性，可以分为可更新资源（如动物、植物、水、海洋等）、不可更新资源（如矿产资源）、恒定资源（如阳光、空气等）。

人工物质资源是指人类在生产过程中开发利用自然资源而形成的物质资料和制品，包括能源、原材料及制成品等。人工物质资源来源于自然资源，是人们所利用的自然资源的阶段性产品，是社会生产和生活所必需的物质资源。

对于再生资源的定义，学术界有很多讨论和解释。主要分为两类：有的学者主张狭义说，认为再生资源是指矿产开采中遗弃的共生伴生矿种和等外矿，生产中各个环节生产的废弃物，以及消费过程中排泄的各种废物和垃圾等的统称。再生资源是生产和生活消费中排泄的各种形态的金属和非金属废料，如在制造产品过程中剩下的对本生产过程不再有用的材料等。一部分学者主张广义说，认为再生资源是指在社会的生产、流通、消费等过程中产生的不再具有原使用价值，并以各种形态积存，但可以通过某些回收加工途径使其重新获得使用价值的各种废弃物，包括各种废料如废钢铁、废有色金属、废塑料、废橡胶、工业废渣等。有说凡属生产、生活中排泄下来的废弃物质均为再生资源；有说二次资源、三次资源……N次资源统称为再生资源。长期以来，国外学术界对再生资源的概念进行了不少研究，有的国家已上升为法律进行规范。比如，日本颁布的《再生资源利用促进法》对其的定义是：再生资源是指伴随着一次被利用或者未被利用而被废弃的可收集物品，及在产品的制造、加工、修理、销售或者能量的供给、土木建筑等产生的副产品中，可作为原料利用或者有可能利用的物料。从再生资源利用的实践来看，把狭义和广义两者分立、分别规制不够科学，容易造成概念不清和实施上的困难。将两种定义综合起来，再生资源是指：人们在自然资源开采加工和使用过程中，将产生的剩余物和弃置物进行回收加工后能够恢复其使用价值的物质资料。

再生资源之所以具有可开发再次利用的性质，是因为资源在物质结构上具有多元素多成分性，以及这种多元素多成分的不同组合，构成了各种物质体的不同性能和在社会用途上具有多种物质和能量功能。由于人们开发利用物质资源功能的广度、深度和有效程度，始终受以科学技术进步状况和生产经营管理水平为主要标志的社会生产力发展水平的制约，因而人们在开发利用物质资源进行生产的过程中，不可能一下就能深入揭示物质资源的本质规律，及对其采取充分合理开发利用的最佳手段和方法，也就不可能一下就能深入穷尽其可开发利用的多种物质和能量功能。在生产和消费过程中，在开发利用的各个环节，必然会有大量未被完全合理利用而存在着剩余使用价值功能的物质资源，以废弃物和废旧物资的形式弃置在环境中。由于物质资源在自然界中储存量的有限性和社会经济发展对物质资源需求量的无限性，形成了物质资源与社会经济发展之间的供需矛盾，这种供需矛盾也将随着人口的增多、社会经济的进一步发展而日益尖锐起来。然而物质资源所具有的物质和能量是不灭的，且是可以转换的，因而通过对废弃物资源进行加工改造，是可以促使其更新再生进行再利用的。随着科学技术的进步，生产劳动手段的改善和生产经营管理水平的提高，以及社会生产力的发展，人们采用循环利用的合理手段进行废弃物质资源的再生，开发利用废弃物质资源中未穷尽的物质和能量功能的可行性也日益增强而成为现实，并深入广泛地开展起来。由此可以看出：物质资源所具有的物质结构多元素、多成分性及其物质和能量的多功能性，以及物质和能量的不灭性和可转换性，是废弃物质资源可以再生，并可对其进行开发利用的内在物质根据；物质资源与社会经济发展之间的供需矛盾，以及为解决这种矛盾而需要采取综合、合理的措施对其进行开发利用，则是其外在的社会动力。

马克思在《资本论》一书中“资本主义生产的总过程”分析里提出了“生产上的排泄物的利用”问题，认为这是“关于生产条件的节约”的“第二个大问题”。就是要把“生产排泄物（即生产上的所谓废料）在同一个产业部门或另一个产业部门再转化为新的生产要素，这种所谓排泄物，就是通过这个过程再回到生产与消费（生产的消费与个人的消费）的循环中去。”并指出：“这种废料因生产规模极大而数量也极大。因此，可以成为商业对象，再当作新的生产要素。这种废料仅因为是共同生产的废料，所以也在生产过程中取得了这样的重要性，依然是交换价值的担负物。这种废料，还会使原料的费用降低，这一不变资本的费用的减少，会相应地提高利用率。”在这里深刻地揭示了生产废料利用的实质及其在社会物质再生产过程中的重要地位和价值。

20 世纪 70 年代，美国研究资源短缺与合理利用理论的著名学者 K. E. 鲍尔丁于 1966

年发表了《未来飞船地球之经济学》，阐述了“宇宙飞船理论”。这是一种理论假设，即把世界比作飞船，在其中生活着的人类，以保持良好的生态环境和资源合理利用为前提，把自然资源加工转化成商品，商品经消费利用后变成废品，废品经过加工处理成为下一轮生产的资源，如此循环不已，永续利用，实现资源永不枯竭，环境不受污染，经济持续发展。这从一个侧面反映了人同自然资源进行物质和能量交换循环的运动过程。这种“资源-商品-废品-废品资源化再生利用”的资源运行模式，可以说是物质资源在社会物质再生产过程中的一种良性循环方式，反映了资源循环利用的合理性和必要性。

1.2 资源循环利用概念及特征

1.2.1 资源循环利用概念内涵

资源循环利用的出现，是经济社会发展到一定阶段的产物。随着科学技术的进步，人类对资源环境认知的不断深入，生产劳动手段的改善，以及社会生产力的发展，人们采用循环利用的合理手段进行废弃物的循环利用，开发利用废弃物中物质和能量功能的可行性变为现实。从资源循环利用的阶段来看：20 世纪 50 年代，主要是开展废旧物资回收利用；60 年代，开始注重共生、伴生矿综合开发利用；70 年代，开展工业生产过程中“三废”的综合利用；80 年代，确立资源综合利用的经济技术政策；90 年代，提出循环经济和资源循环利用的概念；2000 年以来，相继提出再制造、“城市矿产”理念，并开展再制造试点、“城市矿产”基地建设和餐厨废物资源化利用。

资源循环利用可理解为：在社会的生产、流通、消费中产生的不再具有原使用价值并以各种形态赋存的废弃物料，通过人们的回收加工行为使其获得使用价值的再利用过程。国内外学者对资源循环利用的认识并不统一，概念的内涵与外延并不一致。日本《推进循环型社会形成基本法》中将资源循环利用定义为，资源循环利用是指再利用、再生利用以及热回收，其中再利用指循环资源（废弃物中有用的物品等）作为产品直接使用（包括经过修理后进行使用）以及循环资源的全部或一部分作为零部件或其他产品的一部分进行使用；再生利用是指将循环资源的全部或一部分作为原材料进行利用；热回收是指对全部或一部分循环资源通过利用其可供燃烧或有可能燃烧的物质获取能量。我国《循环经济促进法》中虽然没有关于资源循环利用的直接论述，但对资源循环利用涉及的再利用和资源化等相关领域进行了法律界定。该法认为，再利用是指将废物直接作为产品或者经修复、翻新、再制造后继续作为产品使用，或者将废物的全部或者部分作为其他产品的零部件予以使用；资源化是指将废物直接作为原料进行利用或者对废物进行再生利用。

综上所述，资源循环利用是指对开采、生产加工、流通和消费等环节产生的各类有用废物进行再利用（再使用和再制造）、再生利用的过程。其中，再使用是指将废物的全部或一部分作为产品直接使用（包括经过简单维修后进行使用），这类物品通常称为二手产品或旧货；再制造是指对再制造毛坯进行专业化修复或升级改造，使其质量特性不低于原型新品水平的过程；再生利用是指将废物的全部或一部分作为原材料进行利用，主要涉及产业废物和再生资源，具体包括对矿产开采加工过程中产生的尾矿的再生利用，对生产过程中产生的废渣、废水（液）、废气等进行回收和再生利用，对汽车零部件、工程机械、农业机械、矿用机械、冶金机械、石油机械、信息产品及设备等机电产品进行再制造，对社会生产和消费过程中产生的各种再生资源（废橡胶、废塑料、废金属、废旧电器电子等）进行回收再使用或再生利用。表 1-1 中给出了废物回收、废物循环利用、再利用和再生利用等几个术语的包含关系。可以看出，循环利用包括再利用和再生利用两部分，不包括能量回收。

表 1-1　不同术语之间的包含关系

<table>
<tr><td colspan="4">废物处理</td></tr>
<tr><td colspan="3">废物回收利用</td><td rowspan="3">废物处置</td></tr>
<tr><td colspan="2">废物循环利用</td><td rowspan="2">能量回收</td></tr>
<tr><td>废旧产品或零部件的再利用</td><td>材料回收(再生利用)</td></tr>
</table>

在实际使用过程中，资源循环利用与资源综合利用两术语之间往往导致混淆，两者的区别体现在以下五个方面：①资源综合利用的前提假设是不存在废物，一切皆为资源，而资源循环利用的前提假设是废物存在，并将其作为对象；②资源综合利用以提高资源利用效率为目标，而资源循环利用以提高资源循环利用率为目标；③资源综合利用的衡量指标通常为资源产出率，而资源循环利用的衡量指标为资源循环利用率；④资源综合利用为过程性（同步性）利用，而资源循环利用为结果性（废物已经产出）利用；⑤资源综合利用具有资源利用的相对确定性，一般在事前会进行生产工艺和资源综合利用的设计，而资源循环利用由于一些废物产生的时间、地点、规模、流向带有不确定性，使得其利用过程带有不确定性。现实中，受生产力水平、技术先进性、消费者偏好变化的影响，废物是存在的。因此，对于废物的利用问题，使用循环利用更为合适。

1.2.2　资源循环利用特征

资源循环利用具有如下特征。

① 客观性：也可称为内在规律性，是指资源循环利用的出现是人类社会经济发展进程中所必然出现的一种社会生产和再生产方式，是不依人们的意志为转移的社会经济发展的客观现象，是人类社会发展到一定程度之后面对有限的资源与环境承载力所做出的必然选择。

② 科技性：资源循环利用的出现和发展是以先进的科学技术作为依托的。只有通过不断的技术进步，才能实现更大范围和更高效率的资源循环利用，同时不断拓展可供人类使用的资源范围，从源和流两个方面解决人类所面临的资源短缺和生态环境保护问题。

③ 系统性：资源循环利用是一个涉及社会再生产领域各个环节的系统性、整体性的经济运作方式。在不同的社会再生产环节上，它有不同的表现形式，但不能因此将其割裂开来看待，只有通过整个社会再生产体系层面的系统性协调，才能真正实现资源的高效循环利用。

④ 统一性：包括两个层面的含义。第一层含义是指通过资源循环利用的社会再生产方式，既可以解决人类目前所面临的资源、环境两大危机，又能实现人类社会经济的可持续发展，因此资源循环利用与人类社会经济发展和生态环境保护是统一的；第二层含义是指资源循环利用无论是在社会再生产的宏观层面还是在产业和企业的中微观层面，物质生产与产品流通实现形式都体现于资源的循环利用。

⑤ 能动性：资源循环利用是人类对自身面临的资源和环境危机的理性反思的产物，是人类对客观世界认识的进一步深化。资源循环利用理论与行动的目的是节约资源、减废治

污、治理和保护环境，进而从整体上推进经济持续发展与社会全面进步。在资源循环利用过程中，环境保护与治理是一直伴随着的行动和措施，以实现生态环境与资源得到保护的目的，最后达到人与自然的和谐。循环利用指“资源-产品-废弃物-再生资源”的反馈式循环过程，可以更有效地利用资源和保护环境，以尽可能小的资源消耗和环境成本，获得尽可能大的经济效益和社会效益，从而使经济系统与自然生态系统的物质循环过程相互和谐，促进资源永续利用。

1.3 资源循环利用系统模型及价值意义

1.3.1 资源循环利用系统模型

依据资源循环利用的定义，废物的存在是资源循环利用的前提条件。资源循环利用强调在经济合理、技术可行的基础上最大限度地循环利用废物。当然，并不是所有的废物都能循环利用，只有无危险性、技术上可行、经济成本效益合理的废物才能成为循环的对象，这种废物称为循环资源，即废物中有用的物品。根据废物的不同性能，最大限度地保留和利用废物原先制造时注入零部件中的能源价值、劳动价值和设备工具损耗价值，以及最大限度地降低能源和资源的新投入，是资源循环利用遵循的重要原则。依据这一原则，资源循环利用的方式及先后顺序为再使用→再制造→再生利用。在对象和方式确定的基础上，资源循环利用的系统模型如图 1-1 所示。

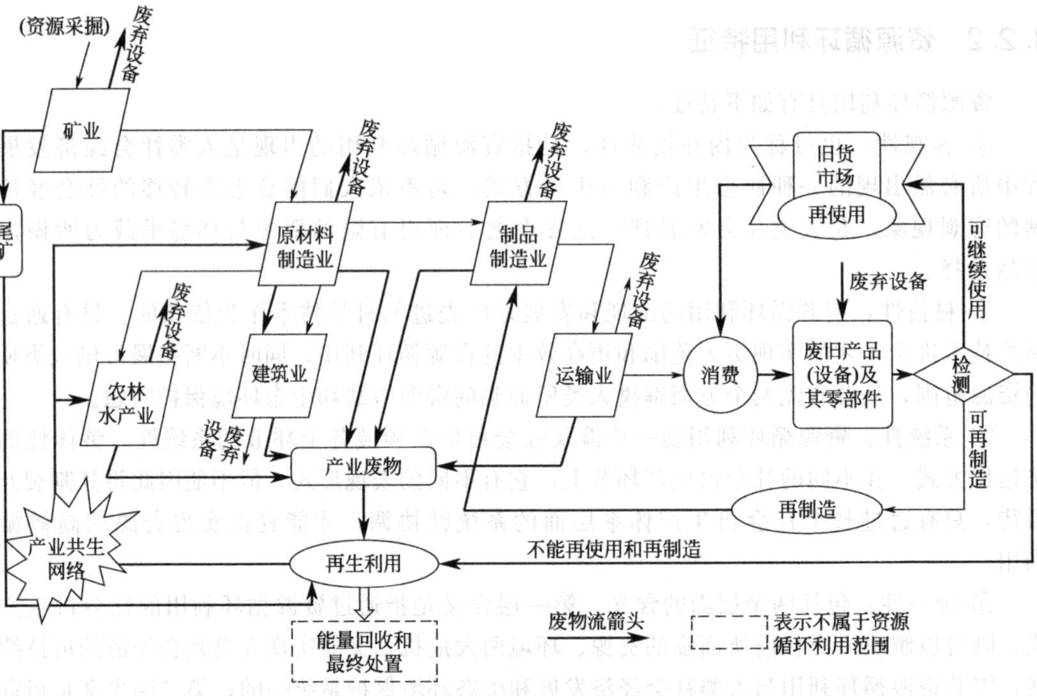

图 1-1 资源循环利用的系统模型

在矿产开采加工、原材料制造、制品制造、建筑、农林水产、运输等过程中均会产生废渣（尾矿）、废水（液）、废气等产业废物，通过再生利用，可成为建筑建材业、农林水产业、原材料制造业等产业的原料，使得各产业之间通过废物交换利用、能量梯次利用、废水循环利用构筑成为链接循环的产业体系；消费环节产生的废旧产品以及开采、生产加工、流通环节产生的废旧设备，经检测可继续使用的可通过旧货市场交换后继续使用，经检测不可继续使用但可再制造的可通过再制造加工恢复到原型新品质量后进入市场销售，经检测不可再使用和再制造的可通过再生利用方式作为其他产业的原料再生利用。对于无法再生利用的产业废物以及一般废弃物，可供燃烧的物质可获取其能量，最终的剩余废物需要进行无害化处置，但这部分不属于资源循环利用的范畴。可见，在资源循环利用的系统模型中，废物成为再利用（再使用和再制造）以及再生利用等利用方式的对象，强调了资源循环利用方式的先后次序以最大限度地保留废物中原有价值，提出通过构筑链接循环的产业体系（产业共生网络）和园区的循环化改造实现废物的交换利用和原料化，以最大限度实现废物的循环利用，提高资源的循环利用率，破解经济发展的资源环境瓶颈约束。

1.3.2 资源循环利用价值意义

资源循环利用多方位、多层次、多环节地对资源的多种物质和能量功能不断深入发掘和全面充分合理利用，以求达到物尽其用，合理开发利用自然资源，维护自然生态平衡的目的。资源的循环利用具有节约、保护资源，开拓、扩展资源来源，增值资源功能价值的多种意义。从社会物质再生产全过程看，资源循环利用力求把资源的多种物质和能量全面充分合理地转化成多种社会综合产品。资源循环利用具有扩大再生产、提高资源综合利用价值和增强经济价值的意义。现在，国家提出了要建立资源节约型的国民经济体系，就是要在尽可能少的投入的基础上，获得最多的经济效益，创造最多的社会物质财富。大力开展资源的循环利用，全面充分、经济和合理地开发利用资源，是建立资源节约型国民经济体系的一条有效途径。

20 世纪 90 年代以来，在可持续战略指导下，世界各国尤其是西方发达国家日益将循环经济理念贯彻到环境保护和资源开发利用的实施方略中，把资源利用运作成为“自然资源-产品-再生资源”的闭环反馈式流程，注重再生资源的回收利用，整个经济活动基本上不产生或很少产生真正意义上的废弃物，从而使经济活动对自然资源和环境承载负荷的影响控制在最低限度。资源循环利用作为一种有效平衡经济增长、社会发展和环境保护三者关系的可持续发展模式，首先被发达国家所采用。围绕社会的可持续发展、资源能源的有效利用，世界各国都在努力探索和寻求具体的实施方法。这些方法和实践途径各异。经过长期实践，一些发达国家已经实现了资源循环利用的法制化和社会化。20 世纪 90 年代以来，我国资源循环利用工作不论在广度、深度还是在力度上都不断得到加强和提高。资源循环利用技术不断增强，利用效率不断提高，管理体系不断完善。主要体现在以下几方面。

① 资源循环利用具有一定规模，取得显著的经济和社会效益，技术水平进一步提高。改革开放以来，在国家一系列鼓励再生资源回收利用优惠政策的支持下，我国废旧物资回收行业得到较快发展，再生资源回收加工体系初步形成。据不完全统计，我国再生资源回收量已突破 5000 万吨，年回收总值 450 亿元；废旧物资回收企业主要品种年加工预处理量达 2000 多万吨，废旧车船和机械设备拆解能力近千万吨，有色金属和贵金属回收、加工能力和加工质量大大提高。一个遍布全国、网络纵横的再生资源回收加工体系已初步形成。

② 资源循环利用的管理体系逐步健全。国务院有关部门负责再生资源循环开发利用管理，并设立归口管理的职能司局，有专人负责，并对各省、自治区、直辖市对应厅（局）进行业务指导和服务。各省、自治区、直辖市有关厅（局）负责所辖企业、事业单位的废弃物

资源综合开发利用管理工作，并有专人负责。企业是资源循环利用开发的主体，为加强管理，我国大中型企业成立有再生资源循环利用的归口管理部门，负责本企业资源循环利用的管理工作，如制订规划、计划，填写统计报表，研究开发利用技术，建设资源综合利用工程，以及其他日常的管理工作。资源循环利用协会（学会）是为政府和企业开展资源循环利用提供服务的中介组织。目前，有全国性的资源循环利用协会，也有地方和行业性的资源循环利用协会。

③ 资源循环利用的基本模式已初步建立。良好的管理是利用好资源的基础，也是保护好资源的前提，保护就是为了使资源在相当长的时期内为国民经济提供富有保证的物质来源。中国的资源开发伴随着国民经济的建设过程走过很大的弯路，资源破坏和资源浪费给当前的经济发展造成了很大压力，特别是矿产资源的破坏和浪费、土地生产力的下降、荒漠化、草场退化以及水土流失，将威胁国民经济的持续发展。要在资源全球化的基础上实施全球配置，从全球资源配置的高度研究资源战略问题。由于地球表层物质分布的不均衡性、多样性和复杂性，造成世界各国资源状况的极大差异。到目前为止，世界还没有一个国家能够完全依靠本国资源来发展经济。实践证明，在全球经济一体化的今天，只有建立开放的、充分利用国内外两种资源的资源供给体系，实施两种资源、两个市场的全球资源战略，才能真正保证我国建设与发展所需要的资源供应。

实施清洁生产，提高资源利用率。清洁生产中完全体现着资源的循环利用原则，是一种使资源利用合理化、经济效益最大化、对人类和环境危害最小化的生产方式。这种生产方式能够通过资源的综合利用、短缺资源的代用、二次能源的利用，以及各种节能、降耗措施，合理利用自然资源，缓解资源的耗竭。同时，还可减少废料与污染物的生成和排放，促进工业产品的生成，使消费过程与环境相容，降低整个工业活动对人类和环境的风险。清洁生产主要包括清洁的生产过程和清洁的产品两方面的内容，即不仅要实现生产过程的无污染或少污染，而且生产出来的产品在使用和最终报废处理过程中也不对环境造成损害。它以闭路循环的形式在生产过程中实现资源的最充分和最合理利用。在这样的生产中，输入生产系统的物质和能量在第一次使用生产第一种产品以后，其剩余物是第二次使用生产第二种产品的原料，如果仍有剩余物则是第三次使用的原料，直到全部用完或循环使用，最后不可避免的剩余物以对生物无害的形式排放，使人类物质生产过程纳入生物圈物质循环系统。它的生产方式是：“原料-产品-剩余物-产品”。

资源循环利用是一项社会性极强的工作，涉及全社会的每个成员，公众环保意识的觉醒，新型消费观的形成等。全社会都重视和参与资源循环利用工作，将是解决我国资源与环境问题的根本保证。传统消费中，用过的物品大多被当作废物抛弃。事实上，某一消费主体的废弃物很可能对另一消费主体具有使用价值，对消费废弃物进行再生循环利用，既减少了资源索取量，也减少了污染数量。为此，消费者要通过重复使用和多层利用，提高物质利用率；通过分类回收，促进废弃物的循环利用，提高废物的再资源化率。比如：买东西时自带购物袋，外出时自备水杯和牙刷，保存食物时多用密封盒少用保鲜纸，随身带手帕以减少纸巾的使用，尽可能维修坏了的物品，把废弃物卖给回收站或分类放置。总之，要一物多用，不要用过即扔；要物尽其用，不要抛弃尚能发挥作用的物质；要化废为宝，使废弃物成为可再用的资源。这样做，则单位资源创造的财富就越多，对自然资源的索取就越少，对环境保护的贡献就越大。

1.4　资源循环利用与循环经济

1.4.1　循环经济核心内涵

资源循环利用与循环经济的联系与区别表现在：资源循环利用是循环经济的核心内涵，循环经济的中心含义是循环，但它不是指经济的循环，而是指经济赖以存在的物质基础——资源在国民经济再生产体系中各个环节的不断循环利用（包括消费与使用），强调资源在利用过程中的循环，其目的是既实现环境友好，又保护经济的良性循环与发展；资源循环利用是循环经济的核心内容，但不是全部，循环经济还包括节能、节水、节材、节地等资源节约的内容。

资源循环利用包括三个要素（“3R”原则）。

（1）减量化（Reduce）　“减量化”即在生产和服务过程中，尽可能地减少资源消耗和废弃物的产生，核心是提高资源利用效率。要求用较少的原料和能源投入来达到既定的生产目的或消费目的，进而从经济活动的源头就注意节约资源和减少污染。减量化有几种不同的表现。在生产中，减量化原则常常表现为要求产品小型化和轻型化。此外，减量化原则要求产品的包装应该追求简单朴实而不是豪华浪费，从而达到减少废物排放的目的。

（2）再利用（Reuse）　“再利用”是指产品多次使用或修复、翻新或再制造后继续使用，尽可能地延长产品的使用周期，防止产品过早地成为垃圾。要求制造产品和包装容器能够以初始的形式被反复使用。再利用原则要求抵制当今世界一次性用品的泛滥，生产者应该将制品及其包装当作一种日常生活器具来设计，使其像餐具和背包一样可以被再三使用。再使用原则还要求制造商应该尽量延长产品的使用期，而不是非常快地更新换代。

（3）再循环（Recycle）　“再循环”是指废弃物最大限度地转化为资源，变废为宝、化害为利，既可减少自然资源的消耗，又可减少污染物的排放。要求生产出来的物品在完成其使用功能后能重新变成可以利用的资源，而不是不可恢复的垃圾。按照循环经济的思想，再循环有两种情况，一种是原级再循环，即废品被循环用来产生同种类型的新产品，例如报纸再生报纸、易拉罐再生易拉罐等；另一种是次级再循环，即将废物资源转化成其他产品的原料。原级再循环在减少原材料消耗上面达到的效率要比次级再循环高得多，是循环经济追求的理想境界。

循环经济要求以“3R”原则为经济活动的行为准则。“3R”原则是循环经济的核心概念，指导循环经济的具体实施。“3R”原则的核心和重点应该是再循环原则，即资源的循环利用。首先，减量化原则，以节约的方式，直接减少自然耗费和向自然界的废弃物排放，在循环经济发展的初期，短期内很容易取得成效，可利用的空间较大。但随着循环经济的深入和成熟，这种通过节约减少资源消耗和废弃物排放的方式可继续拓展的空间变得极其有限，很难取得进一步的成果。此外，经济增长必然伴随产品生产的扩大，而由此引致的资源需求必将增大。相对这种需求，减量化节约的资源量是相当小的，因此，最终仍然表现为资源使用量在增加和废弃物排放增加。其次，再使用原则提倡制造产品和包装容器以初始的形式被反复使用。虽然这种反复使用可以在一定程度上减少产品需求而减少资源耗费，但由于产品的使用寿命始终是有限的，因此这种方式的节约也是有限的，而且产品在报废后仍然以废弃物的形式被排放到系统外。最后，再循环原则，要求生产出来的物品在完成其使用功能后能重新变成可以利用的资源，而不是不可恢复的垃圾。再循环，将废弃物资源化，直接增加了资源在社会经济系统中的循环寿命，减少了对外界的废弃物排放。同时，也可以利用废弃物资源化技术，将过去排放到自然界的废弃物回收利用，让这些“废弃物”以资源的形式再次进入社会经济系统。这样，可以减少自然界中的废弃物存量，减少自然生态系统的压力。因此，再循环原则（资源循环利用）是“3R”原则的核心，是循环经济的核心。

从目前情况看，资源化的途径主要有两种，一种是再生利用，如废铝变成再生铝，废纸变成再生纸；另一种是将废弃物作为原料，如电厂粉煤灰用于生产建材产品、筑路和建筑工程，城市生活垃圾用于发电等。

循环经济是一种以资源的高效利用和循环利用为核心，以“减量化、再利用、再循环”为原则，以低消耗、低排放、高效率为特征的可持续经济增长模式。即在经济发展中，遵循生态学规律，将清洁生产、资源综合利用、生态设计和可持续消费等融为一体，实现废物减量化、资源化和无害化，使经济系统和自然生态系统的物质和谐循环，维护自然生态平衡。

循环经济的本质是生态经济，它要求运用生态学规律而不是机械论规律来指导人类社会的经济活动。与传统经济相比，循环经济的不同之处在于：传统经济是一种由“资源-产品-污染排放”单向流动的线性经济，其特征是高开采、低利用、高排放。在这种经济中，人们高强度地把地球上的物质和能源提取出来，然后又把污染和废物大量地排放到水系、空气和土壤中，对资源的利用是粗放型的和一次性的，通过把资源持续不断地变成为废物来实现经济的数量增长。而循环经济倡导的是一种与环境和谐的经济发展模式。它要求把经济活动组织成一个“资源-产品-再生资源”的反馈式流程，其特征是低开采、高利用、低排放。所有的物质和能源要能在这个不断进行的经济循环中得到合理和持久的利用，把经济活动对自然环境的影响降低到尽可能小的程度。循环经济为工业化以来的传统经济转向可持续发展的经济提供了战略性的理论范式，从根本上消解了长期以来环境与发展之间的尖锐冲突。

1.4.2 循环经济主要特征

循环经济理念是在全球人口剧增、资源短缺、环境污染和生态蜕变的严峻形势下，人类重新认识自然界、尊重客观规律、探索经济规律的产物，其主要特征如下。

（1）新的系统观　循环经济系统是由人、自然资源和科学技术等要素构成的大系统。循环经济观要求人在考虑生产和消费时不再置身于这一大系统之外，而是将自己作为这个大系统的一部分来研究符合客观规律的经济原则，将“退田还湖”、“退耕还林”、“退牧还草”等生态系统建设作为维持大系统可持续发展的基础性工作来抓。

（2）新的经济观　在传统工业经济的各要素中，资本在循环，劳动力在循环，而唯独自然资源没有形成循环。循环经济观要求运用生态学规律，而不是仅仅沿用19世纪以来机械工程学的规律来指导经济活动。不仅要考虑工程承载能力，还要考虑生态承载能力。在生态系统中，经济活动超过资源承载能力的循环是恶性循环，会造成生态系统退化；只有在资源承载能力之内的良性循环，才能使生态系统平衡地发展。

（3）新的价值观　循环经济观在考虑自然时，不再像传统工业经济那样将其作为“取料场”和“垃圾场”，也不仅仅视其为可利用的资源，而是将其作为人类赖以生存的基础，是需要维持良性循环的生态系统；在考虑科学技术时，不仅考虑其对自然的开发能力，而且要充分考虑到它对生态系统的修复能力，使之成为有益于环境的技术；在考虑人自身的发展时，不仅考虑人对自然的征服能力，而且更重视人与自然和谐相处的能力，促进人的全面发展。

(4) 新的生产观　传统工业经济的生产观念是最大限度地开发利用自然资源，最大限度地创造社会财富，最大限度地获取利润。而循环经济的生产观念是要充分考虑自然生态系统的承载能力，尽可能地节约自然资源，不断提高自然资源的利用效率，循环使用资源，创造良性的社会财富。在生产过程中，循环经济观要求遵循“3R”原则，同时，在生产中还要求尽可能地利用可循环再生的资源替代不可再生资源，如利用太阳能、风能和农家肥等，使生产合理地依托在自然生态循环之上；尽可能地利用高科技，尽可能地以知识投入来替代物质投入，以达到经济、社会与生态的和谐统一，使人类在良好的环境中生产生活，真正全面提高人民生活质量。

(5) 新的消费观　循环经济观要求走出传统工业经济“拼命生产、拼命消费”的误区，提倡物质的适度消费、层次消费，在消费的同时就考虑到废弃物的资源化，建立循环生产和消费的观念。同时，循环经济观要求通过税收和行政等手段，限制以不可再生资源为原料的一次性产品的生产与消费，如宾馆的一次性用品、餐馆的一次性餐具和豪华包装等。

1.5 城市矿产与资源循环利用

1.5.1 城市矿产概念

在自然资源逐渐枯竭的今天，城市矿产社会存量却以废弃物形态在不断增加，城市将是未来最大的资源集中地。经过工业革命以来 300 多年的开采和利用，全球 80%可工业化利用的矿产资源已经从地下转移到地上，以垃圾的形式堆积在我们周围，总量已达数千亿吨，并以每年 100 亿吨以上的速度增长。城市矿产可以为工业生产提供替代原生资源的再生原料，也可直接为社会生活提供再生产品。在西方发达国家，开发“城市矿产”已经成为一个新兴的朝阳产业。

半个多世纪前的 1961 年，颇有远见卓识的美国都市规划家雅各布斯·简 (Jane Jacobs) 提出“城市是未来的矿山”。1988 年，日本东北大学教授南条道夫首次提出“城市矿山”的概念，也叫做“都市矿山”(Urban Mine) 或“城市矿产”，他提出，把地上积累的工业制品资源看做是可再生的资源，可称为“城市矿产”。2006 年，白鸟寿一等提出“人工矿床”的设想，把可回收的资源蓄积均视为“矿床”。2010 年，山莫英嗣等将电器、汽车、建筑物等单独废弃物品称为“城市矿石”，并提出从资源高效利用的角度来看“城市矿石”的概念对于资源贫乏的国家十分关键。从这些概念的定义来看，“城市矿产”、“城市矿石”等概念更加强调可循环利用的资源本身，而“人工矿床”等概念更强调蓄积资源的场所。

在我国，国家发改委、财政部于 2010 年下发《关于开展城市矿产示范基地建设的通知》后，“城市矿产”概念得以广泛使用。“城市矿产”指的是工业化和城镇化过程中产生和蕴藏在废旧机电设备、电线电缆、通信工具、汽车、家电、电子产品、金属和塑料包装物以及废料中，可循环利用的钢铁、有色金属、稀贵金属、塑料、橡胶等资源，“城市矿产”是对废弃资源再生利用规模化发展的形象比喻。随着经济、技术的发展，城市矿产的外延将进一步扩大。

Brunner 和 Jones 等多名学者指出，要更广泛和综合地理解“城市矿产”，“城市矿产”概念包含的对象不只是材料，还应该包含能源，如冶炼过程中产生的热能。“城市矿产”这一新概念，作用在于将单向的生产消费型结构转变为闭合系统，从而使资源消费由单通道转变为循环系统。

（1）城市矿产与再生资源　再生资源是指在社会生产和生活消费过程中产生的，已经失去原有全部或部分使用价值，经过回收、加工处理，能够使其重新获得使用价值的各种废弃物。城市矿产与再生资源的概念十分相似，二者的区别在于：第一，两个概念侧重的性质不一样。再生资源概念强调的是废旧资源的自然属性，即可以被二次利用的自然禀赋。城市矿产概念更多着眼于社会属性，强调资源的战略性及开发的环保价值。第二，两个概念侧重的对象不一样。过去开发再生资源，主要以工业废弃物为原料。然而，城市矿产的提出正值城市化进程加速时期，城市居民消费结构发生重大改变，城市的生活废弃物大量产生。因此，如今开发城市矿产，还包括了以生活废弃物为原料的再生资源。

（2）城市矿产与固体废物　固体废物是指人类在生产、消费、生活等活动过程中产生的固态、半固态废弃物质。固体废物俗称垃圾，是废弃物的一种形态。城市矿产是具有经济价值、环境价值和社会价值的资源，并不是所有固体废物在现有的技术条件下都能转变为城市矿产资源开发利用。但随着科学技术的进步，将有越来越多的固体废物转化为城市矿产。

1.5.2 城市矿产环境效益

从宏观层面来看，城市矿产的实施可以减少对自然矿产的需求量，而且城市矿产的开采成本比自然矿产要低。据调查，全球有 62%的铜、45% 的钢、40% 的铅、30% 的锌都来自再生资源的回收和利用。同时还可以减少甚至避免对土壤、水体、空气等的污染，达到保护环境的目的。

从微观层面来看，发展城市矿产对生产商也具有重要意义。通过对回收的废弃产品的分析可以使生产商及时了解消费者对产品的反馈，发现产品存在的问题，进而对产品的生产流程和内在设计等进行改进和完善，加强对产品的质量管理，提升企业的核心竞争力。同时，在经过回收、检验、拆卸、再加工、资源化等过程后，将废弃产品转换成可再利用的零部件或者原材料，也减少了企业的生产成本。

城市矿产所带来的环境效益主要包括固体废物的减量化带来的环境效益 B_1、避免开发自然资源带来的环境效益 B_2、避免加工自然资源带来的环境效益 B_3 以及再生资源转化过程中的环境成本 C_4。城市矿产环境净效益为环境效益减去环境成本：

$$B=B_1+B_2+B_3-C_4$$

（1）固体废物减量化带来的环境效益　固体废物减量化带来的环境效益 B_1 主要包括固体废物减量带来的土地效益 B_{11}、大气效益 B_{12}、土壤效益 B_{13} 和水体效益 B_{14}，公式为：

$$B_1=B_{11}+B_{12}+B_{13}+B_{14}$$

固体废物减量带来的土地效益 B_{11} 是指由于发展城市矿产使固体废物减量化所减少土地占用的效益，采用机会成本法进行估算：

$$B_{11}=Q\div D\times C$$

式中，Q 表示固体废物总量；D 表示单位面积土地上固体废物的堆放量；C 表示单位面积土地的机会成本。

固体废物减量带来的大气效益 B_{12} 是指因固体废物的减量化导致扬尘污染减少带来的环境效益；土壤效益 B_{13} 是指因固体废物的减量化导致土壤污染减少带来的环境效益；水体效益 B_{14} 是指因固体废物的减量化导致水体污染减少带来的环境效益。因固体废物的减量化导致环境污染的减少带来的效益主要通过排污处理费来进行估算。

$$B_{12}+B_{13}+B_{14}=Q\times P_G$$

式中，Q 表示固体废物总量；P_G表示排污处理费。

(2) 避免开发自然资源带来的环境效益　开发自然资源会造成一系列的环境污染，城市矿产的发展在节约自然资源的同时，也减少了开发自然资源过程中造成的环境污染，因此带来了一定的环境效益，此即为避免开发自然资源带来的环境效益 B_2：

$$B_2=\Sigma Q_i\times K_i\times H_i$$

式中，Q_i表示第 i 种再生资源的产量；K_i表示第 i 种再生资源向自然资源的质量转化率，即 1t 再生资源相当于 X t 自然资源的开发量；H_i 表示开发单位质量的第 i 种自然资源带来的环境效益损失，即开发 1t 自然资源引起 X 万元环境效益损失。

(3) 避免加工自然资源带来的环境效益　城市矿产的发展减少了自然资源在开发过程中造成的环境污染，也减少了加工利用过程中的环境污染。在计算避免自然资源的加工带来的环境效益时，需要将再生资源向自然资源进行数量转化，计算单位质量的再生资源相当于多少自然资源的生产加工数量，再乘以加工单位质量的自然资源带来的环境效益损失。

$$B_3=\Sigma Q_i\times K_i\times S_i$$

(4) 再生资源转化过程中的环境成本　城市矿产发展过程中将固体废物转化成可用的再生资源会造成一定的环境污染，包括废水、废气、固体废物等，形成环境成本。

1.5.3　城市矿产发展战略

(1) 园区化发展战略　推动城市矿产园区化发展，是促进产业规范和健康发展的重要战略举措。城市矿产的园区化发展，将资源再生相关企业进行集中，可显著降低政府的监管成本。同时有利于相关法律、法规及监管政策的具体落实，为政府有效监管创造便利的条件，转变企业内部成本外部化倾向，促使其考虑环境因素，并不断改进工艺和技术。资源再生企业的规范也有利于上游回收行业的规范，避免回收成本非正常偏高。此外，城市矿产园区化发展还能产生聚集效应，吸引众多相关服务、支持企业的入驻，大大降低再生企业的交易、沟通等成本，弥补目前资源再生企业普遍规模不足的缺点。在城市矿产园区化发展战略下，目前我国大力推动国家城市矿产示范基地建设的政策是值得肯定的，应继续保持。设立城市矿产园区，在吸引企业入园方面，应使用行政和经济手段相结合，一方面行政上通过设置行业准入障碍、严格审查等行政手段，促使企业入园发展；另一方面以较大力度的补贴、税收减免等优惠政策吸引企业入园。同时应做好园区基础设施的建设，出台引进下游企业、延长产业链的相关政策，发展生产服务性产业（如物流、技术研发、信息咨询等）以及完善相关配套产业（如装备制造、化工等），为形成区域产业集群创造基础条件。

(2) 专业化发展战略　城市矿产专业化发展是指针对单个特定形态的城市矿产或可合并为同一生产线的多个形态多城市矿产进行重点开发。这是由城市矿产来源与形态的特殊性所决定的，一方面城市废弃物来源广泛且分散，其储存量和未来增量还与地区经济发展、产业结构等有关，只有根据当地实际产生的废弃物进行针对性发展，企业发展的原材料才有保障；另一方面城市废弃物形态多样，不同形态的废弃物加工处理方式不同，实施专业化发展战略是行业取得规模效应的基础，也是行业做深做精的出路。此外，从城市矿产发展实践来看，我国首批七个国家“城市矿产”示范基地中，取得经济和社会效益相对较高的园区有天津子牙循环经济产业区（优先以开发废旧机电为主）、宁波金田产业园（优先以废铜提炼为主）、清远华清循环经济园（优先以废铜提炼为主），这些园区都以专业化发展为优先，这也从实践上证明了专业化发展可行且效果显著。

（3）规模化发展战略　城市矿产规模化发展是产业降低成本、提高行业利润的重要方式。规模化发展有三个方向：其一，拆解、分拣的规模化发展。由于废弃物来源广泛的特性，回收必须是分散的，这很难改变，但回收后的拆解、分拣可集中处置。这不仅可为下游加工企业提供大批量高品质的再生资源，显著降低加工企业的生产成本，而且大规模处理有利于回收行业的规范和处理成本的降低。其二，提炼加工的规模化发展。再生资源提炼加工行业属于技术密集型行业，生产成本在总成本中所占比重较大，而采用的工艺或规模不同对提炼加工成本影响很大，因此提炼加工的规模化发展，能显著降低企业生产成本，也是城市矿产发展的趋势。其三，以纵向发展的方式，扩大规模。纵向发展是指将再生原材料（如再生铜、再生铝等）进行再加工转变为再生产品。从原材料加工到产品的过程，是增值的过程，且加工程度越深，科技含量越高，往往产品的增值幅度越大，企业的盈利空间也越大。在城市矿产整个产业中，这是企业相对于其他环节最有可能获得超额收益的环节。

（4）技术创新发展战略　城市矿产行业技术创新发展战略是行业得以高速发展的重要保证。对于再生原材料，其市场价格存在上限，只能通过降低成本来获得更高收益，根据资源再生企业生产成本的倒U形曲线图，企业所采用工艺和技术的先进度需达到一定临界点，生产成本才开始下降。对于新型再生产品，一方面消费者愿意出高价选择有优良品质的新型再生产品；另一方面市场上相应的替代品较少，可为企业带来超额收益。但不管是采用新工艺、新设备，还是开发新型再生产品，都需要以城市矿产行业的技术创新为前提。在目前我国资源再生行业整体技术水平不高的情况下，行业的技术创新发展，一方面要善于通过引进先进设备、高尖端人才、技术许可、合作开发等形式，迅速提高相关企业的技术能力，保持行业的持续、高速发展；另一方面要注重企业自主研发能力的培养及相关科研人才的储备，为今后企业的自主创新和核心竞争力的形成打下坚实的基础，以支撑行业的后续发展。

（5）生态化发展战略　城市矿产生态化发展战略是行业可持续发展的根本途径。在国家层面上，城市矿产生态化发展，符合生态文明建设的总体布局，生态化发展可利用国家各种有利政策条件。在产业层面上，发展城市矿产的根本目的是为了缓解原生资源的不足和环境污染问题，若在城市矿产开采过程中“二次浪费”和“二次污染”所带来的社会效益的损失超过城市废弃物本身带来的社会效益的损失，那么城市矿产开发就失去了意义，生态化发展可缓解目前日益严峻的环境污染问题，实现行业的可持续发展。在企业层面上，城市矿产生态化发展是企业显著提高资源利用率和降低生产成本的有效途径。城市矿产生态化发展要构建符合中国国情的城市矿产生态产业园，在生态产业园中，不断深化和完善生态产业链，并以企业、园区和社会为主体，创新财政金融、技术及信息体系，协同产业耦合、生态规划、产业集中等，强化支撑体系力度，确保生态产业链的稳健性。

第2章 材料生命周期与资源循环利用

2.1 材料发展简史及其地位和作用

2.1.1 材料发展简史

材料是指人类社会可接受、能经济地制造有用器件（或物品）的固体物质。其中包括天然生成和人工合成的材料，如土、石、钢、铁、铜、铝、陶瓷、半导体、超导体、煤炭、磁石、光导纤维、塑料、橡胶等，以及由它们组合而成的复合材料。

材料是人类社会进步的里程碑，材料的研究和应用促进了人类社会的进步，而人类社会的不断发展刺激了材料的不断创新。人类社会的历史就是一部利用材料和制造材料的历史，正是形形色色的材料构成了世间万物，人类的发明创造丰富了材料世界，而材料的不断更新与发展推动了人类社会的进步。目前，世界上传统材料已有几十万种，而新材料的品种正在以每年大约5%的速度增长；世界上现有800多万种人工合成的化合物，而且还以每年25万种的速度增长，其中相当一部分将成为工业化生产的新材料，为人类社会和科学技术的发展服务。

公元前10万年，人类开始利用石材制造各种打猎和耕作的工具，石器时代诞生。石器时代又可分为旧石器时代和新石器时代，四五十万年以前的北京猿人就处于旧石器时代，他们群居洞穴，以狩猎为生，使用的工具是石器和骨器，这些工具制作粗糙，用途尚未分化。到新石器时代，人们逐渐掌握了从地层里开采石料的技术，对石料的选择、切割、磨制、钻孔、雕刻等工序已有一定的要求，获得了较为锐利的磨制石器。

到公元前6000年，人类根据长期的体验，创造了冶金术，开始了用天然矿石冶炼金属，在西亚出现了铜制品；发展到公元前3000年，出现了铜合金（添加锡、铅的青铜），形成了青铜器时代。由于青铜熔点低，铸造性能良好，它作为制造武器、生活用具以及生产工具等物品的材料，曾大显身手，在人类文明史上产生过重要作用。我国商、周时期，是使用青铜器的鼎盛时代，祭祀的香炉、铜鼎等都是用青铜铸造的。至于春秋战国时代的青铜兵器，更流传着许多动人的故事。越王勾践和吴王夫差的宝剑相继出土，使埋藏地下2500多年的秘密大白于天下，证实了诗人“越民铸宝剑，出匣吐寒芒”的赞誉。

人类在新石器时代晚期就开始使用天然金属。到公元前3800年，出现人工冶炼的铜器，在伊朗、米索不达米亚和埃及，出现了含少量砷或镍的铜器。公元前2800年，在美索不达米亚出现锡青铜。我国在公元前3000年出现锡青铜——甘肃东乡马家窑文化的青铜刀（含6%～10%Sn）。商、周时期是中国青铜器的鼎盛时期。

大约在公元前1500年，人类借助风箱，发明了在高温下用木炭还原优质铁矿石生产铁的方法，并在半熔状态下进行锻造制作各种器具和武器，开创了铁器时代。用上述方法制备的铁器，即使长期放置在大气中也基本不生锈，它具有和青铜不同的金属光泽，强度较高，而且可加工性能良好。由于铁具有比青铜更高的强度，所以它除可用于制造武器外，还可用作结构材料制造器件。我国的铁器时代由何时开始，至今尚难断言，但这项技术至迟始于春秋战国时期。

公元前 1200 年，铁器在地中海东岸地区使用较广。到公元前 1000 年，铁工具比青铜工具应用更普遍。公元前 800 年到公元前 700 年，北非和欧洲相继进入铁器时代。我国铁的冶炼技术在春秋末期有很大的突破，特别是炼制生铁技术日臻完善，并发明了生铁退火制造韧性铸铁和以生铁制钢的技术，如生铁固体脱碳成钢、炼制软铁、灌钢等，这标志着生产力的重大进步。在战国出土的大批具有马氏体组织的钢剑，表明此时钢的淬火等热处理工艺已被广泛应用。

材料发展史上的第一次重大突破，是人类学会用黏土烧结制成容器。人类第一个划时代的发现就是，大概在公元前 50 万年发现了火。随着对土壤可塑性的感性认识，以及对火的使用和控制经验的积累，人类开始用黏土制作简单的原始陶器。最早的陶器是在竹编、木制容器上涂敷烂泥而烧成的。后来才发现把黏土直接加工成形、烧制，也能达到同样的目的。中国大约在公元前 8000～公元前 6000 年的新石器时代早期开始制作陶器。公元前 4000 年左右，古巴比伦的城市已采用砖来筑城。

随着金属冶炼技术的发展，在公元元年左右，人类掌握了通过鼓风提高燃烧温度的技术，发现一些高温烧制的陶器，由于局部熔化而变得更加坚硬，完全改变了陶器多孔与透水的缺点而成为瓷器。这是陶器发展过程的重大飞跃。中国的瓷器大约始于魏、晋、南北朝时期，至宋、元时发展到很高的水平。瓷器作为中华文明的象征，大量运往欧亚各地，以至形成了中国与瓷器（china）同词的美谈。

到了 17 世纪，炼铁生产趋向大型化。欧洲在中世纪出现了高炉，燃料还原剂由木炭改为煤炭，从 18 世纪进而改为焦炭，以焦炭为燃料的炼铁术在欧洲得到推广应用，高炉的规模逐渐扩大，产量也随之增加。随后，当人类发现钢铁在高温下也具有高强度这一事实后，出现了以钢铁为结构材料，将蒸汽的热能转变为机械能的蒸汽机。从此，人类开始掌握了人工产生机械动力的方法，用来开动机械设备进行大规模生产，这使人类的思想和社会结构发生了巨大变革。钢铁的使用标志着社会生产力的发展，人类开始由农业经济社会进入工业经济的文明社会。人们称这个时期为钢时代。

钢铁材料的广泛应用，导致了大规模的机械化生产，极大地丰富了人类社会的物质文明，引起了第一次产业革命，即工业革命。自 18 世纪 60 年代起，英国以纺纱机的问世为标志，开始了工业革命，到 19 世纪 30 年代蒸汽机的广泛应用、小汽车和轮船的出现，第一次产业革命基本完成，前后历时 70 载。法国的工业革命始于 18 世纪 80 年代，到 19 世纪中叶完成。德国的工业革命大约从 19 世纪 30 年代开始，80 年代基本完成。俄国、美国到 19 世纪 80 年代也已完成了工业革命。

第二次产业革命，就是起源于 19 世纪 70 年代的工业技术革命，其主要标志是：内燃机、电动机代替蒸汽机，新炼钢方法的迅速推广，电力的广泛应用和化学方法的采用。在新技术的带动下，电力工业、石油工业、化学工业等新兴的工业部门迅速成立。产业结构也随之发生变化，以钢铁材料的生产及应用为代表的冶金、机械制造等重工业部门，逐渐在工业生产中占据优势。在这次工业技术革命中处于领先地位的是德国和美国，英国、法国紧随其后。这几个资本主义国家，在工业革命的基础上于 19 世纪末 20 世纪初都实现了工业化，成为典型的工业国。金属补充了石块和木材，铁路、汽车和飞机取代了牛、马和驴，蒸汽机、内燃机代替人和风力来推动车船，大量合成纤维织物与传统的棉布、毛织品和亚麻织物竞争，电使蜡烛黯然失色，并已成为只要按动开关，便可做大量功的动力之源。

现代冶金技术的发展自 19 世纪中叶的转炉炼钢和平炉炼钢开始。19 世纪末的电弧炉炼钢和 20 世纪中叶的氧气顶吹转炉炼钢及炉外精炼技术，使钢铁工业实现了现代化，在非铁金属冶金方面，19 世纪 80 年代发电机的发明，使电解法提纯铜的工业方法得以实现，开创了电冶金新领域。同时，用熔盐电解法将氧化铝加入熔融冰晶石，电解得到廉价的铝，使铝成为仅次于铁的第二大金属。20 世纪 40 年代，用镁作还原剂从四氯化钛制得纯钛，并使真空熔炼加工等技术逐步成熟后，钛及钛合金的广泛应用得以实现。同时，其他非铁金属也陆续实现工业化生产。

伴随着钢时代的发展，电子技术的发展极大地提高了物质文明，现代人类社会几乎各种工业领域都享受到这一发展所带来的硕果。1883 年，爱迪生把一个和电路中阳极相连的金属板封在电灯泡里，当和阴极相连的灯丝通电发亮的时候，发现在互不接触的灯丝和金属板之间有电流通过。这个现象就叫爱迪生效应，这是电子工业的基础。1897 年，英国物理学家汤姆逊在皇家学会的演说中，论述了电子的存在，使人们认识到爱迪生效应是热电子的发射。利用这一原理，1904 年，英国工程师弗莱明发明了二极管，1906 年，美国发明家富雷斯特制成了世界上第一只三极管，开创了电子管时代，出现了无线电报、电话、导航、测距、雷达、电视等产品。

但是，电子管的致命弱点是体积较大，无法适应电子器件小型化的要求。20 世纪中叶，随着硅、锗半导体材料的出现，人类进入了硅时代。1956 年，美国贝尔电话实验室的巴丁、肖克莱和布拉坦等合作发明了晶体管，晶体管逐渐代替了电子管，到了 1959 年，人们利用单晶硅开始工业化生产集成电路，使得电子产品不断微型化和家庭化。从 20 世纪最伟大的发明——电子计算机，到家用电器，它们无不深刻影响着人类社会的发展，极大地丰富了人类的物质文明。于是人类社会进入了贝尔的“后工业社会”、托夫勒的“第三次浪潮社会”、奈斯比特的“信息社会”。

进入 20 世纪 90 年代，人类不断发展和研制新材料，这些新材料具有一般传统材料所不可比拟的优异性能或特定性能，是发展信息、航天、能源、生物、海洋开发等高技术的重要基础，也是整个科学技术进步的突破口。人类从此进入了新材料时代。新材料按其在不同高技术领域中的用途可分为三大类，即信息材料、新能源材料以及在特殊条件下使用的结构材料和功能材料，如砷化稼等新的化合物半导体材料，用于信息探测传感器的碲镉汞、锑化铟、硫化铅等敏感类材料，石英型光导纤维材料，铬钴合金光存储记录材料，非晶体太阳能电池材料，超导材料，高温陶瓷材料，高性能复合结构材料，高分子功能材料，特别是纳米材料等。新材料的广泛使用给社会带来了有目共睹的进步。

21 世纪科学技术的进步、人类生活水平的提高对材料科学技术提出了更高的要求，特别是由于世界人口迅速增加，资源迅速枯竭，生态环境不断恶化，对材料生产技术的开发与有效利用提出了许多新要求。在这种背景下，知识经济的蓬勃发展与信息的网络化正促进着材料科学技术突飞猛进。以半导体材料和光电子材料为代表的信息功能材料仍是最活跃的领域；可再生能源的加速开发、核能的新发展、最重要的节能材料——超导材料的室温化、作为能源使用的磁性材料的继续发展、对储能材料的高度重视、提高燃效减少污染的燃料电池的开发等，将使能源功能材料取得突破性进展；以医用生物材料、仿生材料和工业生产中的生物模拟为代表的生物材料在生命科学的带动下将有很大发展；智能材料与智能系统将受到更大重视；随着资源的枯竭、环境的恶化，环境材料日益受到重视；高性能结构材料的研究与开发将是永恒的主题；材料制备工艺和测试方法则是制约材料广泛应用的重要因素；21世纪将逐渐实现按需设计材料。

2.1.2 材料的地位和作用

人类社会的进步总是离不开材料的。材料是国民经济和社会发展的基础和先导，与能源、信息并列为现代高科技的三大支柱。从社会历史发展的角度看，材料是社会文明进步的标志。如人类社会早期依据所用材料的不同，可分为石器时代、青铜器时代、铁器时代等；而到了近代，依据所用材料的不同又进一步分为半导体材料时代、能源材料时代、高分子材料时代、精陶瓷材料时代、塑料时代、生物材料时代、复合材料时代等。在不远的将来，人们可能很快进入纳米材料时代。因此，社会的发展与进步都与材料的发展密不可分。可以这样讲，人类的文明进程在某种程度上是由材料所决定的，当人类文明进展面临瓶颈时，新材料的发明就带动了文明的又一次突破。纵观人类发展的历史可以清楚地看到，每一种重要新材料的制备和应用，都把人类支配自然的能力提高到一个新水平，材料科学技术的每一次重大突破都会引起生产技术的重大变革，大大加速社会发展的进程，给生产、生活带来巨大的变化，把人类的物质文明和精神文明向前推进了一大步。

材料产业从产品的创新和更新换代角度分析，大致可分为传统材料产业和新材料产业两大领域。其中，新材料产业是材料产业中最有活力的因素之一，有力地推动着高新技术产业的发展。随着世界经济的快速发展和人类生活水平的提高，对材料及其产品的需求日益增长，对新材料的发展和应用提出更高、更迫切的要求，不断有大批质量与性能优异的高新材料面世。到20世纪末，全世界12项新兴产业的年销售额已达万亿美元，其中新材料约占40%。因此，可以说新材料技术及其产业是当代最重要、发展最快的科学技术之一，是经济效益最大的支柱产业之一。

我国原材料工业从无到有，从小到大，从材料品种单一到品种门类齐全，基本满足了国民经济发展的需要；钢铁、有色金属、化工、建材等主要行业也得到了迅速发展，已经成为支持国民经济发展及国防现代化的基础产业与发展高新技术的支柱和关键。目前我国每年进入经济循环的原材料达60亿吨，而且由于我国国民经济持续稳定地发展，在今后较长的时间内，对原材料的需求将继续保持增长趋势。据统计，我国几种主要的原材料，如钢铁、水泥、煤炭、平板玻璃等的产量已连续几年位列世界第一。可以说，在世界范围内，我国既是一个材料生产大国，又是一个消费大国。

人类社会发展到今天，世界各国都将可持续发展作为21世纪的发展战略。可持续发展是指，既可满足当代人的需要，又不损害后代人需求的发展，就是说，经济建设与人口、资源和环境要协调发展，既能达到发展经济的目的，又能保护人类赖以生存的自然资源和环境，使人类能够连续不断地发展。但是，人口膨胀、资源短缺和环境恶化是当今世界可持续发展所面临的三大主要问题。资源与能源又是制造材料和推动材料发展的两大支柱，由于材料和能源的不合理开发和利用，直接导致了资源短缺和环境恶化。因此，资源循环利用与可持续发展之间的问题已引起世界各国的高度重视。

2.2 材料生产和使用带来的资源和环境问题

材料产业作为国民经济的基础和先导，一方面推动着社会经济的发展和人类文明的进步；另一方面，在采矿、选矿、冶金及材料的加工、制备、生产、使用和废弃的过程中，需要消耗大量的资源和能源；同时，排放出的大量废水、废气和废渣又会造成环境的污染与生态的破坏，威胁着人类的生存和健康。

2.2.1 资源问题

资源问题是当今人类发展所面临的一个主要问题。众所周知，自然资源是国民经济与社会发展的重要物质基础，是人类生存和生活的重要物质源泉，是维护环境和生态平衡的核心。可以说，地球上一切经济活动都是以自然资源为原料或动力而开始的。然而，地球上的非再生性资源，包括煤、石油、天然气等能源资源及各种矿物资源，其储量是有限的，经使用后就被消耗掉，变得不可恢复了。自从第一次工业革命以来，人类利用和改造自然的能力极大提高，生产力得到空前发展，对资源的消耗和环境的破坏也达到了前所未有的程度。进入 20 世纪，特别是第二次世界大战以后，随着世界人口的快速增长和经济的膨胀，人类对各种资源的开发利用强度愈来愈高，对资源的需求正在或已经超过自然资源所能承载的极限，从而造成了全球性的资源匮乏与破坏。主要表现在：矿物资源迅速耗竭，水土流失和荒漠化加剧，淡水资源不足，森林资源砍伐严重，越来越多的物种濒临灭绝。人类所面临的已是一个资源日益短缺的星球。

随着高新技术的发展和世界范围内人们物质文化水平的提高，无论是机电产品还是人们的日常用品，都越来越追求高性能化和高附加值化。伴随而来的是这些产品和材料的大量生产、大量消费和大量废弃。随着资源被大量用于生产和消费，被废弃资源的数量也在急剧增加，而且这种资源和能源的浪费还在以很大的速度逐年递增。现在很多发展中国家正在相继进入经济高速增长期，对资源、能源的消费将会进一步剧增，由此造成的资源、能源的短缺将会日益严重。预期到 2070 年，全球将会出现金属资源的枯竭，到 21 世纪末，将会出现石油、天然气等化石燃料的枯竭。

引起资源枯竭的原因，除大量开采，无限度使用外，资源的回收利用率低是另一重要原因。仅以生产量和消费量很大的汽车、家电等几类产品为例，除了消费大量的钢铁、铜、铝等金属材料外，还使用了镍、铬、钨、钼等几十种稀有金属。大量产品废弃后，这些稀有金属不能回收，由此造成的稀有金属资源的浪费十分惊人。从地球化学观点看，这些金属多属枯竭性矿物资源（表 2-1），要想大量获取，就不得不采用低品位矿石。这从经济发展和环境保护的角度来看，都是十分不利的。

从资源角度来看，我国在世界上无疑是一个资源大国。资源总量大、种类齐全、数量丰富，不少资源在世界名列前茅。例如，我国国土面积世界第三，河川径流量居世界第六，水能资源世界第一，矿物资源中煤炭资源也居世界第一。在全世界已利用的 160 多种矿藏资源中，我国有 148 种已探明储量。其中稀土、石墨、钨、锑、锌、镁、锰、钛、重晶石、硫铁矿等 20 多种矿产资源的储量也居世界前列。此外，我国钢铁、水泥、玻璃等原材料的产量也居世界第一。但由于人口基数大，使得人均占有量远低于世界平均水平，资源与人口的矛盾非常突出。我国自然资源的地域分布也非常不平衡，影响了资源利用与生产力的匹配。另外，我国自然资源的质量差别较大，低劣资源比例较高。目前，我国正处在经济发展的高潮中，对非再生资源的需求趋于负荷的极限，引起了严重的资源短缺问题。

表 2-1　某些重要金属的全球储量

金属	储量 /10^6t	年消耗增长率 /%	可开采年限/a
Fe	1	1.3	109
Al	1.17	5.1	36
Co	308	3.4	24
Zn	123	2.5	18
Mo	5.4	4.0	36
Ag	0.2	1.5	14
Cr	775	2.0	112
U	4.9	10.6	44
Ti	147	2.7	51

单就矿产资源而言，到 2020 年，对 15 种主要矿产资源的需求量将比 2000 年增长 1 倍以上，届时只有煤炭、稀土矿和磷等资源能够满足需求，其他矿藏从已探明的储量看，均不能满足需求，有的资源则无矿可采了。

目前我国资源的主要矛盾表现在资源供给不能满足经济发展的需要。我国的经济规模已居世界前列，发展的速度令人瞩目，对资源的需求已达到前所未有的程度。另一方面，现有资源的利用效率不高，资源浪费严重。我国单位产品的能耗、资源消耗比发达国家高很多(表 2-2)。我国平均能量效率为 33%，而发达国家超过 50%。我国矿物资源平均利用率为 40%～50%，钢材利用率为 60%，木材利用率为 40%～50%。矿产资源的开发总回收率只有 30%～50%，比发达国家平均低 20%左右。每万元国民收入的能耗为 20.5t 标准煤，为发达国家的 10 倍。加上资源的再生利用率低，社会最终产品只是原料投入的 30%，大部分原料变成了废弃物。既浪费了宝贵的资源，又污染了环境。“高投入、低效率、高污染”的问题，在我国资源的开发和利用中仍然存在。造成这种状况的主要原因是生产技术落后。我国材料工业中先进设备只占 20%～30%，其余仍为老旧设备。这是造成材料工业高能耗、高材耗、大量排放污染物的直接原因。

表 2-2　几种材料的能耗比较（以标准煤计）

材料	能耗 /(t/t)		比值
	中国	发达国家	
钢材	1.64	1.0	1.64
水泥	0.201	0.113	1.78
纸	1.2	0.59	2.04
玻璃	0.046t/箱	0.02	2.30
电解铝	14916kW・h/t	12956	1.15

2.2.2　环境问题

环境是人类周围一切物质、能量和信息的总和。环境污染的实质在于人类经济活动索取资源的速度超过了资源本身及其替代品的再生速度以及向环境排放废弃物的数量超过了环境本身的自净能力。对人类活动而言，环境一般有三个作用：首先，环境是各种生物生存的基本条件，为人类从事生产和生活提供物质基础；其次，环境对人类经济活动产生的废物进行消纳、稀释及转化，保证人类生产和生活过程的延续；第三，环境为人类的生产和生活提供舒适性的精神享受，一般而言，经济越增长，对环境舒适性的要求越高。

除了资源枯竭这一严重问题外，现代工业发展造成的环境问题也异常严峻。现代工业大量使用化学物质，燃烧煤、石油和天然气，释放出大量 CO_2、NO_x、SO_x 等有害气体。如全球每年因燃烧煤等化石燃料排放的 CO_2 就达 200 亿吨以上，由此造成的温室效应正在引起全球性的气候变化。预测到 2090 年全球平均气温将上升 3℃，海平面将因此上升 60cm，届时各国大面积的沿海发达地区大部分将被淹没。再加上人口无节制地增长，可能在 21 世纪中叶，地球生态环境就不得不迎接一场重大危机，面临全球变暖、大气臭氧层破坏、酸雨、森林破坏、荒漠化等全球性环境问题的挑战。

上述严峻的资源、环境问题不单是发达工业国家的问题，也是包括我国在内的诸多发展中国家的问题。中国是世界上人口最多的国家，目前正值经济高速发展时期，大量乡镇、个体企业的兴起，一方面推动了经济的发展，为众多农村剩余劳动力提供了就业机会；另一方面，个别企业相对落后的生产方式和生产工艺又难免造成严重的环境污染，而小煤窑、小矿井野蛮的急功近利式的开采方式，又极大地破坏了本不很丰富的自然资源。此外，森林破坏、过度放牧导致土地荒漠化。如果不广泛地树立环境意识，则到 21 世纪中叶，中国面临的环境问题将更加突出。

尽管发达国家的空气污染、水污染等环境问题得到了一定程度的治理，但并没从根本上解决经济发展过程中产生的各种环境污染。而且，在一些环境污染得到改善的同时，另一些环境问题又变得日益突出。总之，环境问题正变得复杂化、多层次和全球化，使得人类不得不对以往的发展模式进行反思和总结，努力寻找新的发展模式，在提高经济效益、改善人类生活的同时保护资源，维持全球范围的生态系统平衡，实现社会、经济的可持续发展。

2.3 材料生命周期与环境协调性

2.3.1 材料生命周期与资源和环境的关系

材料与能源是推动社会文明进步的车轮，是社会发展的重要标志。当代社会所使用的材料、能源太多，其结果给环境带来的压力越来越大，对环境造成的污染也越来越严重。如何既能很好地使用材料、能源，又不会给环境带来灾难，促进资源循环利用，实现人类社会的可持续发展，这就需要研究资源、环境和材料之间的关系。

材料产业是国民经济基础性、支柱性的产业之一。但众所周知，材料的生产在原料开采、提取、加工、制备、使用及废弃过程中，不仅将大量的废弃物排放到环境中，造成对环境的污染，而且要消耗大量的资源。因此，对材料的生产和使用而言，资源消耗是源头，环境污染是末尾，三者之间存在着密不可分的关系。

材料的生产、使用和废弃过程（即材料的生命周期）涉及以下一系列过程：矿物的采掘、冶炼和合成、材料的制造、加工、使用、废弃等。在这些过程中由于消耗了资源、能源并向环境排放了废弃物，造成了资源的消耗和生态环境的破坏。从物料的流程看，对任何一个有形的物品，其生产过程都是一个原料的投入和产品的产出过程，一般称其为链式生产过程。显然，由于生产效率在大多数情况下小于100%，在生产过程中不可避免地要排放出副产品或废弃物，给环境带来影响。同时，生产效率越低，要求的原材料投入越多，资源浪费就越大，亦即资源效率越低。材料的生命周期与资源、环境的关系可概括为单项循环和双向循环两种方式，分别如图2-1和图2-2所示。

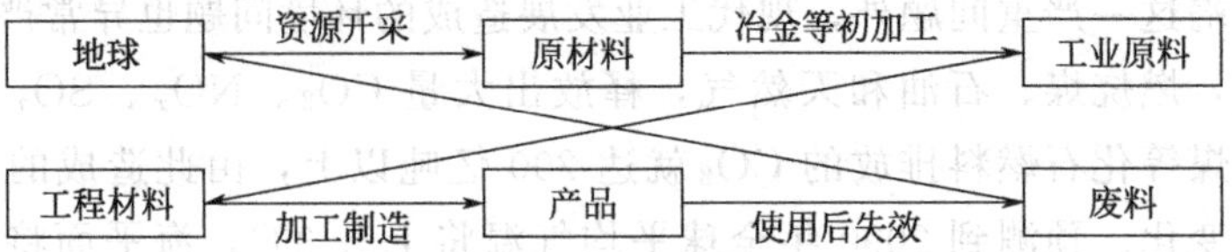

图2-1 材料的单向循环模式

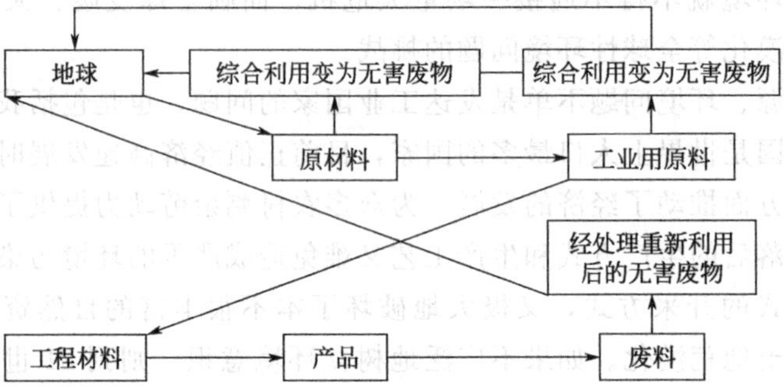

图2-2 材料的双向循环模式

物质单向运动模式的结构是“资源开采-生产加工-消费使用-废物丢弃”。人类在地球上通过采矿、钻探、挖构、采集等得到原材料，这些原材料（矿石、矿物、煤、原油、天然气、石头、沙子、木材、生橡胶等）通过冶炼及初加工制成工业用原料（金属、化学产品、纤维、橡胶、电子晶体等），然后进一步加工成工程材料（合金、玻璃或陶瓷、半导体、塑料、合成橡胶、混凝土、建筑材料、纸、复合材料等）。这些工程材料通过完成相应设计要求的加工制造，组成结构件、机器、装置和其他社会需要的产品为人类所使用。当这些由工程材料制成的产品被人类使用后，或因服役后失效，或到了工程要求的服役期，或完成了某一特定使用要求后，人们通常把它称为废品，这些废品作为废料又回到大地上。这种循环涉及化工、冶金、能源、材料、环境等多个学科、多个工业部门。统计表明，与材料相关的产业既是资源消耗的大户，也是能源消耗的大户，又是环境污染的主要来源。随着这些工业的飞速发展，在不断促进人类生产和生活水平提高的同时，也越来越严重地造成了对环境的污染。例如，2000年我国工业废弃物已达10亿吨，其中80%属于化学品污染。化学燃料能源转化过程的SO_2、NO_2和CO_2的污染排放分别达2000余万吨、1000余万吨和20余亿吨。全球每年化学燃料燃烧造成的硫排放已超过自然界生态过程硫循环量的4倍，严重破坏了自然生态系统硫的循环平衡。CO_2的排放造成的温室效应也是世人关注的焦点。这种单项循环模式必然造成资源紧缺、能源浪费、环境污染的严重后果。

材料与化工、冶金、能源、环境工程等被称为过程工业，过程工业从传统意义上说就是“资源开采-生产加工-消费使用-废物丢弃”，这样一套单向运动循环模式，必然会带来地球有限资源的紧缺和破坏，同时带来能源浪费，造成对人类生存环境的污染。审视20世纪过程工业的发展历程，人们开始认识到现有的“消耗资源能源-制造产品-排放废物”这一单向生产模式已无法持续下去，而应当代之以仿效自然生态过程的物质循环模式，建立起废物能在不同生产过程中循环，多产品共生的工业模式，即所谓的双向循环模式（或理论意义上的闭合循环模式）。在材料生产中，如果一个过程的输出变为另一个过程的输入，即一个过程的废物变成另一个过程的原料，并且经过研究真正达到多种过程相互依存、相互利用的闭合的产业“网”、“链”，那么也就真正达到了清洁生产，达到了无害循环。

2.3.2　材料的环境协调性

人类社会发展的历史证明，材料是人类赖以生存和发展的物质基础，是国民经济发展的基础和先导，它改变着人类的生活方式和思维方式，是人类文明进步的里程碑。但从资源和环境角度分析，材料的提取、制备、生产、使用和废弃过程也是一个资源、能源消耗和环境污染的过程。统计表明，材料产业不仅是资源和能源的主要消耗者，而且是污染环境的主要责任者之一。

为了使材料的发展与生态环境相协调，20世纪90年代初期材料界提出了“生态环境材料”的概念，要求在尽可能满足材料优异性能的同时，力求做到最少的资源、能源消耗，最小的环境污染，并提倡废弃物的回收与循环再利用，使材料的全寿命过程与环境相协调。生态环境材料与量大面广的传统材料不可分离，通过对现有传统工艺流程的改进和创新，实现材料生产、使用和回收与环境相协调，是生态环境材料发展的重要内容。同时，要大力提倡和积极支持开发新型的生态环境材料，取代那些资源和能源消耗高、污染严重的传统材料。

在材料的生命周期中，资源的消耗可以概括为以下几方面：能源的消耗、矿物资源的消耗、生物资源的消耗和水资源的消耗。统计表明，从能源、资源消耗和造成环境污染的根源分析，材料及其制品的生产是造成能源短缺、资源过度消耗乃至枯竭的主要原因。20世纪的前50年间，全世界金属材料消耗量约40亿吨，平均每10年仅消耗8亿吨左右，而在20世纪80年代的10年间，全世界金属材料消耗量即达58亿吨。显然，需要加速开采大量的矿产资源，成倍开发各种能源才能满足这种快速增长的原材料消费。

在大量消耗有限矿产资源的同时，材料的生产和使用也给人类赖以生存的生态环境带来严重的负担。对生态环境的损害可以概括为：向大气环境排放的有害物质，如大气污染物的排出，具有温室效应气体的排出，破坏大气臭氧层物质的排出，酸性气体物质的排出等；向水域排放的有害物质，如危害人体和生物体健康物质的排出，影响生态环境物质的排出等；向土壤排放的有害物质，如污染土壤物质的排出，恶化土质物质的排出，危害生物链物质的排出等；其他损害环境物质的排放，如固体废物的排放，恶臭物质的排放，噪声、振动、电磁波的产生等。在20世纪10大环境公害事件中，直接与材料生产有关的环境污染事件占4件，如1930年比利时的马斯河谷烟雾事件，1948年美国多诺拉镇的烟雾事件，1956年日本熊本县的水俣病事件，以及1972年日本富士县的骨痛病事件都是由于炼钢、炼锌、有色金属加工或金属表面处理等材料加工过程的污染造成的。

国际材料界在审视材料发展与资源和环境关系时发现，过去的材料科学与工程是以追求最大限度发挥材料的性能和功能为出发点的，而对资源、环境问题没有足够重视，没有充分考虑材料的环境协调性问题。而在全球经济必须可持续发展的今天，资源的大量消耗和环境污染都不利于材料的可持续发展。为此，在理解和认识材料科学与工程的内涵时还应予以拓宽，必须注意以下几点。

① 在尽可能满足用户对材料性能要求的同时，必须考虑尽可能节约资源与能源，尽可

能减少对环境的污染，要改变片面追求性能的观点。

② 在研究、设计、制备材料以及使用、废弃材料产品时，一定要把材料及其产品整个生命周期对环境的协调性作为重要评价指标，改变只管设备生产、不顾使用和废弃后资源再利用及环境污染的观点。

③ 开发节约资源、低污染的生产流程。当前正在开发一种所谓“零排放”流程，即所输入的原料及能源全部生成产品而没有废物排出，这当然是一种理想状态，但是至少应尽量开发充分利用资源而少污染的生产流程。

④ 开发环境友好材料，或称环境材料。就是指与环境相适应的材料，即节约资源、少污染、易回收或可降解的材料。

⑤ 开发高性能、长寿命材料是节约资源、减少污染最有效的途径。因此，应把提高传统材料性能作为主要奋斗目标。如钢的强度大幅度提高；开发既抗腐蚀又可大幅度提高强度的水泥，以减少水泥用量，从而减少污染和节约资源。

⑥ 用新技术改造传统材料生产流程。一方面提高劳动生产率，改善产品质量，降低成本；另一方面使传统材料升级换代，扩大材料的用途，以增加竞争能力。

⑦ 材料的可持续发展战略是一个多学科、多部门联合作战的复杂系统工程，最重要的思想就是建立“生态工业园区”。所谓“生态工业园区”就是实施生态工业的系统工程基础，其目标是通过多种产业的综合协调发展，使某一个产业的副产物或废料成为另一个企业的原料加以利用，进而形成物流的“生态产业链”或“生态产业网”，能流形成多次梯级利用，使在一定界区内的多行业、多产品联合发展，不仅可使资源在产业链中得到充分利用或循环利用，而且使能量资源和信息资源同时得到充分利用。在生态工业园区规划的过程中，会发现许多“网”、“链”的断点，这就为以后深入的实验研究和工业开发指明了方向。这种无限循环，不断深入研究，不断深入开发、应用，向着生态过程工业和可持续发展逐渐逼近，最终每一个环节和每一个单元都将是清洁的，用环境友好的生产工艺取代污染工艺，以实现良性循环的可持续发展的目标。

2.4 材料生命周期评价与生态设计

2.4.1 材料生命周期评价概念及技术框架

生态环境材料一经提出，国际上的材料科学技术工作者和各国政府、企业界都给予了高度重视，并兴起了全球性的环境材料的研究、开发和实施热潮。日本和欧洲的一些国家相继成立了环境材料的研究学会，组织专门的学术和相关政策研究。从国内外的研究内容来看，生态环境材料这一主题可以划分为具体生态环境材料的设计、研究与开发和材料的环境协调性评价技术两大方面。从目前的研究进展来看，新型材料的环境协调性设计与开发则是未来环境材料发展的重要方向，也是材料工业可持续发展的根本出路，而传统材料环境化改造问题则是当前环境材料研究的重要应用之一。生命周期评价（Life Cycle Assessment，LCA）作为一种国际上公认的材料环境负荷评价工具，已被广泛应用于工业部门的环境影响评估和具体材料的环境协调性评价这两个重要方面。

LCA 的定义，目前较具代表性的有三种。国际环境毒理学会和化学学会定义：“LCA是一个评价与产品、工艺或行动相关环境负荷的客观过程，它通过识别和量化能源与材料使用和环境排放，评价这些能源与材料使用和环境排放的影响，并评估和实施影响环境改善的机会。”该评价涉及产品、工艺或活动的整个生命周期过程，包括原材料提取和加工，生产、运输和分配，使用、再使用和维护，再循环以及最终处置。这一定义的关注对象重点是能源与材料。联合国环境规划署定义：“LCA 是评估一个产品系统生命周期整个阶段（从原材料的提取和加工，到产品生产、包装、市场营销、使用、再使用和产品维护，直至再循环和最终废物处置）的环境影响工具。”这一定义将 LCA 的评价对象从能源与材料扩展到了各个产品领域。国际标准化组织定义：“LCA 是对一个产品系统的生命周期中输入、输出及其潜在环境影响的汇编和评价。”这一定义强调了产品生命周期中对环境潜在影响的评价，也是近些年来 LCA 研究中使用最为广泛的定义。上述尽管是对 LCA 定义的不同表述，但其具有相同内容和框架，总体核心一致，即：LCA 是对产品生命周期全过程（即所谓从摇篮到坟墓）的环境因素及其潜在影响的评价。

1993 年国际毒理学会和化学学会在“生命周期评价纲要：实用指南”中将生命周期评价的基本结构归纳为四个有机联系的部分：定义目标与确定范围、清单分析、影响评价和改善评价。1997 年 ISO 14040 将生命周期评价分为互相联系的、不断重复进行的四个步骤：目的与范围的确定、生命周期清单分析、生命周期影响评价、生命周期解释，如图 2-3 所示。其对前者的一个重要改进是去掉了改善分析阶段，增加了生命周期解释环节，而这种解释是双向的，需要不断调整。2006 年 ISO 又发布了生命周期评价标准新的修订版，以 ISO 14040：2006“环境管理-生命周期评价-原则和框架”和 ISO 14044：2006“环境管理-生命周期评价-要求事项与指南”代替了先前的 ISO 14040-14043 标准。新的标准进一步推进了环境影响的评价进程，体现了世界范围内 LCA 研究的共识。同时新的标准为潜在的使用者和利益相关方提供了一个 LCA 实施、应用的清楚轮廓，对其中清单分析、结果解释、数据质量提出了明确的要求和规定。

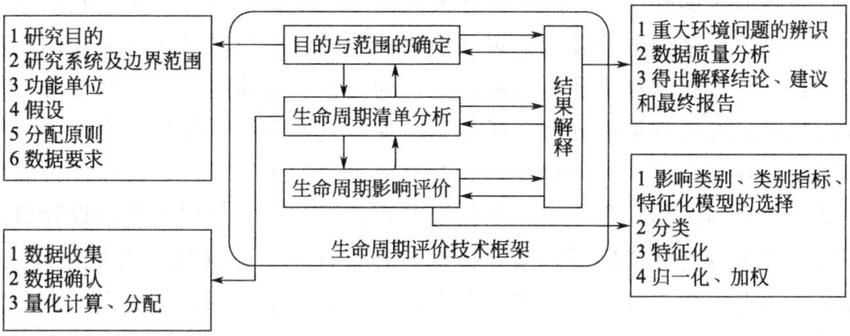

图 2-3　生命周期评价技术框架及内容

（1）目的与范围的确定　目的与范围的确定直接影响整个评价工作程序和最终的研究结论。确定研究目的即要清楚表明研究动机，需根据研究结果做出怎样的决定。研究范围定义了所研究产品的系统边界、数据要求、假设及限制条件等。LCA 方法是一种基于定量计算的评价方法，所以产品系统各方面情况的描述就需要以一定的功能为基准，在该步骤中还要确定研究的功能单位。功能单位是对产品系统输出功能的量度，关系到环境清单数据的具体数值，其作用是为有关的输入输出提供参照基准，以保证 LCA 结果的可比性。

（2）生命周期清单　生命周期清单是 LCA 基本数据的一种表达，是对一种产品、工艺和活动在其整个生命周期内的能量与原材料需要量以及对环境的排放（包括废气、废水、固体废物及其他环境排放物）进行以数据为基础的客观量化过程。该分析评价贯穿于产品的整个生命周期，即原材料的提取、加工、制造和销售、使用和用后处理。

（3）生命周期影响评价　作为生命周期评价中的第三步，生命周期影响评价的实质是对清单分析阶段所识别的环境影响进行定量或定性的表征评价，即确定产品系统的物质、能量交换对其外部环境的影响。这种评价应考虑对生态系统、人体健康以及其他方面的影响。

（4）生命周期解释　生命周期解释的目的是根据 LCA 前几个阶段的研究或清单分析的发现，以透明的方式来分析结果、形成结论、解释局限性、提出建议并报告结果。其要求尽可能提供对生命周期评价研究结果的易于理解的、完整的和一致的说明。

2.4.2 材料生态设计理论框架

生态设计作为生命周期工程的基础与核心，自 20 世纪 90 年代被提出以来，受到发达国家政府和企业界的高度重视。荷兰的菲利浦公司、美国的 AT&T 公司、德国的奔驰汽车公司等先后进行有关产品生态设计的尝试，实践表明生态设计可减少产品 30%～50%的环境负荷。国际标准化组织于 2002 年发布了《环境管理：将环境因素引入产品的设计和开发》(ISO/TR14062) 标准，将环境因素引入产品的设计和开发具有降低成本、促进革新、改进产品质量等实质效益，早期设计阶段的环境识别和策划有利于制定控制环境因素的有效决策。美国绿色电子委员会开发了基于生态设计的政府全球采购注册系统，帮助美国各级政府负责采购的官员在招标过程中评估竞标产品的环保性能；欧盟针对全球环境问题日趋严峻和剧烈的经济竞争，于 2009 年发布了《确立能源相关产品生态设计要求的框架》，其通过设定产品市场准入标准，促进产品生态设计水平的提高，未来产品生态设计的评估认证将拓展至更多领域，成为世界范围的贸易壁垒。

总体而言，在欧盟、美国、日本等发达国家和地区，生态设计已在各行业广泛推行，其评价结果直接与政府采购挂钩，并用于指导公众的绿色消费。而近年来，我国多项国家、省部级文件中均指出，未来的工业领域要树立源头控制理念，以产品全生命周期资源科学利用和环境保护为目标，以技术进步和标准体系建设为支撑，逐步建立评价与监督相结合的产品生态设计推进机制，通过政策引导和市场推动，促进企业开展产品生态设计。虽然我国的生态设计标准体系正在逐步完善，但仍缺乏针对材料行业的生态设计标准与评价准则，材料生态设计的关键指标也与国际先进水平存在较大差距。因此，开展材料生态设计研究，从源头优化解决各环节的资源与环境问题，指导材料组分设计、工艺优化与再生循环技术的开发，寻求材料性能、资源消耗与环境影响在整个生命周期中的最优解，是促进材料全生命周期整体节能减排的有效途径。

材料生态设计的实施步骤可归纳为策划、方案制定、方案验证、实施四个阶段。

（1）策划阶段　确定设计目标与实施方案，分为以下 4 个步骤：①确定设计目的；②选择参照对象并确定其特征，通常考虑的材料特征包括其原料、工艺与性能等，参照对象需要能够体现特定的基础技术水平，通常选择某种材料的生产现状；③对参考对象的性能、资源消耗与环境影响给予定量化的评价，分析影响产品资源与环境表现的主要因素，确定需要改变设计的领域；④根据评价结果，提出改进材料性能、资源与环境综合表现的建议。

（2）方案制定　制定材料设计或改进方案，分为以下 4 个步骤：①确定材料设计目标的各项性能参数范围；②根据现有材料成分、工艺和性能之间的联系，初步拟定多组目标材料的成分和工艺参数方案；③对照参考对象分析当前设计方案在达到设计目标的同时可能引发的其他问题；④对拟订方案进行多要素综合评价，不满足要求的方案被淘汰或者根据存在的问题重新设计，满足要求的方案则确定为原型方案。

（3）方案验证　验证原型方案可行性并择优，分为以下 4 个步骤：①对原型方案进行实验室制备和测试，不能满足要求的方案返回到方案制定阶段重新进行设计；②根据实验数据更新方案的全生命周期模型参数，并重新对达标设计方案进行资源、环境影响与性能的综合评价，选择综合评价结果最好的方案进入小规模生产；③通过小规模生产搜集生产过程中的实际数据，并更新材料全生命周期模型参数并再次进行多要素的综合评价，进一步寻找改进空间，并与参考对象的综合评价结果比较，以确定是否达到目标；④如果认为达到目标，那么方案可以进入实施阶段，否则根据评价结果提供的信息，返回第二阶段重新设计方案。

（4）实施阶段　方案验证完成后，可以进入实施阶段。但生态设计是一个反复的过程，在生产实践中可能发现之前没有考虑到的问题，需要对方案再次进行修改与评估。

第3章 金属材料循环利用

3.1 金属材料概述

金属材料是重要的工程材料，包括纯金属和以纯金属为基体的合金。大部分金属的结合键为金属键，过渡族金属的结合键为金属键和共价键的混合键，但以金属键为主。金属键的性质决定了金属材料在固态下具有以下一系列特性：

① 良好的导电性和导热性。

② 正的电阻温度系数，即随温度升高电阻增大。绝大多数金属具有超导性，即在温度接近于绝对零度时电阻突然下降，趋近于零。

③ 良好的反射能力，不透明性及金属光泽。

④ 良好的塑性变形能力。

金属材料是现代文明的基础。从历史的发展来看，人类由石器时代进入青铜器时代，生产力产生了一次飞跃；进入铁器时代，生产力又得到迅猛发展；目前，人类还处在金属器时期。虽然无机非金属材料、高分子材料的使用量与日俱增，但在可预见的时期内，仍不会改变这种状况。

从总产量来看，钢铁材料的产量占绝对优势，占世界金属总产量的95%。而且有许多良好的性能，能满足大多数条件下的应用，故用量最大，且价格低廉。在世界金属矿储量中，铁矿资源比较丰富和集中，就世界地壳中金属矿产储量来讲，非铁金属矿储量大于铁矿储量，如铁只占5.1%，而非铁金属中铝为8.8%，镁为2.1%，钛为0.6%。但非铁金属冶炼较困难，所需能源消耗大，因而生产成本高，限制了生产总量的增长幅度，而非铁金属所创造的价值高，并且具有钢铁所不具备的特殊性能，例如比强度高，耐低温、耐腐蚀等，因而非铁金属产量仍在迅速增长。

金属材料一般分为两大类：黑色金属和有色金属。黑色金属是指铁、铬、锰及钢铁和其他铁基合金，黑色金属以外的金属及合金称为有色金属，如铝、铜、钛、镁及其合金等。二者总称为金属材料。

3.1.1 有色金属

有色金属包括轻金属（铝、镁、锂、铍等）、重金属（铜、锌、镍、铅等）、贵金属（金、银、铂族）、稀有金属（钛、锆、钒、钨、钼等）。

有色金属及其合金是现代材料的重要组成部分，与能源及信息技术的关系十分密切。铜、铝、铅、锌、镍、锡、金、银8种有色金属的产量虽仅为钢产量的5.4%，但其产值则达到钢产值的50%以上。有色金属和黑色金属相辅相成，共同构成现代金属材料体系。

有色金属是国民经济、人民日常生活及国防工业、科学技术发展必不可少的基础材料和重要的战略物资。农业现代化、工业现代化、国防和科学技术现代化都离不开有色金属。例如飞机、导弹、火箭、卫星、核潜艇等尖端武器以及原子能、电视、通信、雷达、电子计算机等尖端技术所需的构件或部件大都是由有色金属中的轻金属和稀有金属制成的；此外，没有镍、钴、钨、钼、钒、铌等有色金属也就没有合金钢的产生。有色金属在某些用途（如电力工业等）上，使用量也是相当可观的。现在世界上许多国家，尤其是工业发达国家，竞相发展有色金属工业，增加有色金属的战略储备。

有色金属大多是加工成材后使用，因此如何合理有效地生产性能良好、物美价廉的有色金属材料以取得最大的社会经济效益，是个十分重要的问题。随着科学技术的进步与国民经济的发展，对于有色金属材料在数量、品种、质量及成本等方面不断提出新的要求，不仅要求提供更好性能的结构材料、功能材料，而且对其化学成分、物理性能、组织结构、晶体状态、加工状态、表面与尺寸精度以及产品的可靠性、稳定性等方面的要求也越来越高。总的说来，有色金属材料的生产正向大型化、连续化、自动化、标准化方向发展，这就需要高精度、高可靠性的工艺、装备、控制技术与成品检测技术。一些新材料如半导体材料、复合材料、超导材料，新技术如粉末冶金、表面处理等已经形成或者正在发展成为一个新的技术领域。

（1）铜及铜合金

① 纯铜。纯铜由于呈紫红色，故人们常称为紫铜。纯铜的熔点为1083℃，密度为$8.9g/m^3$。其特点是具有优良的导电性、导热性和抗磁性，其可塑性很高，可承受各种形式的冷、热加工。纯铜主要用做各种导电材料、导热材料以及磁学仪器、定向仪器和其他防磁器械等。

② 铜合金。纯铜的机械性能较低，为满足制作工程结构的要求，加入不同的合金元素制成铜合金，通过合金化元素的作用，实现固溶强化、时效强化和过剩相强化，从而提高性能。铜合金按化学成分，可分为黄铜、青铜和白铜三大类。

a. 黄铜。黄铜的主要合金元素为锌，由于加入锌后合金呈黄色而得名。简单的二元Cu-Zn合金为普通黄铜，在二元Cu-Zn合金基础上再加入一种或数种合金元素的复杂黄铜为特殊黄铜。

b. 青铜。青铜是应用最广泛的铜合金，因最早使用的铜锡合金呈青黑色而得名。青铜是指除以Zn、Ni为主要合金元素以外的铜合金。主要有锡青铜、铝青铜、硅青铜、铍青铜等。

c. 白铜。以镍为主要合金元素的铜合金称为白铜，但是镍质量分数要低于50%，如镍质量分数超过50%，则称为镍基合金。这类铜合金不能经热处理强化，主要借助于固溶强化和加工硬化来提高机械性能。如果再加入其他合金元素，则称为特殊白铜。

（2）铝及铝合金　铝及铝合金是广泛用于航空、航天、造船、交通运输、家用电器、电力工业等许多部门的一种工业材料。

① 纯铝。纯铝的密度仅为$2.7g/m^3$，是铁的1/3。纯铝的熔点为660℃，冷却过程中无同价异构转变。铝的导电、导热性好，仅次于银、铜和金。由于铝极易与空气中的氧形成一层致密的氧化铝薄膜，所以在某些介质（如大气）中，抗蚀性好。另外，由于铝强度低、塑性好、压力加工及成型性能良好，广泛应用于电力工业。工业纯铝强度很低，一般不做结构材料。

② 铝合金。根据合金的成分范围及用途，可把铝合金分为形变铝合金和铸造铝合金。

形变铝合金又可分为可热处理强化的形变铝合金和不可热处理强化的形变铝合金。铝合金的强化方式：对于不可热处理强化的铝合金，可以通过冷变形提高强度，对于可热处理强化的铝合金，可用热处理的方法大幅度提高其性能，主要通过固溶强化、时效强化及细化组织强化来实现。

(3) 钛及钛合金　钛在固态下具有同素异构转变，转变温度为882.5℃，在882.5℃以下，钛为密排六方结构，称为α相，在882.5℃以上，钛为体心立方结构，称为β相。由于钛在大气中极易形成氧化钛薄膜，因此在很多介质中有极高的抗腐蚀性，特别是在海水中不腐蚀，因此是海洋工程非常理想的结构材料。根据相组成，钛合金可分为α型钛合金、β型钛合金和$\alpha+\beta$型钛合金。

钛作为一种特殊的金属材料广泛用于航空、航天领域，如发动机叶片、涡轮盘、船用热交换器、冷锻器、快艇螺旋桨、核工程的蒸发器、冷凝器、化工耐蚀的容器、海水淡化设备以及大量民用工程，如高尔夫球具、人造关节、牙齿等。

3.1.2 黑色金属

(1) 碳钢　碳钢又称碳素钢，除铁以外其主要元素为碳。受原料和冶金工艺的限制，实际工程使用的碳钢都含有一定量的硅、锰、硫、磷以及微量的气体元素，如氧、氮、氢等。这些元素的存在及含碳多少对钢的组织和性能以及使用性能都有一定的影响。根据含碳量的多少，碳钢可分为低碳钢（碳含量小于0.25%）、中碳钢（碳含量为0.25%～0.55%）和高碳钢（碳含量大于0.55%）；若按用途分类，碳钢又可分为结构钢和工具钢两大类，结构钢用来制造各种金属构件和机械零件，工具钢用来制造各种刃具、模具和量具；若按质量等级分类，碳钢可分为普通碳素钢、优质碳素钢、高级优质碳素钢；从质量分类角度来看，其主要区别是硫、磷及气体等有害杂质的质量分数不同，以及缺陷的程度不同。

(2) 合金钢　碳钢成本低，能满足许多情况下的应用，但是由于碳钢主要是以碳的质量分数变化来改变其性能进而满足使用要求，所以在实际工程应用中又存在很大局限性。这主要表现在满足一定的塑性和韧性时，其强度不可能达到很高。反之，使其强度很高时，则塑性和韧性就不可能满足要求，大截面零件的性能也得不到保证，而且碳钢的抗腐蚀性和抗氧化性以及低温韧性都比较差。为了克服上述缺陷，人们通过加入合金元素的办法形成合金钢，从而扩大钢的使用范围，满足不同使用条件下的使用性能的要求。合金钢中加入的主要合金元素有锰、镍、铬、铝、钼、钒、硼、钛、铌等。

合金钢的品种很多，通常的分类方法如下。

按用途分类，可分为合金结构钢、合金工具钢和特种性能钢（特殊钢）。特殊钢主要包括各类不锈钢，其他还有耐热钢、抗氧化钢、耐磨钢等。

按化学成分分类，可分为锰钢、铬钢、铬镍钢等。

按合金元素的质量分数，可分为低合金钢（合金元素的质量分数小于5%）、中合金钢（合金元素的质量分数为5%～10%）和高合金钢（合金元素的质量分数大于10%）三类。

按热处理后显微组织分类，可分为珠光体钢、贝氏体钢、铁素体钢等。

(3) 铸铁　铸铁是碳的质量分数大于2.11%的铁碳合金，同时含有较多的Si、Mn和其他一些杂质元素。为了提高铸铁的性能，加入一定量的合金元素，称之为合金铸铁。同钢相比，铸铁熔炼简便、成本较低，具有优良的铸造性能、很高的耐磨性、良好的减震性能和切削加工性能，且缺口敏感性低等特点。因此铸铁广泛用于机械、冶金、石化、交通、建筑和国防等领域。

工业发展促进了新金属材料的应用。19世纪末，出现了新型的合金钢，如高速工具钢、高锰钢、镍钢和铬不锈钢，并在20世纪发展为门类众多的合金钢体系。与此同时，铝合金、镁合金、铜合金、钛合金和难熔金属合金等也先后形成工业规模生产。金属功能材料以其特有的各种物理性能，在各种新兴工业中得到广泛应用，其市场和应用前景十分广阔，不断有新型金属功能材料被开发，也是今后相当长时期新材料发展的热点。新中国成立后，钢铁工业和有色金属工业有了飞速发展，无论在品种、产量和质量方面都达到新的水平。目前，我国金属材料科学研究已跻身于世界先进行列。

3.1.3 金属材料循环利用概况

近年来，世界各国对金属的循环利用越来越重视，发达国家在经济和立法上对资源回收均加以鼓励，金属二次资源的回收利用取得了较大的进展。

通常从原生和二次资源中提取金属的方法有很大差别。在原生资源中金属往往是与氧、硫或其他化合物相结合，而在精炼产品中金属往往是以元素或以合金状态存在的。以合金状态存在的金属，单金属的解离、提取要比原生资源中与氧、硫或其他化合物相结合的金属的解离难得多。所以，以合金形式存在的二次资源，往往是重熔或调整某些成分后再熔炼成新合金，否则单纯从二次资源中回收纯金属不仅会比从原生资源中提取更困难，而且还会造成资源的浪费。

目前，二次资源的分选也要比原生资源的选矿困难，无论是分选技术还是设备方面，近些年虽有了很大进步，但仍远没有原生资源选矿技术成熟和完善。

二次资源的处理通常在大城市进行，其环境要求比在边远地区原生矿的处理严格得多。但是，二次资源中的金属含量却要比原生资源高得多。从二次资源中回收金属还有一个较为困难的问题，即对许多二次资源较精确的金属含量往往只能从设备制造商的信息中获得。例如，对某种电子废料，可能从制造商获得有关信息，但这类电子废料的数量毕竟是有限的，而实际上，绝大多数二次资源加工者设计的处理工艺必须处理大量的、多种多样的电子废料。

目前，从二次资源中回收金属可采用火法和湿法工艺。出于公众的压力，在美国采用湿法处理工艺的趋势已超过火法，也许其中一个因素是人们对有害物通过烟囱排放要比通过废水排放更敏感。

金属材料循环利用的方式主要有直接利用、修复与改制利用（间接利用）、深加工利用。冶金生产、机械加工制造、工程建设中产生的或从社会上回收的金属二次资源中，有些废次材、切头切尾、边角余料或仍然能继续使用的零部件可以直接用来生产中小农具、小五金、轻工产品，或者作为备品备件重新使用，这就是金属二次资源的直接利用方法。在直接利用中，可利用金属二次资源直接生产中小农具、轻工产品或易地再使用。有些报废的机械零部件、钢铁制品、废旧工具、水暖器材、废旧轧辊等以及整体报废的机械中有些零部件仍存在使用价值，通过清洗、修复、拼补、喷涂等方式方法，能够重新“恢复”其使用价值，这就是修复利用；而另一部分丧失原使用价值的机械零件、结构件等则可以通过不同方式加工（但不回炉重熔）以改变其物理形态之后，或进入流通领域及生产领域，或直接用于其他用途，这就是改制利用。修复与改制利用不需要回炉重熔，是金属循环资源开发利用中经济效益较好的一种途径。金属二次资源中的板材、型材类，尤其是工程建筑和废旧船舶上拆解下来的这类废件，以及报废的铁路轨道等，除了有些锈蚀或微变形外，其内在质量一般没有变化。因此，利用这一类废件通过轧制成为其他钢材，经济效益较显著。使用氧化铁皮制作粉末冶金零件，要经过还原、破碎、球磨、混料、压制、烧结、整形等工序才能得到最终产品，这就是二次金属资源的深加工利用。

二次金属资源已成为金属生产的主要原料，金属循环利用工业已成为一个独立产业。

在世界铜市场中循环铜占有很重要的地位。目前，世界每年生产和消费的铜（约1500万吨）主要仍来自矿石，而循环铜（约500万吨）的比例约为三分之一。西方发达国家消费的精铜中平均约有40%来自铜废料。在美国，精铜消费中40%以上来自循环铜，其中约1/3来自旧的产品，2/3来自制造业废料。我国铜资源较贫乏，但现已发展为世界第一大铜消费国。解决资源短缺和消费激增的矛盾则是大量进口铜原料。20世纪90年代以来，我国废杂铜的进口量迅速增长，此外，我国目前每年还有40万吨以上的自产废杂铜。在我国长江三角洲、环渤海地区和珠江三角洲，已形成三个重点铜拆解、加工和消费区。这些地区的精铜产量不足铜总产量的40%，但他们的铜循环量却占全国铜循环量的75%。全国79.4%的铜加工企业分布在这3个地区，特别是江、浙、沪三省市所占份额突出。

全球每年生产循环铝为精铝总产量的27%，其中美国生产循环铝293万吨，为精铝270.45万吨的108%，德国循环铝为精铝的103%，日本循环铝是精铝的194倍。美国是世界最大的循环铅生产国，循环铅产量占精铅总产量的58%以上，德国为62%、法国98%、意大利93%、日本64%。据国际锌协会的估计，目前西方国家每年消费的锌锭、氧化锌、锌粉和锌尘总计在650万吨以上，其中200万吨来自二次锌资源。

3.2 金属材料循环利用预处理

金属材料循环利用预处理是指将金属二次资源变成能够进行有效的后续加工材料的过程。预处理方法包括机械方法、重力方法、化学方法等。主要的预处理设备包括剪切机、破碎机、压块机等。

3.2.1 预处理工艺流程

预处理的主要工序有分类、金属检验、切割分解、爆破分解、破碎、打包、压块、粉磨、磁力分选、洗涤、去污、干燥等。对于一些特种物料需要采用特制的机械设备或专门的生产线，如整体废旧汽车的破碎、钢渣处理、废蓄电池、废电动机、废电线、马口铁废料、各种镀层废料等。金属二次资源预处理一般工艺流程如图3-1所示。

3.2.2 预处理方法

由于金属二次资源生成来源不同，资源构成状况离散，化学成分复杂，加上钢铁、有色金属与木材、玻璃、塑料、橡胶等非金属混杂共生，同时，金属二次资源的几何形态差异很大，这些都使得金属二次资源预处理加工变得困难和复杂。因此，为了提高金属资源循环利用效率，往往需要采用各种不同的加工处理方法和相应的机械设备与设施。

预处理过程中，金属再生原料在几何尺寸、物理形态及化学成分等方面均会发生变化，预处理加工方法类型如表3-1所列。

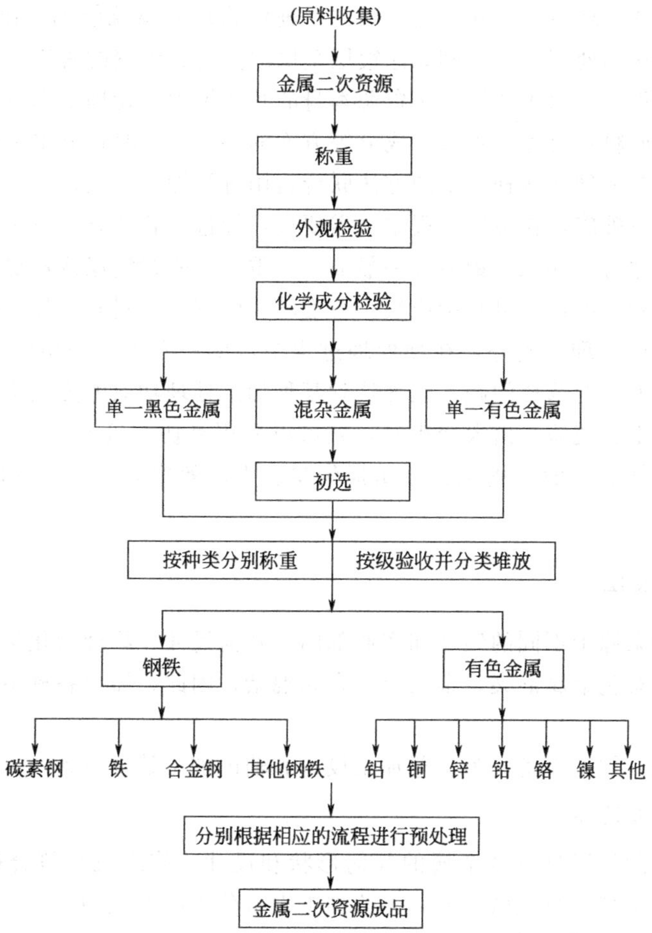

图 3-1　金属二次资源预处理工艺流程

表 3-1　预处理的基本类型

基本类型	变化特征	原料种类	采用方法、设备
几何变形	长—短	长板料、棒料 螺旋金属二次资源屑	剪切机 碎屑机
	松—紧	轻薄金属二次资源 金属双屑 统料废钢	打包机
	大—小	铸锻件、废钢锭模 底盘、飞轮、钢渣砣	落锤、爆破 破碎机
	小—大	钢屑、铁末等	压块机
物理分离	按长度分离	破碎后的金属二次资源	滚筒筛
	按粒度分离	破碎后的金属二次资源	振动筛等
	按密度分离	破碎后的金属二次资源	振动给料器、选分池
	按磁性分离	含非磁性材料废钢	磁盘、磁力辊
化学处理	氧切	废钢锭、大型结构件	氧气切割机
	还原	—	回转窑
	复分解	—	酸碱处理

一般情况下，预处理主要以几何变形为主，辅以物理分离就能加工出符合要求的原料，特殊情况下才采用化学处理方法，例如涂镀层金属的分离、废钢的脱漆以及金属的提纯等。

在实际加工过程中，由于金属二次资源本身的几何尺寸、物理形态或化学组成上的特殊性以及后续工艺对原料在尺寸、密度、成分等方面的要求，有时仅靠单一的加工方法往往难以完成，因此，需要两种或两种以上的方法联合运用进行加工处理。例如有些不能直接打包或压块的，需要先行破碎，在破碎过程中又需要进行筛选；若掺杂物较多或油污严重则需磁性分选或去污处理才行。铁末、铝屑等一般油污严重、需先行洗涤或焙烧去污，再行干燥处理，最后压成块；若无油污则可直接压块。粒度较大的钢渣原料必须先行破碎，有时需要三级破碎才能进行后续处理。此外，在预处理过程中，单一方法的采用或多种方法综合使用时，一般都会遇到方法的选择问题，因为达到某种加工处理功效的方法不止一种，比如使金属二次资源的尺寸由长变短、由大变小时，就可以采用氧切、机械破碎、剪切等若干方法。加工方法或设备选择的一般原则是：金属损失少、生产效率高、劳动强度低及生产安全性好等。

3.2.3 预处理设备

金属二次资源来源于不同的领域和产业部门，几何尺寸、物理及化学特性差异很大，有时又经常是黑色与有色金属混夹，金属与非金属混杂，因此，需要各种不同的加工设备进行加工处理。

按照设备功能，加工设备分为工艺加工设备和辅助加工处理设备两类。

3.2.3.1 工艺加工设备

工艺加工设备的作用是改变金属的几何形状和尺寸，使之成为符合循环利用要求的原料，按照金属的几何特征及机械性能，工艺加工设备分为以下五种。

(1) 打包机械　轻型金属二次资源最常用的加工方法是打包，打包可以减少金属二次资源的装运损失，改善其质量指标。挤压成形的金属二次资源包块不仅易于贮运，而且可降低金属熔炼时的烧损率。

打包机械没有分选除杂功能，不能保证包块的纯洁度。尽管金属打包机有不尽如人意之处，但因轻薄废钢较多，而且金属打包机规格品种齐全，还可根据用户要求专门设计包块形状、大小和出包方式，是目前大中小型金属回收行业、废钢加工中心和钢铁企业的首选设备。

(2) 剪切机械　剪切机械用于改变金属二次资源的几何尺寸。剪切后的金属二次资源可以作为打包或压块的原料，也可直接作为炉料重熔。

(3) 压块机械　压块机械是金属二次资源加工中的主要设备之一，压块机械用于将金属屑（末）压成密实状态的块状体或饼状体，使之成为符合要求的原料。压块机的成品有圆饼状和长方体状两种。金属切屑的加工机械是金属屑压块机，其加工方法是在常温下将铸铁屑、铜屑、铝屑直接压制成密度较高的圆柱体。如果是长条状钢屑，则在压制前先将钢屑破碎，再压制。

(4) 破碎机械　破碎机械用于大型铸锻废钢铁件、金属切屑以及一般金属二次资源的破碎，使之符合后序加工的要求。根据破碎对象的不同有不同的破碎机，如电缆破碎机、易拉罐切碎机、电路板专用破碎机等。

(5) 特种加工机械设备　常用的特种加工机械设备有废旧钢轨的切分设备、废旧船板剪切机组、搪瓷废钢处理设备、氧化铁皮处理设备、冶金渣处理设备等。

3.2.3.2 辅助加工处理设备

辅助设备的作用是协助工艺加工设备完成金属二次资源的加工，在工艺加工过程中或加工过程前后对金属二次资源进行某些加工处理。按照设备功能，常用的辅助加工处理设备有以下五种：

（1）分选设备　分选设备主要用于清除金属二次资源中掺杂的其他金属和非金属以及将金属二次资源加工后不符合尺寸要求的部分分离出来并送去重新加工等。如用电磁盘将金属与非金属分离；用金属成分探测仪挑选特种合金钢；用磁力器分辨黑色与有色金属；用滚筒筛、振动筛、格筛进行金属二次资源几何尺寸的分类等。

（2）清洗与干燥设备　用于清洗金属切屑中的油污，清洗液主要采用水或碱性溶液，清洗后再进行烘干以便机械加工。清洗常用洗涤筒，干燥常用干燥筒进行。

（3）金属屑脱脂设备　用于清除金属切屑中的润滑油。一般采用离心机将金属切屑中的水分、润滑油和冷却液分离出来，也有采用焙烧炉进行脱脂去污的。

（4）废钢铁熔化炉　经机械加工的废钢炉料有时先在熔化炉中熔化，之后送去炼钢。废钢熔化炉一般与电炉或转炉配套使用。

（5）起重搬运设备　在金属循环利用加工处理过程中，集料、装料、工序间的传送以及原料和产品的运进、运出、装卸等作业都需要大量的起重、装卸、搬运、传输机械等设备。

3.3 铜循环利用

3.3.1 再生铜预处理

3.3.1.1 废电线电缆的拆解

电缆、电线种类繁多，线径不同，绝缘皮成分各异，质量相差悬殊，含金属量差别大。进口废电线电缆的规格比较简单，而废铜电线电缆成分和型号复杂。其中有规格相同的电缆、电线，外皮都以塑料皮为主，电缆线除塑料皮外，还有铅皮和橡胶皮，一般都剪成长段，规范地打成捆，也有盘成卷或散装的。而规格不同的电线和混杂的通信电线，也以塑料外皮为主，线径不同，基本上是散装，各种型号的电线混杂在一起，有时也打成捆。碎电线的线径不同，长度不一，一些电线的端头有焊锡，多数情况下以袋装为主，也有散装的。同规格和不同规格的裸线，线径不同，一般都以废铜碎料或废铝碎料报关，打捆、散装都有。焚烧过的废电线，多数为细线，也以废铜碎料报关。废电线是回收铜和铝的原料，由于线径不同，金属含量有较大区别。废电线、电缆要进行拆解和分选之后方可利用，主要是利用铜、铝和外皮。经过拆解和分选之后的裸线利用价值高，可以直接替代电解铜和纯铝使用。由于进口带皮废电线、电缆主要是铜线，因此主要介绍废铜电线电缆的拆解技术。

目前废电线电缆的拆解基本采用半机械化或机械化处理，常用的有导线剥皮机和铜米机等。

（1）导线剥皮机　导线剥皮机是一种半机械化的剥皮机器，可分为两种：第一种是剖割式剥皮机，适宜于处理粗电线和电缆。该机器的构造简单，由推进的滚齿和切片组成，生产时，工人将单根的导线推入机器，从机器另一端出来的是裸铜线和塑料皮或铅皮或橡胶皮。目前导线剥皮机以国产为主，功率大的导线剥皮机可以处理大直径的铅皮电缆。第二种是滚筒式剥皮机，适合处理直径相同的废电线和电缆，英国沃尔费汉普顿厂就是采用此种设备进行废电线、电缆剥皮，效果很好。

首先将废电线、电缆剪切成长度不超过 300mm 的线段，然后人工送入特制的转鼓切碎机，在转鼓切碎机内，电线和电缆被破碎脱皮，碎屑从转鼓刀片底部直径 5mm 的筛孔漏出，转鼓转速 3000r/min，转鼓直径 0.735m，转鼓刀片与底部筛板面的间隙为 1.5mm，转鼓切碎机处理能力为 1t/h，电机功率 30kW。从筛孔漏出的碎屑用皮带送到料仓，再通过振动给料机将碎屑送到摇床上进行选别，最终得到铜屑、混合物和塑料纤维，铜屑可直接作为炼铜的原料，也可用作生产硫酸铜的原料，混合物返回转鼓切碎机处理，塑料纤维可作为产品出售。每吨废电线电缆可生产 450～550kg 铜，450～550kg 塑料。一周可处理 60t 料，产铜屑 30t，塑料 30t。每处理 30t 废电缆电线，更换一次刀片。刀片用高速工具钢制造。

本工艺有如下特点：可综合回收废电线电缆中的铜和塑料，综合利用水平较高；产出的铜屑基本不含塑料，减少了熔炼时塑料对大气的污染；工艺简单，易于机械化和自动化。此种设备的缺点是工艺过程中耗电较高，刀片磨损较快。

(2) 铜米机　铜米机也是一种处理废铜线的机器，效率高、处理量大，是一种有发展前途的处理废电线的设备。铜米机从 20 世纪 80 年代在工业发达国家得到应用，废电线经过处理和分选分离，可以得到基本纯净的铜米粒、化学纤维和塑料，铜米机的处理能力由几百千克至几吨。铜米机的生产工艺流程如图 3-2 所示。

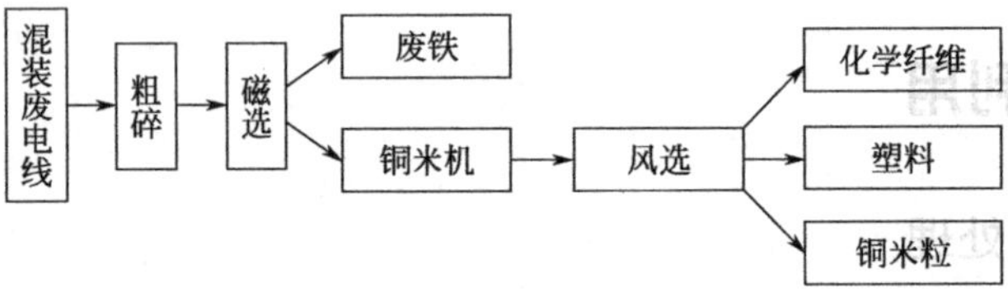

图 3-2　铜米机的生产工艺流程

(3) 低温冷冻法　低温冷冻法适合处理各种规格的电线和电缆，可使废电线的铜与绝缘层分离。一般采用液氮为制冷剂，使废电线电缆的绝缘层在低温下（－110℃）冷冻变脆，然后经振荡破碎使绝缘层与铜线分离。此法的缺点是成本高，难以工业化生产。

(4) 化学剥离法　该方法采用一种有机溶剂将废电线的绝缘层溶解，达到铜线与绝缘层分离的目的。此法的优点是能得到优质铜线，但缺点是溶液的处理比较困难，而且溶剂的价格较高，该技术的发展方向是研究一种廉价实用的有效溶剂。

(5) 热分解法　美国专利 4040865 号提出了用热分解法烧掉绝缘层，然后得到铜线。废电线电缆先经过剪切，然后由运输给料机加入热解室热解，热解后的铜线送到出料口水封池，然后被装入产品收集器中，铜线可作为生产精铜的原料。热解产生的气体送到补燃室中烧掉其中的可燃物质，然后再送入反应器中用氧化钙吸收其中的氯气后排放，生成的氯化钙可作为建筑材料。

3.3.1.2　废五金电器处理

进口的七类废料中除废电线电缆外，其余的含金属废料全部包括在废五金电器之中。常见的有各种小型废机械设备、废电器、废家电、废水暖件、废炊具、废办公设备等，这些废料多数是混杂在一起的。

废五金电器必须经过拆解、分类得到废钢铁、废有色金属等后方可利用。目前废五金电器拆解和分类全部靠人工进行，对一些体积大的或难以手工拆卸的机械设备，有时可用氧气/乙炔切割解体，然后分类。废五金电器的拆解流程如图 3-3 所示。

3.3.1.3　废电机的拆解

废电机含铜量一般为 7%～8%，高的达 15%以上。废电机拆解相对难度较大，目前的拆解全部是人工进行，劳动强度大、效率低。由于电机的转子和定子的绕组与硅钢片结合非常牢固，拆解困难。比较先进的拆解方法是采用焚烧预处理，在高温下绕组中的绝缘漆燃烧脱落，绕组和硅钢片脱离，然后再拆解，效果好。但也有不足之处：一是铜线表面氧化，降低铜线的质量；二是焚烧产生的烟气对环境造成污染。手工拆解和焚烧拆解处理废电机流程如图 3-4 所示。

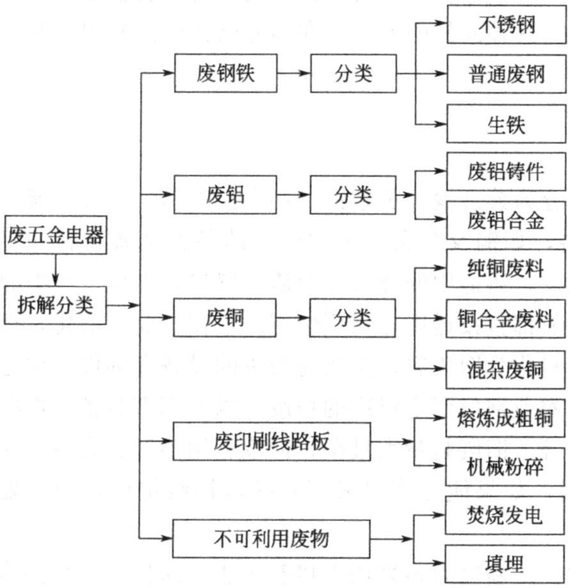

图 3-3　废五金电器的拆解流程

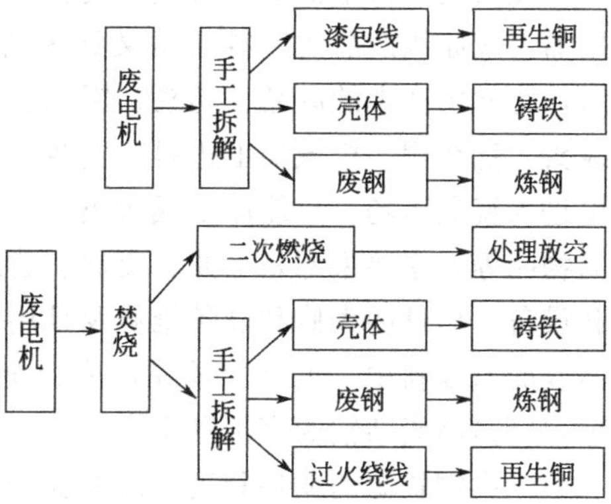

图 3-4　手工拆解和焚烧拆解处理废电机流程

焚烧预处理的废电机拆解效率虽然可以提高，但废电机的某些组件的利用价值下降，如过火的硅钢片完全不能再用，绕组铜线表面氧化，不能直接生产铜米粒。

3.3.1.4　除铁

铁及其合金是铜及其合金中的有害杂质，对铜和其他有色金属及其合金性能影响最大，因此，在预处理工序中，要最大限度地分选出夹杂的铁及其合金。对废铜碎料，分选铁及其合金较为理想的方法是磁选，这种方法在国外已被广泛应用。磁选设备比较简单，磁源来自电磁铁或永磁铁，工艺设计多种多样，比较容易实现的是传送带的十字交叉法。传送带上的废铜沿横向运动，当进入磁场之后废铁及其合金被吸起而离开横向皮带后，立即被纵向皮带带走，运转的纵向皮带离开磁场之后，铁及其合金失去了引力而自动落下并被集中起来。磁选法工艺简单、投资少，很容易采用。磁选法处理的废铜碎料的单体不宜过大，一般的碎铜料都比较适合，大块的废料要经过破碎之后才能进入磁选工艺。磁选法分选出的废铁及其合金还要进一步处理，因为有一些废铁器及其合金器件中有机械结合的以铜为主的有色金属零部件，很难分开，如废件上的螺母、电线、水暖件、小齿轮等。对这部分的分选是非常必要的，因为分选出有色金属可以提高产值，还可提高废铁件的档次，但分选难度大，一般采用手工拆解和分选，但效率低。为了提高生产效率，对于分选出难拆解的铜和铁结合件，最有效的处理方法是在专用的熔化炉中加热，利用熔点温度差使铜熔化后分离。

3.3.1.5 除油

废杂有色金属及其合金的零部件在使用过程中都沾有油污，在循环利用之前要进行清洗，如果此类废料数量大，可以采用滚筒式洗涤设备，效果很好。

滚筒以水为介质，加入洗涤剂，不仅可以洗掉油污，还可以浮选出轻质杂质，如废塑料、废木头、废橡胶。主要设备有螺旋式的推进器，废铜随螺旋推进器被推出，轻质废料被一定流速的水冲走，在水池的另一端被螺旋推进器推出。在整个过程中，泥土和灰尘等易溶物质大量溶于水中，并被水冲走，进入沉淀池。污水在经过多道沉降澄清之后返回循环使用，污泥定时清除。此种方法可以使废铜表面的油污较好地清除掉，使相对密度较小的轻质材料全部分离，并可以分离出大量的泥土，是一种简易的方法，在国外已被广泛使用。此种方法也被国内一些厂采用，效果很好。

3.3.2 铜循环利用方法

废杂铜是再生铜资源的主要类型，一般分为紫杂铜、黄杂铜，还有铜渣和铜灰等。能直接加工成原级产品的废料通常又称为新废料，如铜及合金冶炼中产生的各种金属废料和碎屑，轧材生产中的废品、切头、锯末、氧化皮，铸造中的浇口、浮渣、冒口，电缆生产中的线头、乱线团，机械加工边料，这些废料一般都直接返回加工厂熔炼炉，在企业内消化，很少进入流通市场。只能加工成次级产品的废料称为旧废料，主要为报废的设备和部件、用过的物品等，主要来源是工业、交通、建筑和农业部门固定资产的报废，以及军事装备、机器和设备、构件的大修和设备维修及日用废品等。旧废料量大且杂，回收利用难度也大些。在回收的旧废料中，也有少量纯铜或合金废料，如果能分拣出来可直接送铜线锭或合金厂处理，以提高废杂铜的直接利用率。

二次铜资源的循环利用方法主要分为两类：新废料多采用直接利用法，即将废料直接熔炼成铜合金或紫精铜；旧废料多采用间接利用法，即将废料经火法熔炼成粗铜，然后再电解精炼成电解铜。间接利用法较复杂，按废料所需回收的组分采用一段法、两段法和三段法三种流程。主要工艺设备有鼓风炉（竖炉）、转炉、反射炉和电炉等。

(1) 直接利用　通常原料是废纯铜或铜合金，按原料性质直接利用有如下处理方法。

① 废纯铜生产铜线锭。主要原料为铜线锭加工废料、铜杆剥皮废屑、拉线过程产生的废线等。冶炼过程与原生铜的生产类似，包括熔化、氧化、还原和浇铸等工序。

② 铜合金生产。铜加工厂的相应铜合金废料甚至可不经精炼和成分调整就可直接熔炼成原级产品；回收的纯铜或合金废料往往需经精炼和成分调整后才能产出相应的合金。

③ 废纯铜生产铜箔。废纯铜或铜线经高温和酸洗除去油污后，在氧化条件下用硫酸溶解制取电解液，再用辊筒式不锈钢或钛阴极产出铜箔。

④ 铜灰生产硫酸铜。铜加工厂产出的含铜 60％～70％的铜粉和氧化铜皮等，在 700～800℃高温下去油渍并氧化，再用硫酸浸出得硫酸盐化工产品。

(2) 间接利用　按原料性质间接利用可分别采用下列方法处理。

① 一段法。将分类后的紫杂铜和黄杂铜用反射炉处理成阳极铜，原料中的锌、铅、锡应尽量回收。一段法只适宜处理杂质少而成分不复杂的废杂铜。一段法流程短，设备简单，投资少，建厂快，适宜中小厂应用。

② 二段法。适宜于成分更复杂的废料。如含锌高的黄铜废料可采用鼓风炉-反射炉工艺，含锡和铅高的青铜废料可采用转炉-反射炉工艺，这样有利于回收锌、铅和锡等有价成分。

③ 三段法。难分类、混杂的废杂铜等原料适宜于用三段法处理。先用鼓风炉熔炼成黑铜，二段用转炉吹炼成粗铜，再用反射炉精炼成阳极铜。二、三段法适合于大型铜厂。

图 3-5 是冶炼厂处理低品位铜废料的原则流程。处理的铜废料包括：从废旧汽车发动机、开关和继电器等拆卸的铜和铁不能分离的物料，粗铅脱铜浮渣，铜熔炼和铜合金厂来的烟尘，铜电镀产生的泥渣。

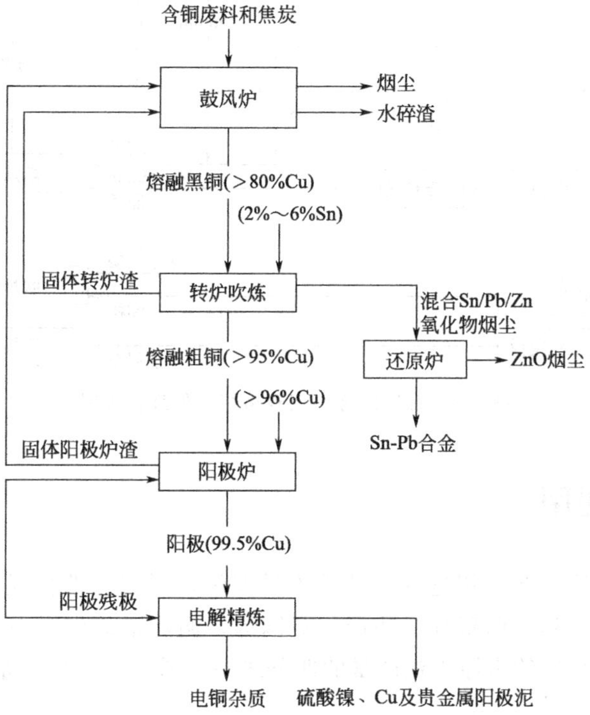

图 3-5　冶炼厂处理低品位铜废料的原则流程

可采用湿法冶金或火法冶金工艺对二次铜资源进行处理。湿法冶金工艺和设备较简单，环境条件较好，投资省，见效快，伴生成分综合回收好。局限性是处理量小，只适合一些单一碎铜料。故适于中、小厂应用，如氨浸法、杂铜直接电解法等。

采用火法熔炼时，大部分废铜只需重熔和浇铸，无须化学冶金处理。但有一部分铜废料需精炼处理才能再用，这些废料包括：与其他金属混合的废料，包覆有其他金属或有机物的废料，严重氧化了的废料，混合的合金废料。无论如何，必须在熔炼中除去铜二次原料中的杂质并铸成适当的锭块，然后再加工。处理这些废料有两种方式：一种是在专门的铜二次原料冶炼厂处理，另一种是在原生铜冶炼厂与原生铜原料一起处理。

在原生铜转炉吹炼作业中加入高品位铜二次原料是常见的处理方式，这正好利用原生铜吹炼中硫和铁氧化放热来熔化废铜。也可将高品位铜二次原料加入精炼炉处理，但此时必须外加更多的燃料。低品位铜二次原料一般不太适于在原生铜冶炼厂的转炉和阳极炉中处理，因为这种铜废料冶炼中要吸收大量热。通常块（粒）度较大时，也不适于在一些铜精矿熔炼炉（如闪速炉）中处理，但有几种原生铜冶炼工艺适于处理这种铜二次原料，如反射炉、顶吹回转炉等。阳极炉处理的原料主要限于高品位铜二次原料，如废铜丝、线，不合格的阳极、残极等。

日本三菱金属公司采用的熔炼-吹炼炼铜工艺处理的铜废料范围很大。图 3-6 是直岛冶炼厂铜废料的处理流程。小颗粒废料与铜精矿一起由旋转喷枪加入熔炼炉，大块料通过炉顶和炉墙溜槽加入熔炼炉和吹炉。

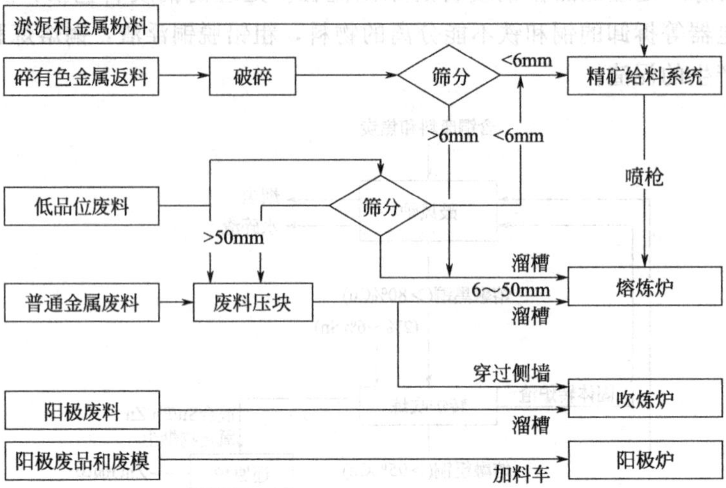

图 3-6 直岛冶炼厂三菱熔炼法处理铜废料

3.4 铝循环利用

由于铝的优良性质，在使用过程中几乎不被腐蚀，可回收性很强。一些发达国家如美国、日本、德国、意大利、西班牙、法国、英国等，循环铝的生产占原生铝产量的一半以上。目前，中国的循环铝约占原生铝产量的四分之一。图 3-7 为铝的循环流程简图。

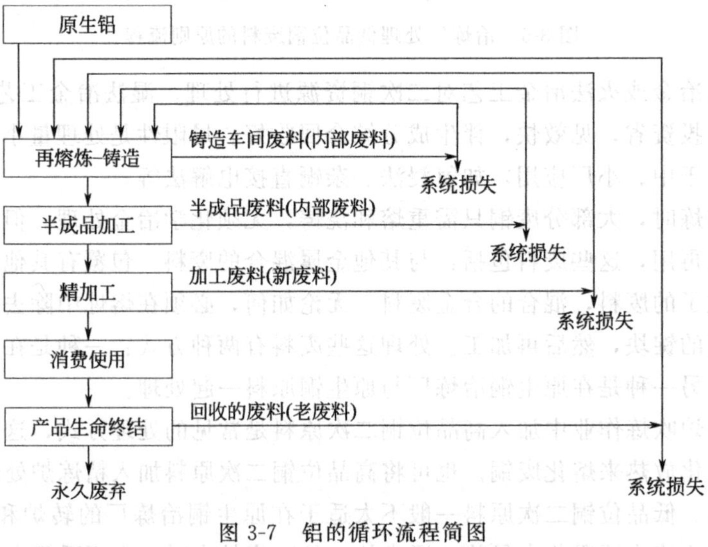

图 3-7 铝的循环流程简图

与铜不同，循环铝的生产工艺和原生铝完全不同，所以循环铝原料通常都不回到原生铝冶炼厂去处理，而是单独建立循环铝生产厂。其次，循环铝的熔炼技术和设备比循环铜要简单些，基本工艺是熔化过程，而且，循环铝几乎全部以铝合金形式产出。除熔化过程外，需按产品要求适当进行合金成分调配。回收的废铝一般经过重熔炼或精炼，然后经铸造、压铸、轧制成循环铝产品。循环铝及合金的生产一般采用火法，熔炼设备有反射炉、竖炉、回转炉、电炉，选用何种工艺一般由原料性质、当地的能源、结构（煤、电、油和气等）以及拥有的技术等来决定。废杂铝宜生产循环铝及合金；废杂灰料可生产硫酸铝、铝粉、碱式氯化铝；优质废铝可生产合金、铝线或铸件；废飞机铝合金可直接重熔再生。

火法熔炼必须在熔剂覆盖层下进行，防止铝的氧化，还可起到除杂质的作用。常用的熔剂是氯化钠、氯化钾，再加 3%～5%的冰晶石。

循环铝及合金熔炼的原则流程如图 3-8 所示。

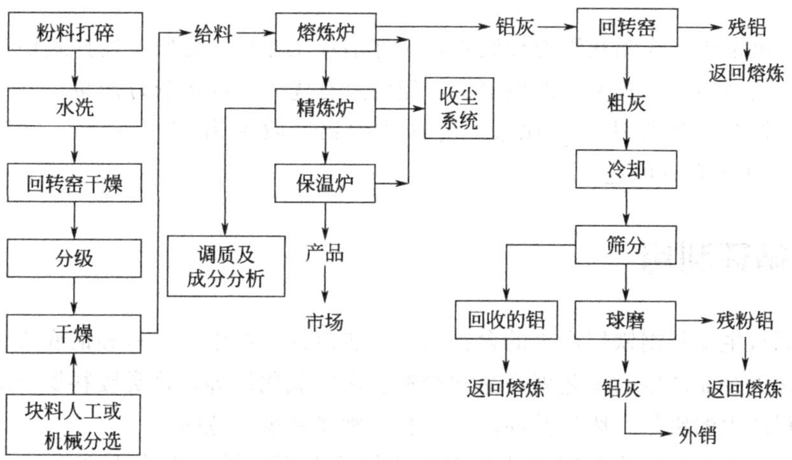

图 3-8 循环铝及合金熔炼的原则流程

反射炉熔炼是国内外用得最广泛的工艺设备，世界 80%～90%的循环铝是用反射炉熔炼的。反射炉适应性强，可处理各种铝废料。工业上有一（单）室、二室和三室炉。中国多采用单室，其主要缺点是热效率低（25% ～30%）。

常用的电炉包括熔沟式有芯感应电炉和坩埚感应电炉，适宜处理铝屑、打包废料、饮料罐、铝箔等，多用于合金熔炼，热效率为 65% ～70%。

回转炉多用于处理打包的易拉罐和炉渣，以油或天然气加热。炉子和炉料是活动的，效率高。

竖炉后一般再接一个平炉，竖炉熔化，平炉精炼。竖炉的优点是传热好，熔化速度快，能耗低；缺点是物料烧损大，只适宜处理块料。目前中国生产的绝大多数为循环铝合金，其中大部分是生产车用铝合金，还有小部分生产炼钢用脱氧剂。

消费者从市场购买的循环铝制品，无论是金属锭还是合金，都可能在不同程度上含有一些杂质。这是因为循环铝和其他再生有色金属（如铜、铅、镑等）不同，其他二次有色金属原料部分可与原生料一起处理，或金属加工时通过电解或蒸馏法提纯后，产品质量与原生金属相差不多；循环铝的生产则与原生铝相差很远，这无疑使循环铝及其制品的质量受到较大影响。通常，循环铝及其制品生产过程中最容易出现的有害杂质有三种：氢、碱金属和非金属夹杂物。

目前循环铝工业存在的主要问题是：重熔损失大，特别是用有油污的废料、轻量化的废铝罐和铝箔等原料时。重熔时为了防止铝的氧化，通常加入熔盐，这不仅增加了生产成本，而且对环境也不利。一般循环铝质量比原铝低。

铝灰是循环铝熔炼过程必然要产出的中间产物，处理好坏将直接影响到行业的经济效益。刚出炉的铝灰含铝65%～85%，产量约占熔融铝的15%。从铝灰中回收铝是循环铝行业的重要课题，影响到金属的回收率和生产成本。一个月产量3000t的循环铝企业，铝灰产量450多吨，铝灰中铝回收率为45%或70%，将相差112t铝，相当于企业的毛利润。要达到70%的铝回收率，技术上还有困难。含铝大于30%的灰渣作为炼钢的辅料正好可有效地利用。日本在处理铝灰渣时多采用搅拌式铝回收装置，把高温的铝灰渣放入半球形的容器，加添加剂搅拌，使铝分离后沉在底部再从底部流出。这种装置构造简单，铝回收率达40%～60%，但操作时会产生大量粉尘，必须安装除尘装置。在回收时维持高温，铝的损失也大。

我国开发出了压榨式铝灰渣处理装置，又称铝灰压榨机，克服了搅拌式铝灰处理法的缺点，可以达到较高的铝回收率，能耗也少，经济上有优势。以铝灰月产量100t的企业为例，将搅拌法处理铝灰和压榨法进行比较，搅拌法的铝回收率为45%～50%，而压榨法可达55%～60%，甚至有时可达70%。

3.5 锌循环利用

二次锌原料主要是钢铁厂产生的含锌烟尘、热镀锌厂产生的浮渣和锅底渣、废旧锌和锌合金零件、化工企业产生的工艺副产品和废料、次等氧化锌等，这类废料属于旧废料。而生产锌制品过程产生的废品、废件及冲轧边角料，则属新废料范畴。

锌灰、锌浮渣熔剂撇渣和喷吹渣是钢板或钢管在不同镀锌操作中产生的主要二次锌原料。锌灰是干镀锌过程中由于熔融锌的氧化而产生的，浮在熔融锌的表面。锌灰主要是锌氧化物，也有少量金属锌以及其他杂质，在湿镀锌过程中，熔剂是为了降低熔融锌的氧化，熔剂撇渣的主要组成是金属锌、氧化锌、氯化锌、氯化铵等。此外，在镀锌过程中镀锌槽底由于钢锅壁和钢部件与熔融锌反应，形成一种Zn-Fe合金，沉淀在槽底，称之为底渣。喷吹渣是钢管镀锌中表面清渣时得到的。

电弧炉炼钢时，往炉中加入各种钢铁废料，有的废料可能含有锌或其他金属，一些易挥发的金属（如锌）在冶炼过程中就会挥发进入烟尘，电弧炉烟尘主要含氧化锌、铁酸锌以及其他金属氧化物等（视入炉原料不同而有所不同）。

硫化锌精矿湿法冶金中产生的含锌渣主要有浸出渣、净化渣和熔锅撇渣，其中浸出渣是最主要的回收锌原料。其他的二次锌原料还包括废电池、汽车含锌废料等。

中国的二次锌原料主要为热镀锌渣和各种锌合金。一些硫化锌精矿湿法冶炼厂的浸出渣用威尔兹法回收的部分氧化锌，通常直接在本厂处理。

含锌废料回收锌的方法有火法和湿法两种，其中以火法为主。新废料一般在炼锌厂或锌制品厂内部处理，经仔细分类的纯废锌或合金可直接重熔；含锌杂料（包括氧化物）可采用还原蒸馏法或还原挥发富集于烟尘中处理。回收锌的冶炼设备有平罐或竖罐蒸馏炉、电热蒸馏炉等。这些火法冶炼设备用于处理二次原料时，操作条件与处理原生锌原料类似。

许多二次锌原料可在原生锌的生产过程中同时处理，如电热法、帝国熔炼法、QSL法等生产过程中都可以处理部分锌废料。威尔兹法主要处理锌浸出渣及钢铁工业的含锌烟尘等。

从二次锌原料中用湿法生产循环锌的量虽不及火法，但却有某些独特优势，如在处理钢铁工业废镀锌板以及电弧炉烟尘时，用火法处理也不很理想，而现在用湿法处理却有较大进展，特别是湿法处理中采用溶剂萃取技术分离和提纯，得到了业内许多人士的认同。目前先用火法从烟尘中产出粗氧化锌，经净化后再将较纯的氧化锌加入电锌厂的湿法系统处理，最终产出高纯电锌。此外，湿法处理环境条件好。

可以将各种含锌废料和循环料看作是易于开采的富锌矿，但是，目前这部分原料仅少部分得到回收利用，大多数被填埋或还无回收利用良策。近些年来，已开发了许多从这类物料中回收锌的工艺（主要是火法），大多是用热蒸馏法使锌转化成锌氧化物，这种锌氧化物含有大量重金属和卤化物杂质。要将这种锌氧化物转化成金属锌，主要采用硫酸浸出-电积和密闭鼓风炉（ISP）法，图 3-9 是 ISP 法示意图。

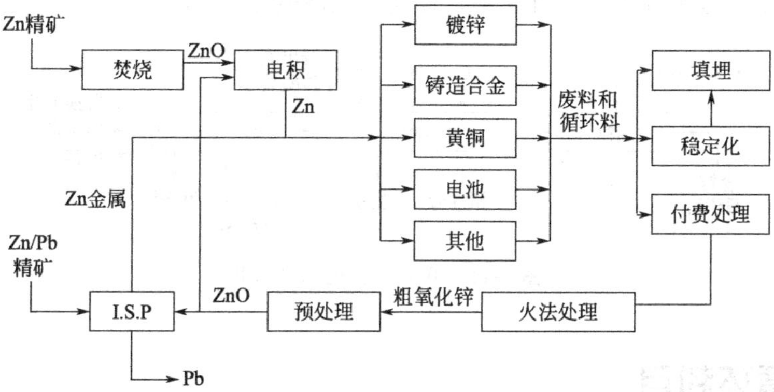

图 3-9　ISP 法示意图

20 世纪 90 年代初，意大利 Engitec 公司开发出了 Ezinex 工艺和主要用以处理电弧炉烟尘的 Indutec 法。Indutec 是火法工艺，主设备是无芯低频感应炉。Ezinex 法是设计用来将锌氧化物转化成金属锌的，Ezinex 法的原则流程如图 3-10 所示，工艺是基于氯化铵电积不会有氯放出，当然，这种电解质对锌氧化物中存在的杂质（特别是卤化物）是不敏感的。工艺过程主要由以下五个部分组成。

① 浸出。锌氧化物以氨配合物被浸出，铁不被浸出，铅也以配合物浸出。

② 置换。为了防止其他金属与锌在阴极上共沉积，必须将溶液中比锌更正电性的金属除去，方法是通过往溶液中加锌粉置换来实现。置换出的杂质包括银、铜、镉和铅。置换沉淀物送铅冶炼厂处理以回收有价元素。

③ 电积。电解液为氯化铵溶液。采用钛制的阴极母板，阳极为石墨。阴极上沉积锌，阳极反应放出氯气。但放出的氯气立即与溶液中的氨反应放出氮，而氯则转化成氯化物返回过程使用。往电解液中通入空气搅拌，加强溶液中离子的扩散作用。

④ 碳酸化。在该单元作业中通过添加碳酸盐以控制溶液中的钙、镁和锰含量。这些杂质沉淀物送 Indutec 工艺处理，在那里钙、镁造渣，锰进入生铁中。

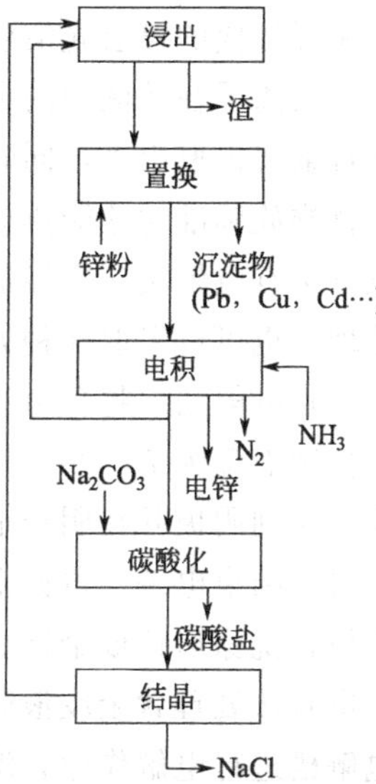

图 3-10　Ezinex 法的原则流程

⑤ 结晶。在该单元作业有两个主要任务：一是维持系统

水平衡；二是碱金属氯化物结晶。该单元作业很重要，因为绝大多数锌废料和循环料都含有碱性氯化物，碱性氯化物会对锌氧化物转化成金属锌的其他工艺造成很大麻烦，所以，在这里进行锌氧化物的预处理以除去碱金属氯化物。

Indutec和Ezinex两种工艺联合，将为含锌废料和循环料的处理提供更有效的工艺和更多机遇，可使这类原料直接产出金属锌，并避免了其他工艺所需采用的麻烦作业，如洗涤。联合工艺的原则流程如图3-11所示。这种联合使整个工艺的灵活性大大扩大了，拓宽了原料的处理范围，使过去许多填埋的废料有机会处理。研究表明，许多工业部门的含锌废料都可用这种联合工艺处理，例如，可以处理碱性或锌碳电池、镀锌行业的含锌废料等。可将联合工艺中Indutec看作是Ezinex的前阶段作业联合使过程更简化，提高了生产效率，原料中存在的氯化物、氟化物和金属杂质的问题很容易地得到了解决。在联合工艺中，原来废料中的一些有害元素在这里成为了有价元素，提高了经济效益。

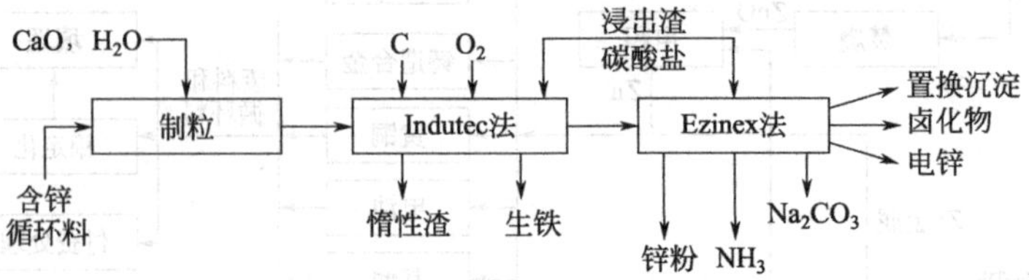

图3-11 联合工艺的原则流程

3.6 金循环利用

3.6.1 含金废液中回收金

3.6.1.1 含金氰化废液中金的回收

含金氰化废液主要是镀金废液（一般酸性镀金废液含金4～12g/L，中等酸性镀金废液含金4g/L，碱性达20g/L）。尽管世界各国都在开展无氰电镀的研究和试产，但氰化物镀金以其无可替代的镀层光洁度和固牢度，仍然是镀金的最常用方法。镀液在工作了一段时间以后，杂质离子在镀液中的量积累到一定程度，镀液就必须处理或回收。回收的目的主要是为了将贵金属提取出来，同时将氰化物处理成对环境没有危害的物质。除氰处理后的尾液达到含氰物排放标准时才能排放，在回收操作中更应特别注意防止中毒。常用的含氰镀金液的金回收方法有电解法、置换法和吸附法等。根据含氰镀金废液的种类和金含量可以选择单种方法处理，也可以采取几种方法联合处理。

(1) 电解法　将含金废镀液置于一敞开式电解槽中，以不锈钢作阳极，纯金薄片作为阴极，控制液温为70～90℃，通入直流电进行电解，槽电压5～6V。在直流电的作用下，金离子迁移到阴极并在阴极上沉积析出。当槽中镀液经过定时取样分析，金含量降至规定浓度以下时，结束电解，再换上新的废镀液继续电解提金。当阴极析出金积累到一定数量后，取出阴极，洗涤后铸成金锭。

电解法处理含金废液除了上述开槽电解外，还可以用闭槽电解进行处理。即采用一封闭的电解槽进行电解作业，溶液在系统中循环，控制槽电压为2.5V进行电解。当废镀液含金量低于规定浓度时，停止电解。然后出槽、洗净、铸锭。电解尾液经吸收槽处理达标后废弃排放。闭槽电解的自动化程度较高，对环境比较友好，但一次性设备投入较大。

(2) 置换法　含金废镀液中金通常以 $Au(CN)^{2-}$ 的形式存在。在废镀液中加入适当的还原剂，即可将 $Au(CN)^{2-}$ 中的金还原出来。根据镀液的种类和含金量，还原剂可以选用无机还原剂（如锌粉、铁粉、硫酸亚铁等）或有机还原剂（如草酸、水合肼、抗坏血酸、甲醛等）。无机还原剂价格比有机还原剂低，但处理废镀液以后，过量的无机还原剂必须设法除去。有机还原剂价格较高，但还原金氰配合物后的产物与金很容易分离。由于金在回收过程中首先得到的粗金，后续提纯在所难免，因此，实际操作中一般采用无机还原剂（特别是锌粉和铁粉）进行还原。将金置换成黑金粉沉入槽底。锌粉还原的反应方程式为：

$$2KAu(CN)_2 + Zn \longrightarrow K_2Zn(CN)_4 + 2Au\downarrow$$

(3) 活性炭吸附法　活性炭对金氰配合物具有较高的吸附能力，活性炭吸附的作业过程包括吸附、解吸、活性炭的返洗再生和从返洗液中提金等步骤。

含金废镀液经化验含金量后，置于塑料容器中。加入适当粒度的活性炭，充分搅拌。将吸附混合物离心脱水，所得液体收集后集中处理。将所得湿固体加入到 10%NaCN 和 1% NaOH 的混合液中，加热至 80℃，充分搅拌下进行解吸金。过滤或离心脱水，所得滤液即为含金返洗液，将活性炭加入到去离子水中，充分搅拌，脱水，反复三次。所得滤液并入含金返洗液中，活性炭经干燥后可以重新使用。返洗液中金的含量已经大大提高。用电解或还原的方法将返洗液中的金提取出来。

用活性炭处理含金废镀液时，废液中 $[Au(CN)_2]^-$ 被活性炭的吸附一般认为是物理吸附过程。活性炭孔隙度的大小直接影响其活性的大小，炭的活性愈强对金的吸附能力愈大。常用活性炭的粒度为 10～20 目和 20～40 目两种。活性炭对金吸附容量可达 29.74 g/kg，金的被吸附率达 97%。南非专利认为，先用臭氧、空气或氧处理废氰化液，再用活性炭吸附可取得更好的效果。此外，解吸剂可选用能溶于水的醇类及其水溶液，也可选用能溶于强碱液的酮类及其水溶液。这类解吸剂的组成为：H_2O（0～60%体积百分数），CH_3OH 或 CH_3CH_2OH（40%～100%），NaOH（≥0.11g/L）；或者 CH_3OH（75～100%），水（0～25%），NaOH (20.1g/L)。

(4) 离子变换法　由于含金废镀液中金以 $[Au(CN)_2]^-$ 阴离子的形式存在，因此可以选用适当的阴离子交换树脂从含金废镀液中离子交换金，再用适当的溶液将 $[Au(CN)_2]^-$ 阴离子从树脂上洗提下来。将阴离子交换树脂（如国产 717）装柱，先用去离子水试验柱的流速，调节合适后将经过过滤的含金废镀液通过离子交换柱，流出液定时检测含金量。当流出液的含金量超出规定标准时停止通入含金废镀液。用硫脲盐酸溶液或盐酸丙酮溶液反复洗提金，使树脂再生。洗提液含金量大大提高，用电解或还原的方法将洗提液中的金提取出来。

(5) 溶剂萃取法　其基本原理是利用含金废镀液中的金氰配合物在某些有机溶剂中的溶解度大于在水相中的溶解度而将含金配合物萃取到有机相中进行富集，处理有机相得到粗金。试验表明，可用于萃取金的有机溶剂有许多，如乙酸乙酯、醚、二丁基卡必醇、甲基异丁基酮（MIBK)、磷酸三丁酯（TBP)、三辛基磷氧化物（TOPO）和三辛基甲基胺盐等都可以从含金溶液中萃取金。萃取作业时，含金废镀液的萃取次数一般控制在 3～8 次，如萃取剂选择适当，萃取回收率一般都能达到 95%以上。

3.6.1.2 含金废王水中回收金

将含金固体废料溶于王水是最常用的将金转入溶液的方法。所得溶液酸度较大，常称为含金废王水，可选择以下还原法回收金。

(1) 硫酸亚铁还原法

$$3FeSO_4 + HAuCl_4 \longrightarrow HCl + FeCl_3 + Fe_2(SO_4)_3 + Au\downarrow$$

将含金废王水过滤除去不溶性杂质，所得滤液置于瓷质或玻璃内衬的容器中加热煮沸，在此过程中可以适当滴加盐酸以利于氮氧化物的逸出。趁热抽入高位槽，在搅拌下滴加到过量的饱和硫酸亚铁溶液中，硫酸亚铁溶液可以适当加热。继续搅拌和加热 2h，静置沉降。用倾析法分离沉淀下来的黑色金粉，用水洗净后铸锭得到粗金。所得滤液集中起来，用锌粉进一步处理。

注意事项：料液在还原前应过滤和加热煮沸赶硝，以提高金的直收率。因硫酸亚铁的还原能力较小，用硫酸亚铁处理含金废王水时除贵金属以外的其他金属很难被它还原，因而即使处理含贱金属很多的含金废液，其还原产出的金的品位也可达 98%以上。但此法作用缓慢，终点不易判断，而且金不易还原彻底，因此尚需锌粉进一步处理尾液。

(2) 亚硫酸钠还原法

$$Na_2SO_3 + 2HCl \longrightarrow SO_2 + 2NaCl + H_2O$$

$$3SO_2 + 2HAuCl_4 + 6H_2O \longrightarrow 2Au\downarrow + 8HCl + 3H_2SO_4$$

将含金废王水过滤后，所得滤液加热煮沸，在此过程中可以适当滴加盐酸以利于氮氧化物的逸出。趁热抽入高位槽，在搅拌和加热条件下滴加到过量的饱和亚硫酸钠溶液中，加入少量聚乙烯醇（加入量为 0.3～30g/L）作凝聚剂，以利于漂浮金粉沉降。充分反应后静置。用倾析法分离沉淀下来的黑色金粉，用水洗净后铸锭得到粗金。

注意事项：在有条件和方便的情况下，直接将二氧化硫气体通入经过过滤和煮沸的含金废王水也可以将金氯配离子还原成单质金。为防止还原产物被王水重新溶解，含金废王水溶液在还原前应加热煮沸，赶尽其中的游离硝酸和硝酸根。还原时适当加热溶液，有利于产出大颗粒黄色海绵金。此法也可以用于生产电子元件时用碘液腐蚀金所产出的含金碘腐蚀废液的回收。当饱和的亚硫酸钠溶液加入料液时，碘液由紫红色转变为浅黄色，自然澄清过滤，即得粗金粉。

(3) 锌粉置换法　与置换废镀金液相似，锌也可将金氯配离子还原。

将含金废王水过滤后，所得滤液加热煮沸，在此过程中可以适当滴加盐酸以利于氮氧化物的逸出。调节溶液的 pH=1～2，加入过量锌粉。充分反应后离心分离，所得金锌混合物用去离子水反复清洗到没有 Cl^- 为止。在搅拌下用硝酸溶煮，所得金粉的颜色为正常的金黄色，用水洗净后铸锭得到粗金。

注意事项：置换过程中控制 pH=1～2，能防止锌盐水解，有利于产物澄清和过滤。置换产出的金属沉淀物含有的过量锌粉，可用酸将其溶解。选用盐酸溶解时，沉淀中应不含有硝酸根。除银、铅、汞外，其余贱金属都易被盐酸溶解。选用硝酸溶解时，几乎能溶解所有普通金属杂质。为防止金重溶，要求沉淀中不含有氯离子，清洗用硝酸溶解的沉淀后，海绵金颜色鲜黄，团聚良好。另外，还可选用硫酸来溶解锌及其他杂质，沉淀金不易重溶，但钙、铅离子不能与沉淀分离，产品易呈黑色。

(4) 亚硫酸氢钠（$NaHSO_3$）法　将含金废王水过滤后，先用碱金属或碱土金属的氢氧化物（例如含 25%～60%的 NaOH 或 KOH）或碳酸盐的溶液调整含金废王水的 pH 值为 2～4，并将其加热至 50℃并维持一段时间，加入少量硬脂酸丁酯作凝聚剂。在搅拌下滴加 $NaHSO_3$ 饱和溶液沉淀金。所得金粉经洗涤后可以熔铸成粗金，含量约为 98%。

注意事项：此法特别适于处理含金量少的废王水，因为它不需要进行赶硝处理。

从含金废王水中回收金，还可用草酸、甲酸以及水合肼等有机还原剂，此类还原剂的最大优点是不会引入新的杂质。各种回收金后的尾液是否回收完全，可用以下方法进行判断：按尾液颜色判断，若尾液无色，则金已基本沉淀提取完全；用氯化亚锡酸性溶液检查，有金时，由于生成胶体细粒金悬浮在溶液中，使溶液呈紫红色，否则，说明尾液中金已提取完全。

3.6.2　含金固体废料中回收金

含金固体废料种类繁多，组分各异，回收方法差异较大。但通常遵循一定的回收思路：回收前挑选分类-溶金造液-金属分离富集-富集液净化-金属提取-粗金-精炼（或直接深加工）。

3.6.2.1　造液

造液前，含金固体必须经过挑选分类，然后根据废料的性状除去油污和夹杂，或将大块物料碎化。这一过程花费的人工较多，但可以去除大量的贱金属和夹杂，为后继步骤的顺利进行创造良好的条件，同时可以降低生产成本。造液用酸包括王水或盐酸、硝酸和硫酸等单一酸。

（1）王水造液　含金固体废料中几乎所有金属都进入溶液，特别适用于含金属量比较少的固体废料，如塑料表面的金属镀层、首饰加工中的抛灰（主要成分为金刚砂）以及电子浆料经过烧结以后的固体灰等。如果含贱金属很多，则不能直接用王水造液，必须先将贱金属溶于硝酸等单一酸以后，分离出不溶物，再用王水造液。

（2）单一酸造液　盐酸、硝酸和硫酸等单一酸可分别用于不同废料的造液，其目的是为了将金和铂铑铱等铂族金属以外的贱金属（包括银）先行除去，得到富含金和铂族金属的固体物料。这样操作的好处是，用单一酸造液所需设备的抗腐蚀性能要求比用王水低，设备容易选型，同时后继提金过程可以得到简化。如用硝酸溶解金银合金时，造液结果使银和金分别进入溶液和沉淀，过滤即可实现金、银分离，然后分别处理溶液或不溶性沉淀，即可分别产出单质银和金。

3.6.2.2　金属分离富集

造液后的溶液中一般含有多种金属。根据所含金属的性质不同，应设计一定的分离和富集工艺，将贱金属和贵金属、贵金属相互之间进行分离。对于含贵金属量很低的贵金属混合溶液，在进行后继操作之前通常应对贵金属进行富集操作，即将含贵金属的溶液中贵金属的含量提高到可以进行高效回收的程度。富集的方法很多，如活性炭富集、有机溶剂萃取富集和离子交换富集等。这些方法在前一部分（从含金废液回收金）中已作了介绍。

3.6.2.3　贵金属的提取

经过分离、富集和净化后的富集液，通常可以采用化学还原或电解还原的方法将贵金属从溶液中提取出来（变成贵金属单质），从而达到与绝大多数杂质分离的目的。所用还原剂的种类和浓度因富集液的种类、贵金属的含量以及贵金属在溶液中的存在形态的不同而不同。

3.6.2.4　粗金的精炼

经过还原的粗金一般呈小颗粒。精炼的方法通常是将还原金粉熔铸成大块，然后再进行电解精炼。比较经济的做法是在得到粗金小颗粒后不再进行上述熔铸和电解精炼，而是直接进入贵金属制品的深加工工艺。因为在贵金属制品的绝大多数深加工过程中，贵金属可以得到进一步的纯化而不影响贵金属深加工制品的质量。从粗金粉进行深加工是一个很有前途的方法。现举二例来说明从含金固体废料中回收金和从粗金粉直接进行氰化亚金钾深加工的过程。

例一：从金锑合金废料中回收金

金锑合金中含金>99%，可用直接电解精炼的方法回收金，也可用王水溶金法回收。王水溶金法从金锑合金废料中回收金的工艺流程如下：

金锑合金废料 → 王水溶解→过滤→蒸发浓缩→H_2O 稀释→静置→过滤→滤液→SO_2或 $FeSO_4$还原→金粉→去离子水洗涤→干燥→熔铸→金锭。

操作要点如下。

① 王水溶金：王水（3 份 HCl＋1 份 HNO_3）的加入量为金属重量的 3 倍，使金完全溶解。

② 蒸发浓缩：加盐酸驱赶游离硝酸，反复蒸发浓缩至不冒 NO_2或 NO 为止。一般浓缩至原体积的 1/5 左右，将浓缩的原液稀释至含金 50～100g/L，静置使悬浮物沉淀。

③ 过滤：如果在滤渣中有 AgCl 沉淀时，可回收其中的银。滤液则通入 SO_2或用 Na_2SO_3或 $FeSO_4$还原沉淀金。如果用 SO_2还原，SO_2的余气应该用稀 NaOH 液吸收。所得金粉经去离子水洗涤、烘干，溶铸成金锭。

例二：从含金废料直接制取氰化亚金钾工艺

从含金废料直接生产氰化亚金钾从经济和技术上讲是高效方法，其综合利用工艺如图 3-12 所示。

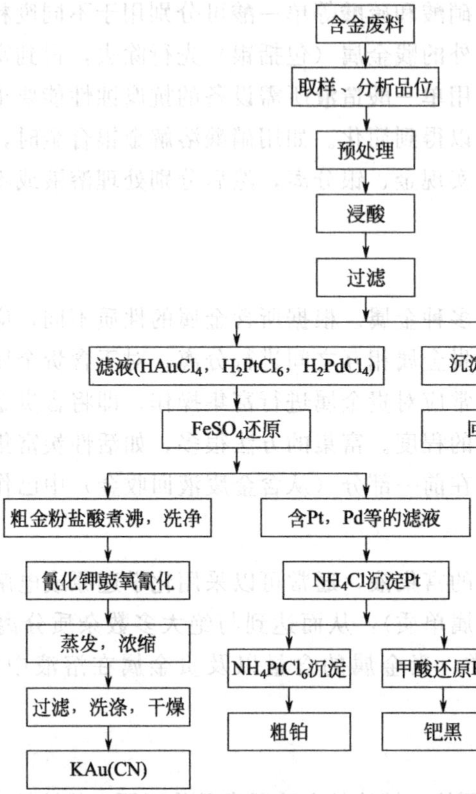

图 3-12　从含金废料直接生产氰化亚金钾工艺

3.6.3 镀金废料中回收金

镀金废料与前述含金固体废料的最大差别是镀金废料的金一般处于镀件的表面，许多镀金废件在回收完表面金层后，其基体材料可以重复使用。因此从这类固体废料回收金的工艺与前述固体废料的金回收工艺有较大的差异。常用方法有利用熔融铅熔解贵金属的铅熔退金法、利用镀层与基体受热膨胀系数不同的热膨胀退镀法、利用试剂溶解的化学退镀法和电解退镀法等。

3.6.3.1 化学退镀法

化学退镀法的实质是利用化学试剂在尽可能不影响基体材料的情况下，将废镀件表面的金层溶解下来，再用电解或还原的方法将溶液中的金变成单质状态。常用的化学退镀法有碘-碘化钾溶液退镀法、硝酸退镀法、氰化物间硝基苯磺酸钠退镀法和王水退镀法等。

(1) 碘-碘化钾溶液退镀金　卤素离子与卤素单质形成的混合溶液对金具有溶解作用，这是本法的理论基础。$HCl+Cl_2$溶液、I_2-KI 溶液和 Br_2-KBr 溶液都能溶解金。不过 Br_2-KBr 溶液的危害较大，操作不易控制，因此用卤素离子与卤素单质形成的混合溶液对贵金属造液一般用氯和碘体系，碘体系使用最为方便。其溶金反应如下：

$$2Au+I_2 \longrightarrow 2AuI$$

$$AuI+KI \longrightarrow KAuI_2$$

产物 $KAuI_2$能被多种还原剂如铁屑、锌粉、二氧化硫、草酸、甲酸及水合肼等还原，也可用活性炭吸附、阳离子树脂交换等方法从 $KAuI_2$溶液中提取金。为便于浸出的溶剂再生，通过比较，认为用亚硫酸钠还原的工艺较为合理，此还原后的溶液可在酸性条件下用氧化剂氯酸钠使碘离子氧化生成单质碘，使溶剂碘获得再生：

$$2I^- + ClO_3^- + 6H^+ - 4e \longrightarrow I_2 + Cl^- + 3H_2O$$

氧化再生碘的反应，还防止了因排放废碘液而造成的还原费用增加和生态环境的污染。本工艺方法简单、操作方便，细心操作还可使被镀基体再生。

用碘-碘化钾回收金的工艺中，贵液用亚硫酸钠还原提取金的后液，应水解除去部分杂质，才能氧化再生碘，产出的结晶碘用硫酸共溶纯化后可返回使用。

(2) 硝酸退镀法　在电子元件生产中，产生很多管壳、管座、引线等镀金废件，镀件基体常为可阀（Ni 28%，Co 18%，Fe 54%）或紫铜件，可用硝酸退金法使金镀层从基体上脱落，基体还可送去回收铜、镍、钴。

用化学法退镀的金溶液也可采用电解法从中回收金。电解提金后的尾液，经补加一定量的 NaCN 和间硝基苯磺酸钠之后，可再作退镀液使用。电解法的最大优点是氰化物的排除量少或不排出，氰化液可还继续在生产中循环使用，也有利对环境的保护。

3.6.3.2 铅熔退镀金

本法是将电解铅熔化并略升温（铅的熔点为 327℃），然后将被处理的废料置于铅内，使金渗入铅中。取出退金的废料，将铅铸成贵铅板，再用灰吹法或电解法从贵铅中回收金。

用灰吹法时，将所获得的贵铅根据含金量补加一定量的银，然后吹灰得金银合金，将这种金银合金用水淬法得金银粒，再用硝酸法分金。获得的金粉，熔炼铸锭后得粗金。

3.6.3.3 热膨胀法退镀金

该法是利用金和基体合金的膨胀系数不同，应用热膨胀法使镀金层和基体之间产生空隙，然后在稀硫酸中煮沸，使金层完全脱落，最后进行溶解和提纯。生产流程如下：取 1kg 晶体管，在 800℃下加热 1h，冷却，放入带电阻丝加热器的酸洗槽中，加入 6L 25%的硫酸液，煮沸 1h，使镀金层脱落。同时，有硫酸盐沉淀产生。稍冷后取出退掉金的晶体管。澄清槽中的溶液，抽出上部酸液以备再用。沉淀中含有金粉和硫酸盐类，加水稀释直至硫酸盐全部溶解，澄清后，用倾析法使液固分离。在固体沉淀中，除金粉外还含有硅片和其他杂质，再用王水溶解，经过蒸浓、稀释、过滤等工序后，含金溶液用锌粉置换（或用亚硫酸钠还原），酸洗而得纯度 98%的粗金。

3.6.3.4 电解退镀法

采用硫脲和亚硫酸钠作电解液，石墨作阴极，镀金废料作阳极进行电解退金。通过电解，镀层上的金被阳极氧化呈 Au（Ⅰ），Au（Ⅰ）随即和吸附于金表面的硫脲形成络合阳离子 $Au[SC(NH_2)_2]_2^+$ 进入溶液。进入溶液的 Au（Ⅰ）即被溶液中的亚硫酸钠还原为金，沉淀于槽底，将含金沉淀物分离提纯就可得到纯金。

3.7 银循环利用

3.7.1 银电镀废液中回收银

电镀废液含银达 10～12g/L，总氰为 80～100g/L。处理这类废液时，不能在酸性条件下作业，以防止逸出氰化氢。回收后的尾液，氰浓度降至规定标准以下时才准排放。

从含银电镀废液中提银与含金电镀废液提金一样，也有多种方法，如氯化沉淀法、锌粉置换法、活性炭吸附法等，但尾液需另行处理，有关方法可参考含金电镀废液的处理方法。电解法是一种可使提银尾液中氰根破坏转化，因此可以正常排放的有效方法。

电解法可在敞口槽内作业，阴极用不锈钢板，阳极为石墨，通入直流电后，阴极析出银而阳极放出氧气。随着溶液中银离子减少，槽电压升至 3～5V，这时阳极除氢氧根放电外，还进行脱氰过程：

$$4OH^- - 4e \longrightarrow 2H_2O + O_2\uparrow$$

$$CN^- + 2OH^- - 2e \longrightarrow CNO^- + H_2O$$

$$CNO^- + 2H_2O \longrightarrow NH_4^+ + CO_3^{2-}$$

$$2CNO^- + 4OH^- - 6e \longrightarrow 2CO_2\uparrow + N_2\uparrow + 2H_2O$$

阴极反应为：

$$Ag^+ + e \longrightarrow Ag$$

$$2H^+ + 2e \longrightarrow H_2\uparrow$$

脱银尾液如果仍含有少量 CN^- 时，可加入少量硫酸亚铁，使之生成稳定的亚铁氰化物沉淀，这时尾液即可正常排放。

3.7.2 含银废乳剂中回收银

含银废乳剂包括感光胶片厂涂布车间的废料、电气元件涂层的银浆、制镜厂使用的喷涂银浆等。感光胶片用的乳剂含有大量的有机物质，首先必须将其分离后才能进行银的回收，因此，其工艺流程较为复杂。而从电气元件和制镜的含银废乳剂中回收银则相对简单一些。

从感光废乳剂中再生回收银的工艺，大体上可分为两大类，即干法和湿法。这两种工艺各有优缺点。湿法工艺流程如图 3-13 所示。

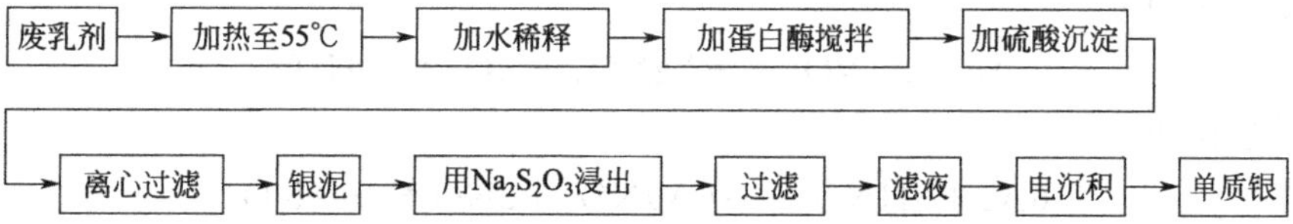

图 3-13　从感光废乳剂中回收银的湿法工艺流程

湿法工艺流程的银回收率较低、投资大、劳动生产率低，经济效果差。

干法工艺流程主要包括脱水、干燥、焙烧、熔炼四个工序。在未加热前用浓硫酸将乳剂进行处理，以脱除大量的有机物质再进行干燥，这样可以避免在焙烧时有机物的冒溢和大量的臭气产生。它具有工艺流程短、技术简单、容易操作、不易造成银的损失以及银回收率高的特点。

对于电器涂料及制镜喷涂中的废银浆可采用简单的直接烘干、熔炼、电解获得纯银，或用硝酸将其中的银溶解，制取硝酸银再重复使用。

3.7.3　镀银件及银镜片中回收银

3.7.3.1　镀银件中回收银

（1）浓硫酸-硝酸溶解法　适用于基体为铜或铜合金的镀银件，作业条件如下。溶剂：浓硫酸 95%，硝酸或硝酸钠 5%。温度：严格控制在 30～40℃以下。时间：5～10min。

装于带孔料筐中的镀银件退镀后，快速取出漂洗，可保证基体甚少溶解，从而能综合利用基体铜。溶剂多次使用失效后，取出溶液用置换法、氯化沉淀法回收其中的银。

（2）双氧水-乙二胺四乙酸（EDTA）法　基底为磷青铜的镀银件，溶剂可用 EDTA 和双氧水按一定比例配制（如每升溶剂中加入 35%的双氧水 1～10g 和 EDTA 5～10g），可使镀银层在 5～10min 内与基体分离。

（3）四水合酒石酸钾钠溶液电解法　用四水合酒石酸钾钠溶液为电解液（如每升电解液中加入四水合酒石酸钾钠 37.4g，NaCN、NaOH、Na_2CO_3分别为 44.9g、14.9g 和 14.9g 所得的溶液），用不锈钢为阴极，镀件为阳极，进行电解，几分钟后，即可使厚度达 5μm 的镀层完全退去。

3.7.3.2　银镜碎片中回收银

一般保温瓶、银镜都镀有很薄的一层银，基体均为玻璃。由于这类物料数量多，综合回收玻璃经济意义大，所以得到广泛重视。处理银镜可直接用稀硝酸溶解，硝酸浓度为 8%，清洗玻璃的洗液与使用数次的浸出液合并，用食盐沉淀银。氯化银沉淀与碳酸钾一道熔炼得粗银，粗银又用硝酸溶解，浓缩结晶即可产出工业级的结晶硝酸银，返回作制银镜的原料。

3.7.4　含银废合金中回收银

3.7.4.1　银金合金废料中回收银

如果合金中的含银量大大高于含金量，可直接用来电解银，金则富集于阳极泥中。但是当合金中 Ag∶Au<3∶1 时，造液时银易钝化，不能被硝酸溶解，则应配入一定量的银熔融，形成 Ag∶Au 约为 3∶1 的银金合金，再从中回收银和金。

在用硝酸造液时，银按以下反应溶解：

在浓硝酸作用下

$$Ag + 2HNO_3 \longrightarrow AgNO_3 + NO_2 \uparrow + H_2O$$

在稀硝酸作用下

$$6Ag + 8HNO_3 \longrightarrow 6AgNO_3 + 2NO \uparrow + 4H_2O$$

因此选用稀硝酸（一般为1∶1）造液，既能防止产生棕红色NO_2，又可减少溶剂硝酸的消耗。溶解后期适当加热，可促进银的溶解。

工艺流程如图3-14所示。

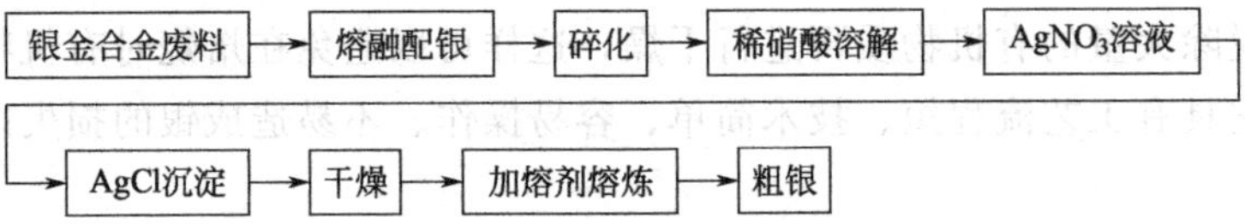

图3-14 从银金合金废料中回收银的工艺流程

银金合金废料用稀硝酸溶解后所得金渣经过洗涤、干燥后，熔铸而得粗金。

氯化银加碳酸钠熔炼生产金属银的主要反应为：

$$2AgCl + Na_2CO_3 \longrightarrow Ag_2CO_3 + 2NaCl$$

$$Ag_2CO_3 \longrightarrow Ag_2O + CO_2 \uparrow$$

$$Ag_2O \longrightarrow Ag + O_2 \uparrow$$

熔炼作业中，可加入适量硼砂和碎玻璃，以改善炉渣性质，降低渣含银量。熔炼作业中，熔化温度不宜过高，时间不宜过长。为减少氯化银的挥发损失，产出的银可铸成阳极板作电解提银用，电银品位可达98%。

3.7.4.2 银铜、银铜锌、银镉等合金中回收银

银铜、银铜锌是焊料，前者含银最高达95%，一般也有72%，银铜锌含银仅50%，银镉是接点材料，含银约85%。属于接点材料的还有银钨、银石墨、银镍等。这类合金废料中品位高达80%的，都可铸成阳极直接电解，产品电银品位可达99.98%以上。含银72%的银铜也可直接进行电解，可产出达99.95%的电银，但电解液含铜迅速增加，增加了电解液净化量。采用交换树脂电极隔膜技术，处理银铜除可产出电银外，还可综合回收铜。对其他低银合金，可用稀硝酸浸出，盐酸（或NaCl）沉银，用水合肼等还原剂还原回收其中的银。

3.8 铂循环利用

3.8.1 含铂废液中回收铂

从含铂废液中回收铂的工艺很多，可以视溶液的性质及含铂的多少加以选择。一般常用的方法有还原法、萃取法、离子交换法、锌粉置换法以及活性炭吸附法等。其中锌粉置换法最常用。

将含铂废镀液（含少量Au、Pt），调整溶液pH=3，加入锌粉（或锌块），进行置换Au、Pt等，过滤后将残渣用王水溶解，用$FeSO_4$还原金。分金的溶液中加入适量过氧化氢

溶液，然后加固体 NH_4Cl 盐或饱和 NH_4Cl 溶液，直至继续加 NH_4Cl 时无新的黄色沉淀形成。浓度为50g/L的 H_2PtCl_6 溶液，每升消耗固体 NH_4Cl 约100g。过滤，将所得的黄色氯铂酸铵沉淀，用10%的 NH_4Cl 溶液洗涤数次，抽滤后放于坩埚中，在马弗炉内缓慢升温，先除去水分，然后在350～400℃恒温一段时间，使铵盐分解。待炉内不冒白烟，升高温度，并控温在900℃煅烧1h，冷后得到粗铂。也可用水合阱直接还原氯铂酸铵得到铂粉，将氯铂酸铵缓慢地投入到水合肼（1∶1）溶液中，并注意通风，排除生成的 NH_3。过滤、灼烧后得铂粉，母液补充水合肼可再用于氯铂酸铵的还原。

3.8.2 银金电解废液中回收铂和钯

（1）从银电解废液中回收钯　在银的电解精炼过程，分散在银电解液中的少量钯以 $Pd(NO_3)_2$ 的形态存在。可用黄药沉淀法回收。

在75～80℃的条件下向含钯电解液中加入黄药（浓度为1%～5%），剧烈搅拌，得到黄原酸亚钯，其反应式为：

$$Pd(NO_3)_2+2C_2H_5OCSSNa \longrightarrow 2NaNO_3+(C_2H_5OCSS)_2Pa$$

沉钯后的溶液用铜置换回收银，余液用 Na_2CO_3 中和回收铜，其中和液弃之。

黄原酸亚钯 $(C_2H_5OCSS)_2Pa$ 用王水溶解后除去氯化银。滤液加入 HNO_3 氧化，再加氯化铵沉淀钯，得到氯钯酸氨 Pd $(NH_4)_2Cl_4$，用水溶解后，采用氨络合法提纯2～3次，水合肼还原，可制得99.8%海绵钯。此法设备简单，操作方便。钯的回收率＞90%。

（2）从金电解废液中回收铂和钯　在金的电解精炼过程中，由于铂、钯电位比金负，所以铂、钯从阳极溶解后进入电解液中，生成氯铂酸和氯亚钯酸。当电解液使用到一定周期后，铂钯的浓度逐渐上升，当铂的含量超过50～60g/L，钯超过15g/L时，便有在阴极上和金一起析出的危险。因此电解液必须进行处理，回收其中的铂、钯，由于电解液中含金高达250～300g/L，所以在提取铂、钯前，必须先还原脱金。

① 还原脱金。电解液中，金以 $HAuCl_4$ 的形态存在，铂与钯则分别以 H_2PtCl_6 和 H_2PdCl_4 形态存在，金的还原方法很多，如 SO_2、$FeSO_4$ 等。

$$AuCl_3+3FeSO_4 \longrightarrow Au\downarrow+Fe_2(SO_4)_3+FeCl_3$$

金粉经洗涤数次后烘干，与金电解残极、二次银电解阳极泥（又称二次黑金粉）共熔重新铸阳极，供金电解使用。滤液和洗液合并处理，用于提取铂、钯。

② 铂、钯分离。将还原金后的溶液，在搅拌下加入固体工业氯化铵，使铂生成 $(NH_4)_2PtCl_6$ 沉淀与钯分离：

$$H_2PtCl_6+2NH_4Cl \longrightarrow (NH_4)_2PtCl_6+2HCl$$

$(NH_4)_2PtCl_6$ 用含5% HCl和15% NH_4Cl 洗涤后，放入马弗炉中锻烧成粗铂（含Pt95%），进一步精炼得纯铂。将氯化铵沉淀铂后的溶液，用金属锌块置换钯，至溶液呈浅绿色时为置换终点（或用 $SnCl_2$ 还原），过滤后得钯精矿。钯精矿用热水洗涤至无结晶，拣出残留锌屑，将滤液和洗液弃去。置换反应为：

$$H_2PdCl_4+2Zn \longrightarrow Pd+2ZnCl_2+H_2\uparrow$$

3.8.3 含铂废催化剂中回收铂

在石油工业中常常使用以氧化铝（Al_2O_3）、氧化硅、石墨等为载体的铂催化剂，由于催化剂被可燃性气体等有机物所污染而失去作用，这时催化剂失效。从这种失效的催化剂中再生回收铂的工艺很多，常用的方法有以下几种。

（1）王水溶解法　王水将铂从氧化铝载体上溶解下来，经浓缩、赶硝、稀释、过滤，从滤液中用 Zn 粉或水合肼还原得粗铂，再用王水溶解，最后加氯化铵沉铂而加以回收。其工艺流程如图 3-15 所示。

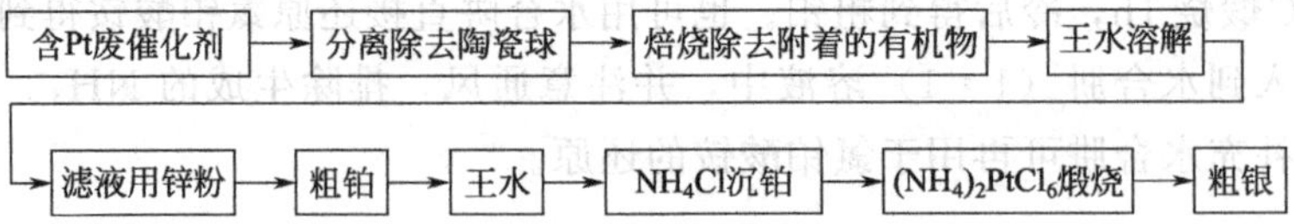

图 3-15　王水溶解法从含铂废催化剂中回收铂的工艺流程

（2）硫酸溶解法　含铂废催化剂，首先除去陶瓷球，再经焙烧除去有机物，用硫酸将氧化铝载体转入溶液，或获得明矾。不溶渣用王水溶解浓缩、超硝、氯化铵沉铂等过程回收铂。

（3）熔炼合金法　将含铂废催化剂与碳酸钠和铅等配料熔炼成合金，将熔炼的合金用王水溶解，使铂溶于王水，用氯化铵沉铂，使其与其他元素分离而得到铂。

3.8.4　含铂废合金中回收铂

（1）从铂-铱合金废料中回收铂、铱　从铂-铱合金回收铂、铱工艺，采用 $(NH_4)_2S$ 粗分铂和铱，溴酸盐水解精制铂的工艺流程来实现铂铱分离，其工艺流程如图 3-16 所示。

（2）Pt-Rh 合金废料回收铂　Pt-Rh 合金做成的催化网广泛应用于无机化学工业，如硝酸和合成氨工业都用 Pt-Rh 合金制成的催化网。这种催化网报废之后，用于回收铂和铑。回收方法是先用王水溶解，再用 NaOH 溶液中和，过滤使铂与铑分离，从滤液中回收铂，从残渣中回收铑，其工艺流程如图 3-17 所示。

3.8.5　镀铂及涂铂的废料中回收铂

从镀铂、涂铂的废料中回收铂，可以采用热膨胀法。利用基体金属与铂的热膨胀系数不同，在加热条件下，使铂层发生胀裂。将镀铂废件放在 750～950℃中，在氧化气氛中恒温 30min，在上述的温度范围内铂不被氧化，而与铂层接的基体金属（如 Mo、W）的表面则被氧化，用 5%NaOH（$NaHCO_3$ 或 NH_4OH）碱液溶解结合层的基体金属氧化物。通过振荡后铂层即脱落，沉于碱液槽底，在 780～950℃下，将含铂的沉淀加热氧化，以升华基体金属（如 Mo、W），再经碱煮（或酸处理）含铂残渣，以进一步除去贱金属，经洗涤后，残渣再用王水溶解，过滤、赶硝、用水稀释调节 pH＝5～6，水解除杂，用 NH_4Cl 沉铂，获得 $(NH_4)_2PtCl_6$ 煅烧得纯海绵铂。

3.8.6　含铂、铑的耐火砖中回收铂、铑

在玻璃纤维厂使用的熔融炉在熔炼玻璃原料时，由铂铑合金做成的铂金坩埚及其漏板在熔炼高温下，一部分铂铑合金被熔化，渗入炉壁的耐火砖缝隙中，当熔炼炉报废或检修时，这种含有铂、铑的耐火砖应很好地收集起来，将所含铂、铑加以回收。

我国各玻璃厂耐火砖含有铂变化很大，在 300～4500g/t 之间，而耐火砖成分比较稳定，其组成如下（%）：SiO_2 46.89～54.05，Al_2O_3 39.03～49.65，Fe_2O_3 2.64～3.58，CaO 0.05～1.46，MgO 0.92～1.11，Pt 353.5～3800g/t，Rh 30～350g/t。

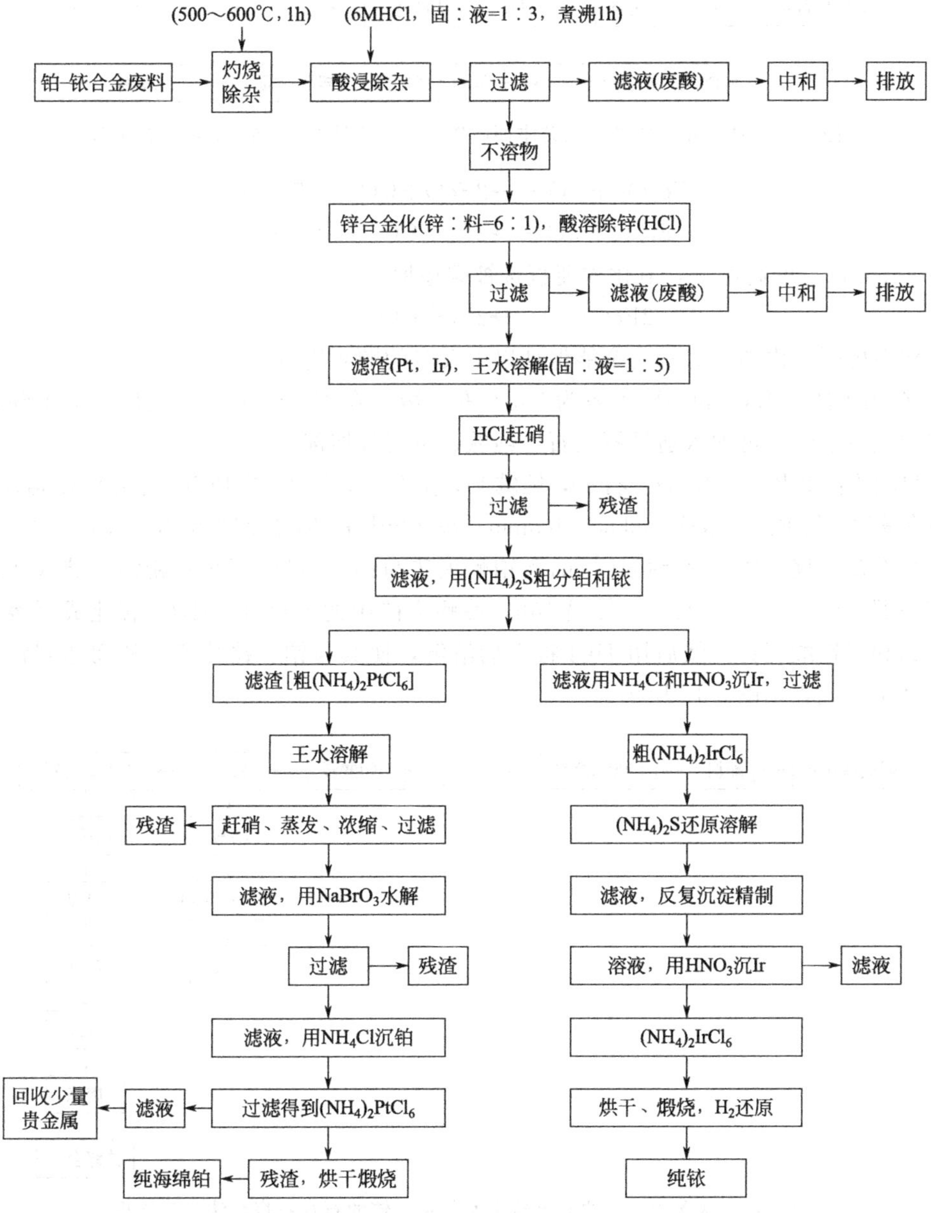

图 3-16　从铂-铱合金废料中回收铂、铱工艺流程

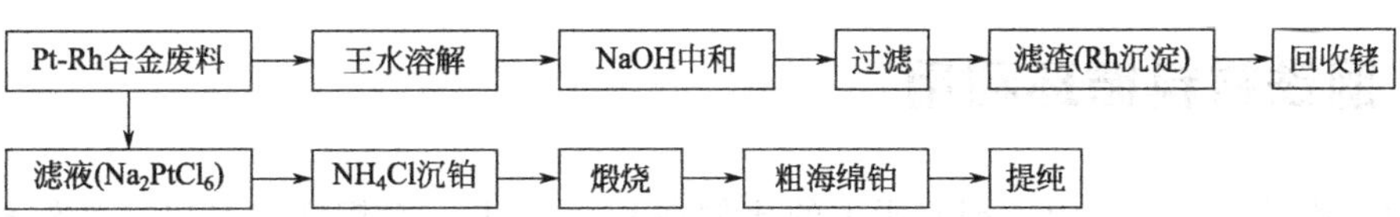

图 3-17　从 Pt-Rh 合金废料回收铂的工艺流程

(1) 火法熔炼-湿法分离流程

火法熔炼要点如下。

① 选择 Fe_2O_3 做捕收剂，原料易得，且价格低廉；

② Fe_2O_3 在较低的温度下被 CO 还原成 FeO，最后还原成金属铁：

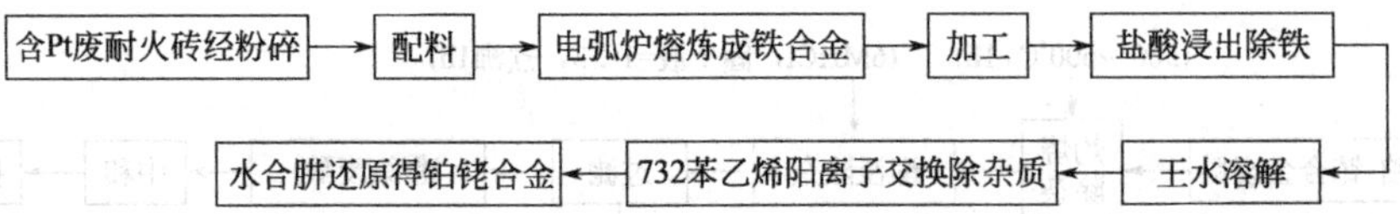

图 3-18　从含铂、铑的耐火砖中回收铂、铑的火法熔炼-湿法分离工艺流程

$$Fe_2O_3 + CO \longrightarrow 2FeO + CO_2 - 37.99J$$
$$Fe_2O + CO \longrightarrow 2Fe + CO_2 + 81.59J$$

在 950℃以上的高温下，氧化铁能直接被碳还原：

$$2FeO + C \longrightarrow 2Fe + CO_2$$

这样在电弧炉内加入焦粉完全能保证以上反应的顺利进行。

③ 在耐火砖中 SiO_2 和 Al_2O_3 各为 5%左右，熔点在 1550～1750℃之间，为了降低熔点和增加炉渣流动性，可加入适量石灰石、纯碱、萤石等熔剂。

炉料配比：耐火砖 100，石灰石 60，纯碱 15，萤石 20，Fe_2O_3 按 Pt-Rh 含量的 10 倍加入，焦粉按理论量的 4 倍加入。熔炼时间 60～105min。铁合金中 Pt-Rh 的回收率为 99.31%～99.71%。

（2）石灰石烧结法　将约 60 目的含铂耐火砖与约 60 目的石灰石粉混合装入钵内，在烧结窑中煅烧到 1300℃±20℃，保温 16h，使耐火砖中的 SiO_2 和 Al_2O_3 转化成可溶于酸的硅酸二钙和三铝酸五钙。然后用 HCl 将它们溶解，使其与铂、铑分离，从而达到铂、铑的回收。其工艺流程如图 3-19 所示。

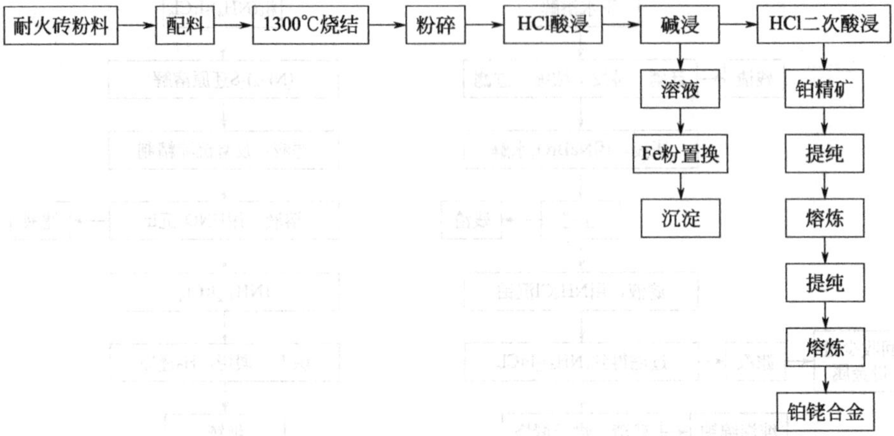

图 3-19　从含铂、铑的耐火砖中回收铂、铑的石灰石烧结法工艺流程

3.9 钢铁材料循环利用

目前使用的金属材料中，钢铁所占的比例在 90%以上，而钢铁中又以普通钢材的用量最大，约占整个钢材生产总量的 80%～90%。随着资源的日益枯竭和环境问题的日益严重，逐步建立以废钢铁为原料基础的钢铁冶金体系，是社会可持续发展的重要组成部分。从资源意义上理解，对废钢进行再生利用，是发展“第二矿业”。钢铁企业多用废钢，少用铁矿石，不仅有利于保存自然资源，而且有利于节约能源，减少污染。目前经济发达国家，将废旧金属视为“第二矿业”，形成了新兴的工业体系。

3.9.1 废钢铁来源及分类

对钢铁产品来说，钢铁冶炼、钢铁产品制造和使用是生命周期中的三个阶段。在钢铁产品的生命周期中，产生三种不同来源的废钢。钢铁产品生命周期的第一阶段是钢铁生产。在此过程中，含铁物料经选矿、烧结、炼铁、炼钢、轧钢等工序，一步步变成钢材等钢铁产品。在这一阶段产生的废钢，称为内部废钢，如金属锭冒口、返回料等；钢铁产品周期的第二阶段，是制造加工。钢铁产品经机械加工后，产生边角料和车屑等废钢，这种废钢是生产出来的钢铁产品演变而成的，所以称这种废钢为短期废钢。这些废钢，经回收后返回钢铁工业，进行重新处理；钢铁产品生命周期的第三阶段，是钢铁制品的使用阶段。各种钢铁制品，经过一定年限的使用之后，报废而成为废钢。这些钢铁制品包括汽车、船舶、机器设备、金属构件、机车和车辆、武器装备等，使用寿命都较长，一般在10年以上，只有少数制品寿命较短。这些金属制品经若干年使用后才会成为废钢，这部分废钢经回收后，重新进入钢铁生产流程中，是钢铁工业的重要原料之一。从经济成本方面来说，对生产过程中每一阶段生产的废物，应首先在该阶段内部进行循环利用，既提高了资源的利用率，也减轻末端治理的负担。

废钢铁是比较特殊的商品，每年都有几百万吨的废钢铁产生，这些废钢铁按来源可分为七大类。

(1) 生产性废钢铁　生产性废钢铁一部分是各个使用钢材制造终端使用商品的边角余料，这一部分通过市场交易回到钢铁企业进行再次冶炼；另一部分是各钢铁企业自产的返回废钢铁，是企业内部各个生产单元诸如车间、分厂在生产过程中的边角余料，例如切头、切尾、铸余、废品、试样、钢屑、下脚料等。生产性废钢铁的特点是：质量很好，钢水收得率高，钢种明确，化学成分清楚。管理好这部分废钢铁对于降低生产成本有着重要意义。但是，随着各个行业的技术进步和对节能降耗降低成本的追求，以及钢铁企业实现转炉（电炉）＋全连铸以来，成材率提高，自产返回废钢铁减少，生产性废钢铁趋于减少趋势。

(2) 农业废钢铁　农业废钢铁来源于损坏的各种农业设施如闸、坝、桥、具、工器具等，由于我国农业现代化起步较晚，尚不发达，农业废钢目前主要是废铸铁、工具钢较多。

(3) 基本建设业废钢铁　来自于基本建设业的废钢铁数量较大，特别是近几年，随着铁路建设、公路建设、市政建设、工业与民用建设的发展，这方面的废钢铁越来越多，预计在未来的20年内将会保持着较高的产出量。来自这方面的废钢铁质量较好，品种有拆下来的各种型号的钢筋、角、槽、板，工程用角、槽、板的下脚料，淘汰报废的建筑设备和工器具。近几年来随着拆迁量的加大，各种建筑物拆下来的废钢铁越来越多。这部分废钢绝大部分是普通碳素钢。

(4) 铁路废钢铁　目前我国的铁路建设发展很快，随着高铁、动车组、铁路提速的大发展，原有的铁路设施与之越来越不相适应。因此，淘汰报废了许许多多的铁路设施，如机车、车厢、道轨等。这部分废钢铁质量优越，绝大部分是重型料，且化学成分清晰，钢水回收率高。这部分废钢铁是各钢铁企业的抢手货。随着铁路事业的发展，这方面的废钢铁会越来越多，应当引起废钢铁经营者和使用者的关注。来自铁路的废钢有碳素钢和合金钢。

(5) 矿山废钢铁　我国矿产资源丰富，特别是煤的产量居世界第一，煤的贮存量位居世界第三，产煤的历史较长，因此，这方面淘汰下来的废钢铁很多。煤矿是高风险行业，设备淘汰更新较快，同样也是废钢铁产生较多的地方。例如，各种液压支架、巷道支架、运输车辆，各种采掘机械工器具等。这类废钢铁也是优质废钢铁。矿山废钢的特点是重型料多、合金钢多。

(6) 民用废钢铁　民用废钢铁在整个废钢铁市场中占有相当大的比重。但是，质量参差不齐，绝大部分是轻薄料和小型料，易氧化生锈，钢水回收率较低。例如，家电的外皮、钢铁制桌椅家具、办公家具、灶具、厨具、上下水管道、钢制门窗、脚踏工具、健身器材、饮料容器。要较好地回收使用民用废钢铁就必须对民用废钢铁进行加工。例如，使用打包机、剪切机、破碎机，以增加堆密度。另外，尽快使用以减少氧化，变不利为有利。民用废钢要注意各种含有锌、锡的废钢，如易拉罐、罐头盒、各种筒体。

(7) 军用废钢铁　军用废钢铁数量较少。在我国一些淘汰报废的军事武器装备在销毁时必须有军事人员监管，并到指定的钢铁企业销毁。

3.9.2 废钢铁加工

废钢和铁矿石一样，是钢铁工业的两种主要原料。铁矿石是地下开采出来的自然资源，而废钢是通过回收获得的可再生资源。由于来源不同，废钢原料和矿石原料在性质上有很大差异。第一，废钢原料的物理形态有板状、块状、带状、丝状、粉状等类型，而铁矿石经粉碎后，按统一规格处理；第二，废钢表面常有油脂类物质，这对废钢再生熔炼不利，而矿石原料没有这类问题；第三，从化学成分上来看，废钢原料比精矿原料的杂质含量高而且杂质的品种多，可能含有铜、锌、镍、锡、铅、锑等杂质，化学成分变化较大。为了适应冶炼过程的需要，冶炼前必须进行严格的预处理。再生金属材料的性能，在很大程度上取决于废钢材料的预处理。

废钢铁加工设备制造的相关企业进入快速发展期。把废钢铁由原料加工成合格的产品，离不开废钢铁加工设备。目前，中国已形成打包、剪切、拆解、破碎、磁选等多种类配套的废钢加工设备体系，同时，辐射检测、装载等相关设备共同服务于钢铁企业和废钢铁加工企业。

20 世纪 70 年代前，中国废钢铁加工工艺主要以落锤、爆破、氧割、人工拆解为主。现场环境差，劳动效率低，原料耗损大，烟气粉尘危害工人健康，安全风险因素多。中国废钢铁加工设备的研发起步较晚，从 20 世纪 80～90 年代开始到现在，大体经历了引进研发-扩大国产化-提升创新技术能力 3 个发展阶段。目前，中国废钢加工设备已形成系列化。主要有 Y81 系列液压金属打包机、Q43/Q43Y 系列鳄鱼式剪切机、Q91/Q91Y 液压龙门剪、PSX 系列废钢破碎线，约有近 70 个规格型号。废钢铁装卸设备主要有 WZY、WZY (D)、WZYS、JY、JYL 等系列抓钢机。这些装备是废钢铁加工配送体系建设重要的组成部分，助力中国废钢铁产业的发展。

废钢加工设备产业在发展中，设备产品标准化体系建设逐步完善。目前，已有 3 类 5 个行业标准。其中废钢打包类的金属打包液压机执行中华人民共和国机械行业标准 JB/T 8494.2—2012；重型液压废金属打包机执行中华人民共和国机械行业标准 JB/T 11394—2013。废钢剪切类的鳄鱼式剪断机执行中华人民共和国机械行业标准 JB/T 9956.2—2012；Q91Y 型废钢剪断机执行中华人民共和国冶金行业标准 YB/T 015—1992。废钢破碎生产线执行中华人民共和国机械行业标准 JB/T 10672—2006。标准体系建设是保证废钢加工设备产业持续健康发展的根基，是规范行业发展必不可少的条件。

近 10 年废钢铁加工设备企业的快速发展，使中国废钢铁加工企业的面貌焕然一新，实现了传统的小型、个体回收向工厂化转型的历史过渡。企业的规模、经营管理模式、产品的加工手段及加工现场的环境发生了根本的变化。废钢铁破碎生产线生产的产品是电炉炼钢的优质原料，具有收得率高、化学成分稳定、加料次数少、冶炼耗电低等优点。大型门式剪切机的技术功能提高了工作效率，减轻了员工劳动负荷和安全风险，并降低了加工过程中的金属损耗。

机械加工技术不仅使效率得到提高，也提升了生产过程中的环保治理和再生资源的分类回收。废钢铁破碎生产线配置的除尘设备和非铁分选设备，降低了加工过程中粉尘的排放，把废有色金属、废橡胶、废塑料等物资分类选出，提高了再生资源的综合利用水平。机械加工解决了废钢铁氧割加工气体污染问题，废钢铁加工企业现场环境得到很大改善，废钢铁加工设备在清洁生产、保护环境方面发挥了重要的作用。

3.9.3 废钢铁循环利用途径

废钢铁的用途很多，概括起来，其循环利用的途径大致有四种：挑选利用、直接利用、改制利用和综合利用。

（1）挑选利用　从各钢铁厂和机械加工厂的废钢铁里可以挑选出相当一部分废次钢材、边角余料、用它们生产农具、小五金和生活器具是一种现实的合理的选择。

（2）直接利用　废钢铁的主要用户是钢铁厂、铸造厂和铁合金厂。一般情况下，重型优质废钢供给特殊钢厂生产军工钢和优质合金钢，中小型废钢供给转炉钢厂作冷却剂；渣钢、轻型废钢和钢屑供给平炉钢厂回炉冶炼，铁屑和氧化屑供给高炉或化铁炉用来炼铁或铸造，轧钢厂下来的铁鳞和锻造车间下来的氧化铁皮可以供钢厂作为助熔剂和洗炉材料，含铁粉尘、铁泥可用于烧结生产。

（3）修旧利废和改制利用　工厂企业日常生产、维修过程中更换下来的零部件、生产工具、管理阀门、轴套轴瓦、轧辊、钢锭模等，经过拆解、清洗、焊补、打磨、镶嵌、拼接等方法，常可以整旧如新，变废为宝，使它们重新投入使用。钢铁厂下来的短锭、中注管、汤道、注余、切头切尾和边角料、废次钢材、废旧钢轨等经过加热再轧或切分、冷拔、冷轧等，均能改制成一般用途的钢材。火车、汽车、轮船等交通工具报废后，经过拆解，其中的大梁、箱板、船板都可以改制利用。

（4）综合利用　废钢铁中常混杂着一些尚可直接利用的组分。如电机、电缆、电子元器件及各种合金刀具、模具、器皿、铜套、轴瓦、阀门等，可以从中回收有色金属、稀贵金属和合金元素。

在废钢循环过程中，影响材料性能的主要原因是材料的化学成分和加工工艺。当材料中含有一些不需要的杂质时，往往会影响材料的性能。特别是利用回收的废钢为原料，循环利用中生产出的钢材性能就会退化。例如，制造汽车用的钢板，必须要杂质极低的钢材，而从报废汽车回收的钢材经电炉熔炼后，不能达到汽车用钢的原有要求，只能用于生产建筑用的钢筋。当再生金属用于原用途时，可能遇到处理代价太大、经济上不合理或技术不成熟等问题，此时，要根据再生钢的性质和需要，开发其他利用途径，作为另一种产品降级使用。合金钢经几次再生循环，钢中的 Cu、Ni、Sn、Mo 等元素的浓度会由于累积效应而增高。这些元素本身最初是作为合金化元素加入钢中来提高性能的，但累积效应对于钢材的热加工性能有不良影响。因此，在钢铁再生循环过程中应设法控制其含量。

在传统工艺中，产品设计往往只从经济和使用性能出发，而不考虑产品的回收和利用问题，这给废品的回收利用带来很大困难。所以新的产品设计概念，要有利于产品的回收和产品的性能，有利于环境保护。废钢的再生利用不但要求不同部门、不同行业的合作，还要求开发新的工艺流程，从源头上减少废弃物，提高废钢利用率，改善产品性能。

第4章 无机非金属材料循环利用

4.1 无机非金属材料概述

4.1.1 无机非金属材料简介

无机非金属材料是20世纪40年代以后，随着现代科学技术的发展从传统的硅酸盐材料演变而来的，是与有机高分子材料和金属材料并列的三大材料之一。无机非金属材料是以某些元素的氧化物、碳化物、氮化物、卤素化合物、硼化物以及硅酸盐、铝酸盐、磷酸盐、硼酸盐等物质组成的材料，是除有机高分子材料和金属材料以外的所有材料的统称。传统的无机非金属材料其化学组成主要属于硅酸盐范畴。无机非金属材料种类繁多，具体可分为陶瓷、玻璃、水泥、耐火材料、复合材料、非金属矿物材料等。传统陶瓷是以黏土、长石、石英等为主要原料，经粉碎、混合、成型与烧成等工序而获得的制品或材料；广义的陶瓷是指以无机非金属天然矿物或金属氧化物、氢氧化物及盐类等为主要原料，按传统陶瓷工艺制备的材料。狭义玻璃是一种在凝固时基本不结晶的无机熔融物，即通常所说的无机玻璃，如硅酸盐玻璃；广义的玻璃是指具有玻璃转变特征的非固态固体，所谓玻璃转变现象是指物质由固态加热或由熔体冷却时，在某一温度附近出现热膨胀、比热容等性能突变，这一温度称为玻璃转变温度。水泥是指加入适量水后可成塑性浆体，经过一段时间既能在空气中硬化又能在水中硬化，且将沙、石等材料牢固地胶结在一起的细粉状水硬性胶凝材料。耐火材料是指耐火度不低于1580℃的无机非金属材料，它是辅助各种高温技术的结构材料。复合材料是由两种或两种以上不同种类材料复合而制成的材料，目的是充分发挥不同种类材料的优势性能，并使其综合性能超过单一种类材料。矿物材料是以天然矿物和岩石为主要原料，并以利用其物理、化学性质为基础，经一定的技术加工、改性和处理后所获得的材料或直接应用其物理、化学性质的矿物和岩石。

随着科学技术的发展，又不断出现许多具有特殊性能和用途的新型无机非金属材料，如新型陶瓷、无机涂层、无机纤维等，它们的化学组成已超出硅酸盐的范畴，如氧化物、碳化物、氮化物、硼化物等。新型无机非金属材料是20世纪中期以后发展起来的，具有特殊性能和用途的材料。它们是现代新技术、新产业、传统工业技术改造、现代国防和生物医学所不可缺少的物质基础。主要有先进陶瓷、非晶态材料、人工晶体、无机涂层、无机纤维等。

普通无机非金属材料的特点是：耐压强度高、硬度大、耐高温、抗腐蚀。此外，水泥在胶凝性能上，玻璃在光学性能上，陶瓷在耐蚀、介电性能上，耐火材料在防热隔热性能上都有其优异的特性，为金属材料和高分子材料所不及。但与金属材料相比，它抗断强度低、缺少延展性，属于脆性材料。与高分子材料相比，密度较大，制造工艺较复杂。

18世纪工业革命以后，随着建筑、机械、钢铁、运输等工业的兴起，无机非金属材料有了较快的发展，出现了电瓷、化工陶瓷、平板玻璃、化学仪器玻璃、平炉和转炉用的耐火材料以及快硬早强等性能优异的水泥。同时，发展了研磨材料、碳素及石墨制品、铸石等。

20 世纪以来，随着电子技术、航天、能源、计算机、通信、激光、红外、光电子学、生物医学和环境保护等新技术的兴起，对材料提出了更高的要求，促进了特种无机非金属材料的迅速发展。20 世纪 30～40 年代出现了磁性瓷和热敏电阻陶瓷等；50～60 年代开发了碳化硅和氮化硅等高温结构陶瓷、氧化铝透明陶瓷、气敏和湿敏陶瓷等。至今，又出现了变色玻璃、电光效应、电子发射及高温超导等各种新型无机材料。

无机非金属材料的种类繁多，用途各异，通常把它们分为普通的（传统的）和特种的（新型的）无机非金属材料两大类。普通无机非金属材料指以硅酸盐为主要成分的材料并包括一些生产工艺相近的非硅酸盐材料；例如碳化硅，氧化铝陶瓷，硼酸盐、硫化物玻璃，镁质、铬镁质耐火材料等。通常这一类材料生产历史较长、产量较大，用途也较广。特种无机非金属材料主要指 20 世纪以来发展起来的、具有特殊性质和用途的材料，例如压电、铁电、导体、半导体、磁性、超硬、高强度、超高温、生物工程材料等。但这种划分也并非绝对，因为新型材料是从传统材料逐渐发展起来的，有些材料的归属很难确定。习惯上，无机非金属材料沿用传统生产工艺分为陶瓷、玻璃、水泥、耐火材料、搪瓷、碳素材料等类，同时新型材料按其生产工艺、用途和发展状况，又逐步形成一些新的材料类别，例如无机复合材料等。有些品种按习惯并入传统分类中，例如铁电、压电陶瓷并入陶瓷、光导纤维等并入玻璃等。有的还可按照材料中的主要成分分类，有硅酸盐、铝酸盐、钛酸盐、磷酸盐、氧化物、氮化物、碳化物材料等；根据材料的用途分，有日用、建筑、化工、电子、航天、通信、生物、医学材料等；根据材料的性质分，有胶凝、耐火、隔热、耐磨、导电、绝缘、耐腐蚀、半导体材料等；根据材料的物质状态分，有晶体（单晶体、多晶体、微晶体）、非晶体及复合材料等；还可以从材料的外观形态分，有块状、多孔、纤维、晶须、薄膜材料等。

普通无机非金属材料的生产是采用天然矿石作原料。经过粉碎、配料、混合等工序，成型（陶瓷、耐火材料等）或不成型（水泥、玻璃等），在高温下煅烧成多晶态（水泥、陶瓷等）或非晶态（玻璃、铸石等），再经过进一步的加工如粉磨（水泥）、上釉彩饰（陶瓷）、成型后退火（玻璃、铸石等），得到粉状或块状的制品。特种无机非金属材料的原料多采用高纯、微细的人工粉料。单晶体材料用焰融、提拉、水溶液、气相及高压合成等方法制造。多晶体材料用热压铸、等静压、轧膜、流延、喷射或蒸镀等方法成型后再煅烧，或用热压、高温等静压等烧结工艺，或用水热合成、超高压合成或熔体晶化等方法制造粉状、块状或薄膜状的制品。非晶态材料用高温熔融、熔体凝固、喷涂、拉丝或喷吹等方法制成块状、薄膜或纤维状的制品。

无机非金属材料具有突出的产业特点。量大面广，原料来源广泛，生产过程需粉磨、高温烧结或熔融，能耗高，废气排放量大，除玻璃外难以再生利用，很难为环境所消纳、降解等。传统无机非金属材料由于品种多，决定了其生产企业不集中，规模差异大，技术水平悬殊，资源消耗巨大，能耗大，环境问题严重。这些都是无机非金属材料生态化改造的重点。新型无机非金属材料大多应用于严酷环境和特殊领域，对性能的要求苛刻。由于对原料的要求高，工艺复杂，因而单位能耗高、污染严重。利用高新技术针对量大面广、环境负荷严重、生产工艺落后、规模小、效益低的传统无机非金属材料进行环境协调设计，改造成以生态化新材料进行替代，是生态化改造的基本原则。

4.1.2 无机非金属材料面临的生态环境问题

（1）使用性能与环境协调性的矛盾是主要的生态环境问题 很多研究指出，材料使用性能与环境协调性是一对矛盾。由于无机非金属材料成分广泛、工艺多样、微观结构千变万化，上述矛盾更加突出。例如，普通陶瓷以黏土、石英砂等天然矿物为原料，这些原料只需简单处理即可使用，烧结温度也较低，因此环境协调性较好。但其性能差，不能够作为结构材料用于机械工程领域。相反，先进陶瓷采用超细、高纯的原料，有时还采用化学合成原料，成形、烧结、加工工艺复杂，排出有害物多，因此，环境协调性较差。但性能优良，可广泛用于机械、化工、冶金等领域。

（2）土地资源占用和消耗量大、破坏严重 通常无机非金属材料对土地资源的占用和消耗巨大，给地表带来严重破坏。如我国黏土砖、水泥等几大项材料的生产企业有10万多家，消耗原料50亿吨，其中石灰石10亿吨，消耗的黏土相当于100万亩土地。对土地资源的累计破坏严重、消耗巨大、产出量低是这一类材料的主要环境问题，并且产品性能低、服役能耗高、综合效益差。

（3）制备过程中能耗高 无机非金属材料生产中都要经过高温锻烧（烧结）过程，能耗高。我国无机非金属材料产业单位能耗一般是发达国家的两倍左右。高的单位能耗不仅消耗能源，而且是污染物高排放的最直接原因。

（4）很难再循环利用 由于无机非金属材料的自身特点，其能耗也要比直接使用矿物原料高得多。

（5）固体废物难处理 其废物很难破碎，即使能够粉碎再利用，也会带来较大的二次污染，同时性能大大下降。无机非金属材料固体废物数量特别巨大，再循环利用又很困难，因此，目前很多固体废物堆积如山，占用大量耕地，少量利用的也多是低附加值，如用于铺路。全世界每年浇注混凝土70亿～80亿立方米（150亿吨），中国每年15亿～20亿立方米（45亿吨），而且由于多年前浇注的混凝土标号低、耐久性差，无法再生利用，造成大量在城市周围堆积、占地并且无法消纳，污染土壤和地下水源。今后几十年解体混凝土的量还会继续增大。建筑陶瓷、日用陶瓷、工业陶瓷等废弃物量也非常大，基本不能回收再利用。电子玻璃、电子陶瓷成分复杂，回收困难，并且污染严重，已在世界范围内造成严重的环境问题。加之与无机非金属材料的原料相近组分的500亿吨的累计尾矿贮存，16亿吨的煤矸石，每年16亿吨的粉煤灰，3.7亿吨的工业废渣亦亟待处理，都是严重的生态环境问题。

（6）有毒有害添加剂和排放物问题 陶瓷、玻璃和耐火材料及一些先进陶瓷材料，采用了大量铅、氟、砷等有剧毒化合物，以废水、废气形式污染环境，对人体健康造成危害。土、砖、石材等含放射性元素，在衰变过程中放出毒气并伴有放射性，镍、铬等重金属严重威胁人的身体健康。石棉材料对人体有强烈的刺激作用和致癌倾向。

由于大多数无机非金属材料在制造的某个阶段以粉末形式存在，因此，带来的粉尘污染也很严重。例如全国仅水泥生产的粉尘年排放量就高达1300万吨。

4.1.3 无机非金属材料循环利用技术

无机非金属固体废物主要包括建筑废料（废旧混凝土）、废玻璃、废陶瓷以及粉煤灰、各种工业废渣、尾矿等，数量特别巨大。这些废弃物占用耕地，渗透入土壤和水系，污染环境，对其再循环和再利用的研究迫在眉睫。

各类无机非金属固体废物化学组成相近，主要是 S、Al、Ca、Mg、Fe 等元素的氧化物，这与制备无机非金属材料的原料类似，再加上无机非金属材料产业本身十分庞大，因此，用这些废弃物制备无机非金属材料是对其再循环和再利用的重要途径。变废为宝，实现“其他产业的废物，是无机非金属产业的原料”绝不是梦想。

传统上对无机非金属固体废物的利用包括铺路、制砖瓦、水泥添加料、混凝土骨料等，基本上属于低附加值利用。由于附加值低，很多情况下经济上不合算，未能对这些废弃物进行充分、高效的利用。因此，开发高附加值的利用方法和再循环技术，无论从节约资源角度、环境保护角度，还是从经济角度来说，都很有必要。

(1) 陶瓷材料再生循环利用　长期以来陶瓷废弃物并未被人们重视，认为其无毒、无味、密度大，与天然成分相近，等同于山间的石块。另外，实际利用也存在困难：粉碎要消耗能源；再生原料生产产品质量低，只能降级利用；制取低级产品，经济效益较低，所以再利用率很低。

无机非金属工业中废玻璃的回收利用较早，和金属相同可以作为原料重新熔融再利用。而陶瓷不能溶解和熔融再回收，必须经过粉碎再利用。陶瓷生产过程产生的废弃物主要是烧成废品。生产过程中任何一个工序的缺陷都将在烧成品中表现出来，例如开裂、变形、起泡、毛孔、斑点、生烧和过烧等。废品率高就意味着能源浪费、单位成品污染物排放量高，提高成品率是从源头开始降低环境负载的主要措施。

(2) 烧成废品的再利用　烧成废品可用于吸声材料、吸附材料、透水材料、过滤材料、作为原料再利用、助熔剂、骨料、农药载体。

(3) 污泥、未烧成废料的再利用　一般陶瓷工厂的污泥中 60%～70%是含釉料的污泥，其他是原料污泥。釉料在生产中损失达 20%～30%。由于釉料价格高，又不利于污泥的再利用，因此首先应减少釉料的损失，从粉碎机的选型、粉碎机的洗涤方法、施釉方法、保管方法等方面采取措施。污泥主要含陶瓷原料长石、硅石等，黏稠，难处理，废弃时对环境的破坏大。现在对污泥还没有更有效的处理方法。一般可以经干燥处理再使用或热水处理做建材。另外，也可利用污泥为原料制取人工砂、下水管、瓷砖、耐酸砖、人造轻质材料、红砖、釉瓦等。未烧成坯体的废料是陶瓷原料组成，可以返回到坯料中，也可以用作建材原料。

(4) 建筑材料的再生循环利用

① 建筑材料的使用、解体过程对生态环境的影响。我国建筑垃圾增长速度几乎与建筑材料增长速度同步，除少量金属被回收外，大部分成为城市垃圾。建筑垃圾与工业固体废物的区别在于，前者是工业产品，经过集中，最后转变为城市垃圾；而后者基本上分散在工矿所在地。建筑垃圾由建筑施工垃圾和建筑物拆除垃圾两类组成，它占有一定的土地和空间，不燃烧、不腐烂，往往是结合体的大块料、混杂料，34%是废弃混凝土，难以拆卸、分类，回收附加值低。数量巨大的建筑垃圾所造成的生态环境压力，已经引起国内外广泛的重视。

② 建筑材料可循环再生利用。建筑材料可循环再生设计包括如下几点：a. 减少使用材料。以最少的材料达到对性能和功能的要求。b. 材料再使用。要求可拆卸、可修复使用。c. 循环使用。可拆卸，可降级使用。应减少现场废弃物的产生。例如材料无包装化、简易包装化，建筑部件工厂化，无剩余材料定货，施工现场再利用、现场分离、减量化等。现场

分离是处理废弃物的重要环节，大量产生的是可以直接利用的建筑废土、混凝土碎块、砂、石等。混凝土废弃物处理需要工厂进行分离，分别处理。

德国政府对建筑废料管理总的方针是减少可再生废料的填埋，提高循环再生率，预制板材料尽量使用废材料以提高再循环率。

再生骨料一般用来配制中、低强度的再生混凝土。通过与普通混凝土的对比，用100%再生粗骨料、40%再生细骨料配制的混凝土，无论高、低标号，其抗压强度均略超过普通混凝土，而抗折强度和抗拉强度为普通混凝土的85%～89%。

再生骨料可强化处理再利用。采用几种不同性质的化学浆液对再生骨料进行浸渍、淋洗、干燥等处理，用以改善骨料空隙结构来提高骨料强度，也是提高再生混凝土强度的又一途径。

对于公共工程是否进行建设副产物再利用的问题，不应简单地只从成本方面来判断，而重要的是应该考虑到再利用带来的社会效益。一定要从综合考虑环境保护及资源保护等社会效益的角度出发，来进行成本效益分析，并确定再生利用经济效益的评价方法。

水泥是利用工业废渣大户，用作混合料和原料上亿吨，形成了以矿渣水泥、火山灰水泥等为代表的多品种系列水泥。许多工业废渣经处理后是很好的混凝土掺合料，能有效地改善混凝土的性能，值得大力推广，尤其是在中小城市及乡镇，只有这样才能提高工业废渣综合利用率。

(5) 工业废渣的高附加值利用

① 粉煤灰制取沸石分子筛。尽管各地粉煤灰成分有所差别，但主要成分相同。其中Al_2O_3和SiO_2含量高达80%（质量分数），同沸石成分甚为接近。采用水热法，由经筛选的粉煤灰制得铝酸钠溶液，添加适当化学试剂得到混胶，最终合成4A沸石，经过滤后添加适当的化学试剂，再经交换、过滤、干燥、成形等程序，可合成5A或3A沸石。

② 粉煤灰、煤矸石制备高性能陶瓷。粉煤灰与黏土的成分十分接近，因此，可以采用碳热还原方法制备高性能的复相陶瓷。

③ 建筑废料、废混凝土、废陶瓷制备高性能建材。建筑废料、废混凝土、废陶瓷等数量庞大，这类废物成分接近，CaO含量较高，很难以常规方法制备成陶瓷，能耗也太高。采用蒸压技术，将这类材料制成高性能建材，是一种理想的方法。

研究表明，将建筑废料、废混凝土、废陶瓷等粉碎到一定粒径，不添加或添加少量水泥，在蒸压条件下制成的材料抗压强度达100MPa，与高标号水泥相当，完全能够制作各类建筑结构件，实现材料的循环利用。当添加短碳纤维后，强度还能进一步提高。

4.2 玻璃循环利用

4.2.1 玻璃的分类与特性

玻璃通常按主要成分分为氧化物玻璃和非氧化物玻璃。非氧化物玻璃品种和数量很少，主要有硫系玻璃和卤化物玻璃。硫系玻璃的阴离子多为硫、硒、碲等，可阻挡短波长光线而通过黄、红光以及近、远红外光，其电阻低，具有开关与记忆特性。卤化物玻璃的折射率低，色散低，多用作光学玻璃。

氧化物玻璃又分为硅酸盐玻璃、硼酸盐玻璃、磷酸盐玻璃等。硅酸盐玻璃指基本成分为

SiO_2的玻璃，其品种多，用途广。通常按玻璃中 SiO_2以及碱金属、碱土金属氧化物的不同含量，又分为以下几种。

石英玻璃：SiO_2含量大于 99.5%，热膨胀系数低，耐高温，化学稳定性好，透紫外光和红外光，熔制温度高、黏度大，成型较难。多用于半导体、电光源、光导通信、激光等技术和光学仪器中。

高硅氧玻璃：SiO_2含量约 96%，其性质与石英玻璃相似。

钠钙玻璃：以 SiO_2含量为主，还含有 15%的 Na_2O 和 16%的 CaO，其成本低廉，易成型，适宜大规模生产，其产量占实用玻璃的 90%。可生产玻璃瓶罐、平板玻璃、器皿、灯泡等。

铅硅酸盐玻璃：主要成分有 SiO_2和 PbO，具有独特的高折射率和高体积电阻，与金属有良好的浸润性，可用于制造灯泡、真空管芯柱、晶质玻璃器皿、火石光学玻璃等。含有大量 PbO 的铅玻璃能阻挡 X 射线和 γ 射线。

铝硅酸盐玻璃：以 SiO_2和 Al_2O_3为主要成分，软化变形温度高，用于制作电灯泡、高温玻璃温度计、化学燃烧管和玻璃纤维等。

硼硅酸盐玻璃：以 SiO_2和 B_2O_3为主要成分，具有良好的耐热性和化学稳定性，用以制造烹饪器具、实验室仪器、金属焊封玻璃等。硼酸盐玻璃以 B_2O_3为主要成分，熔融温度低，可抵抗钠蒸气腐蚀。含稀土元素的硼酸盐玻璃折射率高、色散低，是一种新型光学玻璃。磷酸盐玻璃以 P_2O_5为主要成分，折射率低、色散低，用于光学仪器中。

此外，玻璃按性能特点又分为钢化玻璃、多孔玻璃（即泡沫玻璃，孔径约 40nm，用于海水淡化、病毒过滤等方面）、导电玻璃（用作电极和飞机挡风玻璃）、微晶玻璃、乳浊玻璃（用于照明器件和装饰物品等）和中空玻璃（用作门窗玻璃）等。

玻璃材料具有许多其他材料所不具备的待性，从玻璃的本质结构和性质来看，其中最显著的四个特性为：各向同性；无固定熔点；亚稳性；性质变化的连续性与可逆性。此外，玻璃材料还具有一些良好的理化性能，如良好的光学性能，较高的抗压强度、硬度、耐蚀性及耐热性等。从工艺的角度来看，玻璃的特点在于：可以通过化学组成的调整，并结合各种工艺方法（例如表面处理和热处理等）加大幅度、连续调整玻璃的物理和化学性能，以适应范围很广的实用要求；可用吹、压、拉、浇铸等多种多样的成形方法，制成各种空心和实心形状；还可以通过焊接和粉末烧结等加工方法制成形状复杂、尺寸严格的器件。玻璃已被广泛应用于建材、轻工、交通、医药、化工、电子、航天和原子能等方面，作为结构和功能材料。

4.2.2　废玻璃的用途与回收方法

废玻璃根据其来源可分成日用废玻璃（器皿玻璃、灯泡玻璃）和工业废玻璃（平板玻璃、玻璃纤维）。回收的废玻璃经分类、清洗后，一部分废玻璃经挑选后可直接重新应用，如制镜和做玻璃饰面材料等。一部分废玻璃经加工、粉碎后，将其掺入配合料中用来熔化玻璃。一般来说，平板玻璃工厂只采用本厂形成的废玻璃，不轻易用外购废玻璃，以保证产品质量的稳定性。通常，轻工玻璃制品在制造深绿色瓶罐时，可利用 2.8%～38.1%的外购废玻璃，在制造半白色瓶罐时可利用 4.7%～25% 的外购废玻璃。而平板玻璃、高级器皿和无色玻璃瓶厂则不采用外购回收废玻璃为宜。如果使用大量碎玻璃，熔炉的寿命将延长15%～20%。在美国，对 200～400t 的熔炉来说，每天一般使用 5%～70% 的碎玻璃。一部分废玻璃（玻璃器皿、平板玻璃和玻璃纤维）经粉碎、预成型、加热焙烧后，可做玻璃马赛克、玻璃饰面砖、玻璃质人造石材、泡沫玻璃、微晶玻璃、玻璃器皿、人造彩砂、玻璃微珠、彩色玻璃球、玻璃陶瓷制品、高温黏合剂等。废玻璃经粉碎熔化后可做玻璃棉。把一定剂量玻璃微珠加入聚氯乙烯中可制成新型复合板、管、异型材，其强度大，成本低，且经济效益好。

在橡胶工业生产中，可使用玻璃粉来提高产品的硬度和耐磨性，如制作楼梯的梯面层和制动带。在颜料内掺入碎玻璃粉，可提高其化学稳定性，增加其耐磨性，用这种掺有碎玻璃的颜料还可以加工制造出美观的饰面板材料。目前，美国还成功地将废玻璃使用于电子工业、耐火陶瓷材料等工业。废玻璃的其他应用包括改进排水系统和水分分布的农业土壤条件，将废玻璃加工成直径为1.4～2.8mm的小颗粒，用有机物处理，使其表面附上一层极薄的有机物质，如与亲水物质按一定比例混合，施于干旱的农田后以保持土壤中的水分；与憎水物质按一定比例混合，施于雨水多的农田后起到渗水作用，减少水分在植物根部的浸泡时间。泡沫废玻璃与泥煤土相比有较好的护根性，它能改善莴苣和大麦的生长。

(1) 废玻璃的回收方式和循环利用途径　对几种不同用途的废玻璃需要采取不同的回收方式和循环利用途径。

① 汽车、电车等车辆和建筑窗墙用平板玻璃大多随汽车粉碎屑、土建废物进入垃圾填埋场处理，少数作为制造玻璃纤维等绝热材料的原料而被回收利用，今后随着环保意识的加强，回收利用工作有改善趋向。

② 彩色电视机的显像管等特种玻璃，由于数量较少，大部进入垃圾，只有少量单位试行制成玻璃球后作研磨料应用。1998年日本颁布了“家电循环利用法”，各大家电商场纷纷建设废家电再生试验工程，探索高效低成本分解技术和扩大循环利用的途径。

③ 玻璃瓶由于数量大、回收和利用技术成熟，历来作为循环利用的重点。其回收利用方式主要有以下两种途径。

一是返回瓶再用。如啤酒瓶、饮料瓶和容积为1.8～2L的标准瓶大都可以回收经洗净后重复使用，对承压啤酒瓶等从安全出发再用前需经检查。即便这样利用旧瓶仍有较好的经济效益，同时对节约资源、能源的效果更大，是理想的循环利用方式。回收方式有两种，一种是商店以旧折价购新；另一种是成立全国性的回收组织专门负责回收。

二是作为碎玻璃回收利用。大部分非返回瓶和少量返回瓶扔入垃圾中时，既不便进焚烧炉，又占用有限的填埋用地，回收后作为碎玻璃供制瓶厂掺入原料使用，一般每增加10%可节约燃料用油2.5%，故可以通过地方自治体垃圾再生系统、资源回收系统和商店代收等渠道回收后交碎玻璃加工厂，加工后交玻璃瓶制造厂使用。为了降低收集分选成本，除碎玻璃回收中心负责回收外，还从源头上采取对玻璃制品和其他垃圾分别收集的办法。

(2) 碎玻璃的加工处理　处理后的质量标准：为便于保证制瓶厂的产品质量和成品率，供玻璃厂使用的碎玻璃应达到以下质量要求。

① 分别颜色回收，以利于分别利用。

② 混入的杂物应小于以下规定。

a. 金属类：铁、铝 $(3\sim5)\times10^{-6}$，其他 $(10\sim20)\times10^{-6}$。

b. 土石类：铬铁矿、耐熔耐火材料0，其他砖瓦和矿类 $(30\sim50)\times10^{-6}$。

c. 陶瓷类：陶瓷 20×10^{-6}，结晶玻璃 $(10\sim20)\times10^{-6}$，光学硼硅酸玻璃类（2000～

3000)$\times10^{-6}$等。

d. 有机物：塑料、木屑 100×10^{-6}，涂塑玻璃 500×10^{-6}。

③ 主要加工处理方法：为达到上述要求，主要有以下分选方法。

a. 按垃圾分类收集交售的，经过简单的手选分类，除去瓶盖等异物，检出荧光灯管等耐热玻璃后，经水洗并破碎后即可达标。

b. 如已混入垃圾中，则需按垃圾分选工艺，采取先破碎后筛分（25mm 以下），对筛上物以手选去杂物后再破碎，通过磁选去掉铁片，过筛后用真空法选出铝和塑料等有机物，再经磁选去铁，然后经金属抑制器去掉金属碎粒后成为合格的碎玻璃。

4.3　建筑材料循环利用

4.3.1　建筑材料的分类与性质

4.3.1.1　建筑材料分类

建筑材料是指建筑工程中所使用的材料及其制品，是工程建设的物质基础。建筑材料对工程技术的发展也起着至关重要的作用，新材料的出现往往促使工程技术的革新，而工程变革与社会发展的需要又常常促进新材料的诞生。

建筑材料品种繁多，按其基本成分的不同可分为金属材料、非金属材料和复合材料三大类。

(1) 金属材料　金属材料包括黑色金属材料和有色金属材料。钢材是工程中应用最为广泛的黑色金属材料，多用于重要的承重结构，如钢结构、钢筋混凝土结构等。铝、铜、锌及其合金，属于衬色金属材料，是装饰工程、电气工程、止水工程中的重要材料，如各种类型的铝合金型材及制品，现已大量用于门窗、吊顶、玻璃幕墙等工程中。

(2) 非金属材料　非金属材料包括无机非金属材料和有机材料。无机非金属材料是以无机化合物为主体的材料，主要包括天然材料（如砂、石），烧土制品（如熟土砖、陶瓷），玻璃、胶凝材料（如水泥、石灰、石膏、水玻璃）及以胶凝材料为基料的人造石材（如混凝土、硅酸盐制品）等。无机非金属材料资源丰富、性能优良、价格低廉，在建筑材料中占有重要地位。

有机材料主要包括植物材料（如木材、竹材、植物纤维及其制品）、沥青材料、高分子材料（如建筑塑料、合成橡胶、建筑涂料、胶黏剂）等。

(3) 复合材料　复合材料是指两种或两种以上不同性质的材料（复合相）经加工而组合成一体的材料。复合材料有利于发挥各复合相的性能优势，克服单一材料的弱点，是现代材料科学研究发展的趋势。根据复合相的几何形状，复合材料可分为颗粒型（如沥青混凝土、聚合物混凝土）、纤维型（如纤维混凝土、钢筋混凝土）、层合型（如塑钢复合型材、夹层玻璃、铝箔面油毡）等。

4.3.1.2　建筑材料性质

建筑材料的组成、结构及构造是决定建筑材料性质的内部因素。

材料组成是指材料所含物质的种类及含量，是区别物质种类的主要依据，分为化学组成、矿物组成和相组成。

(1) 化学组成　材料的化学组成是指构成材料的化学元素及化合物的种类及数量。金属材料的化学组成以元素含量表示；无机非金属材料常以各种氧化物的含量表示；有机材料则以各种化合物的含量表示。

（2）矿物组成　矿物是具有一定的化学成分和结构特征的单质或化合物。矿物组成是指构成材料的种类和数量。

（3）相组成　材料中具有相同物理、化学性质的均匀部分称为相。一般可分为气相、液相和固相。材料的组成不同，其物理、化学性质也不相同。

材料的结构和构造是指材料的微观组织状态和宏观组织状态。材料组成相同而结构与构造不同的材料，其技术性质也不相同。

材料的结构按其成因及存在形式可分为晶体结构、非晶体结构及胶体结构。

（1）晶体结构　由质点（离子、原子或分子）在空间按规则的几何形状周期性排列而成的团体物质称为晶体。

晶体具有以下特点：

① 具有特定的几何外形。

② 具有各向异性。

③ 具有固定的熔点和化学稳定性。

④ 结晶接触点和晶面是晶体破坏或变形的薄弱环节。

（2）非晶体结构（玻璃体结构）　非晶体结构是熔融物质经急速冷却，质点来不及按一定规则排列便凝固的固体物质，属无定形结构。非晶体结构内部贮存了大量内能，具有化学不稳定性，在一定条件下易与其他物质起化学反应。

（3）材料的构造　材料的构造是指材料结构间单元的相互组合搭配情况。按构造不同，材料可分为聚集状、多孔状、纤维状、片状和层状等。

一般而言，聚集状和多孔状的材料具有各向同性，纤维状及层状构造的材料具有各向异性。由于材料结构间的组合搭配，材料内部存在孔隙，孔隙对材料的性质影响很大。

下面介绍几种常用建筑材料的性质。

（1）石膏　生产石膏的原料主要为含硫酸钙的天然石膏（又称生石膏）或含硫酸钙的化工副产品和磷石膏、氟石膏、硼石膏等废渣，其化学式为 $CaSO_4 \cdot 2H_2O$，也称二水石膏。将天然二水石膏在不同的温度下煅烧可得到不同的石膏品种。将建筑石膏加水后，它首先溶解于水，然后生成二水石膏析出。随着水化的不断进行，生成的二水石膏胶体微粒不断增多，这些微粒比原先更加细小，比表面积很大，吸附着很多的水分；同时浆体中的自由水分由于水化和蒸发而不断减少，浆体的稠度不断增加，胶体微粒间的黏结逐步增强，颗粒间产生摩擦力和黏结力，使浆体逐渐失去可塑性，即浆体逐渐产生凝结。继续水化，胶体转变成晶体。晶体颗粒逐渐长大，使浆体完全失去可塑性，产生强度，即浆体产生了硬化。这一过程不断进行，直至浆体完全干燥，强度不再增加，此时浆体已硬化成人造石材。

建筑石膏与其他胶凝材料相比有以下特性：①结硬化快；②凝结硬化时体积微膨胀；③孔隙率大且体积密度小；④保温性与吸声性好；⑤强度较低；⑥具有一定的调温与调湿性能；⑦防火性好但耐火性较差；⑧耐水性、抗渗性、抗冻性差。

（2）石灰　生产石灰的原料主要是含碳酸钙为主的天然岩石，如石灰石、白垩等。将这些原料在高温下煅烧，即得生石灰，主要成分为氧化钙。正常温度下煅烧得到的石灰具有多孔结构，内部孔隙率大，晶体粒度小，体积密度小，与水作用快。

石灰具有如下特性：①保水性与可塑性好；②凝结硬化慢，强度低；③耐水性差；④干燥收缩大。

(3) 水泥　国家标准规定：凡以硅酸钙为主的硅酸盐水泥熟料，5%以下的石灰石或粒化高炉矿渣，适量石膏磨细制成的水硬性胶凝材料，统称为硅酸盐水泥。

硅酸盐水泥的主要矿物组成是硅酸三钙、硅酸二钙、铝酸三钙、铁铝酸四钙。硅酸三钙决定着硅酸盐水泥四个星期内的强度；硅酸二钙四星期后才发挥强度作用，约一年达到硅酸三钙四个星期的发挥强度；铝酸三钙强度发挥较快，但强度低，其对硅酸盐水泥在 1～3 天或稍长时间内的强度起到一定的作用；铁铝酸四钙的强度发挥也较快，但强度低，对硅酸盐水泥的强度贡献小。

4.3.2 建筑材料的生产与循环利用概况

建筑材料工业是我国重要的基础原材料工业，包括建筑材料、非金属矿及其制品、无机非金属新材料三大部分。随着国民经济的快速发展，基本建设投资高速增长，城市建设、工业建筑、居民住宅、道路桥梁、海洋工程、水利水电工程、农村水利建设和城镇化等建筑工程和构筑物对建筑材料的需求持续高涨。

水泥是最重要最基础的建筑材料。我国水泥产量已居世界第一，其工业产值占整个建材行业总产值的 40%。水泥行业已与钢铁、电解铝行业一起成为我国三大过度投资行业。此外，房屋建筑材料的主体即建筑玻璃、建筑卫生陶瓷和建筑墙体材料这三大类材料，它们的工业产值已占整个建材行业总产值的 30%。上述四大类材料的工业产值之和已占建材行业总产值的 70%，它们对国家的资源、能源消耗和环境的影响很大，同时与改善人们居住条件和提高生活质量密切相关。虽然其他建筑材料涉及十多个大类，但其产值和影响远不能与上述四类材料相提并论。

(1) 水泥工业　水泥是四大基础工程材料之一，其用途广、用量大、性能稳定且耐久，是建筑工程和各种构筑物不可或缺的基础材料。可以预见，在未来仍将具有不可取代的重要地位。当前我国正处于经济增长时期，基础设施建设规模大，以及人们要求提高生活质量和改善居住条件的迫切愿望，拉动了住宅业和房地产业的快速发展，使水泥的需求量迅速增长。其增长速度始料未及，已到了非常惊人的程度，同时也暴露出我国水泥工业发展中的一系列问题，主要有以下几个方面。

① 产品等级低。发达国家的水泥熟料强度一般都在 70MPa 以上，而我国平均强度仅为 50MPa 左右。大量立窑生产的水泥熟料质量普遍较差，且不稳定、不均匀，又因其中游离 CaO 过高而安定性不合格，影响着水泥基材料的使用寿命。我国高等级水泥（ISO≥42.5）仅占 18%，大量生产的是中、低等级水泥（ISO≤32.5），而很多发达国家的高等级水泥占 90%以上。

② 资源消耗高。生产水泥熟料的主要原料是相对优质的石灰石，其化学成分须满足 CaO 含量不低于 45%、MgO 不高于 3%等要求。我国符合水泥生产要求的石灰石虽从绝对量看并不少，已探明的可采储量约为 450 亿吨，但水泥工业可用量仅约 250 亿吨。也就是说，我国可采的优质石灰石储量仅能提供约 40 多年的水泥生产需要。另一方面，由于大量“小水泥”的人工无序开采，未能充分利用有限资源，又造成了矿产资源的极大浪费。

③ 能源消耗高。我国水泥工业每年消耗标煤 9106 万吨、电力 650 亿千瓦时以上，水泥生产能耗远高于世界先进水平，以每吨熟料的综合能耗计算，世界先进水平为 117kg 标煤，我国平均为 173.5kg 标煤，高出达 50%以上。

④ 环境污染严重。我国水泥工业每年排放温室气体CO_2超过5.55亿吨、SO_2 68.6万吨、NO_x约206万吨；平均每吨熟料的粉尘排放量已高达13kg，由此可以估算出我国水泥工业年排放的粉尘将超过1000万吨。

⑤ 生产规模小，工艺落后。以悬浮预热和预分解技术为核心的“新型干法”工艺，是目前世界水泥工业普遍采用的最先进的现代化生产技术。日本有96%、意大利96.5%、韩国100%、泰国90%的水泥采用这种新型干法生产线，而我国仅为15%左右。我国水泥工业处于先进工艺与落后工艺并存的复杂状态，既有最先进的日产10000t熟料的新型干法大型预分解窑，也存在着大量的日产量不到100t熟料的普通立窑。

(2) 建筑玻璃、建筑卫生陶瓷和建筑墙体材料工业　建筑业耗能占全国能耗的25%～30%，建筑物使用中的能耗约占建筑能耗的88%。随着人们生活水平的提高，“采暖南下、空调北上”已是大势所趋，采暖和空调的建筑面积在不断扩大，采暖标准也在不断提高（将要求由13～16℃提高至18～21℃），使建筑物的使用能耗急速增加。由于我国建筑物的围护材料保温性能差，使建筑能耗较先进国家高出3～4倍。

据测算，在建筑物的使用能耗中，建筑围护结构的传热量约为建筑使用能耗的72%（其中外墙传热量约24%，窗户传热量约22%），空气渗透的能耗约为28%，可见外墙（墙体材料）和窗户（玻璃）及其密封状况对建筑物的使用节能影响很大。由于建筑工程（主要是城市公共建筑和住宅建筑）的高速发展和建筑装饰装修档次的提高，建筑卫生陶瓷（建筑墙地砖和卫生洁具）需求巨大，其生产制造中的节能、节约资源以及使用中的节水和多功能化问题，已成为房屋建筑材料发展中的一个重大课题。总之，对我们这样一个人口众多、人民收入持续增长的发展中国家而言，“绿色”和节能型房屋建筑材料的发展非常重要。

虽然我国建筑材料的产量很大，但产品质量、产品结构及综合技术经济指标等方面与国际先进水平存在很大差距，主要表现在以下方面。

① 产量大，但“大而不强”，产品质量档次低。建筑玻璃的产量已位居世界第一，但实物质量却存在明显差距，在世界优质浮法玻璃统计中并没有列入中国的产品。国民经济建设所需求的高档建筑玻璃与加工玻璃，目前只能满足50%左右，其余依靠进口。虽然我国建筑卫生陶瓷产品的内在质量并不逊于国外先进水平，但装饰技术、造型以及生产设备等方面均落后于先进国家，加之生产控制技术和软件（如产品和模具设计、生产控制、质量检测和保证体系等）相对薄弱，致使产品质量档次不高，产品结构很不合理，高档产品仅占10%～15%，中档产品20%～35%，低档产品高达50%～60%。

② 集约化生产规模小，工艺技术装备落后，小、散、乱现象普遍存在。美国平板玻璃生产企业只有6家，日本只有3家，英国、法国、比利时各1家，德国2家，韩国2家。而我国浮法玻璃生产企业有47家，并且各企业的生产线大多数为中小规模，还存在很多应淘汰的“小玻璃”厂。在浮法玻璃企业中，达到国际先进水平的生产线，其生产能力仅占全国总生产能力的10%左右。在建筑卫生陶瓷方面，我国有500多家建筑陶瓷厂和40多家卫生瓷厂引进了国外先进生产线或关键设备，但大多数企业采用的是消化吸收的国产设备。此外尚有10%～15%的建筑陶瓷砖生产企业和20%～30%的卫生陶瓷生产企业尚在使用落后的装备，其中有一部分甚至是应淘汰的装备。

③ 开发能力薄弱。我国建筑材料工业多年来采用的是引进技术和进口成套设备的方式，这种方式虽然在一定程度上使我国在短时间内铸就了建筑材料工业的辉煌（产量大幅度增长，产品质量也有一定提高），也同时削弱了我国房屋建筑材料工业的自主开发能力。具有

自主知识产权的技术和装备，绝大部分是属于引进后的二次开发或模仿提高、局部创新性质，几乎没有研究开发出真正的、重大的原创技术和装备。这种自主开发能力薄弱的状态，也制约了我国房屋建筑材料工业走新型工业化道路的步伐。

(3) 废弃混凝土　据统计，工业固体废物中 40%是由建筑业排出的，其中废弃混凝土是建筑业排出量最大的废弃物。在我国，仅上海每年产生的废弃混凝土就有 2000 万吨之多，除此之外还有建筑施工中产生的大量废弃混凝土。全国每年产生的废弃混凝土超过 1 亿吨。过去，废弃混凝土大多堆积于城市郊区公路、河流附近的堆场，如此处理，将造成不容忽视的后果：生态环境恶化；废弃混凝土堆场占用了大量的土地甚至耕地；严重影响市容和环境卫生。

在国外，一些发达国家早在二次世界大战之后就开始了废弃混凝土回收再利用的研究。20 世纪 40 年代中期，美国、日本等国已经开始用废弃混凝土再生骨料铺筑路基基层。

自 1982 年起，美国在《混凝土骨料标准》(ASTMC-33-82) 中将废旧破碎的水硬性水泥混凝土包含进了粗骨料中。大约在同一时间，美国军队工程师协会也在有关规范和指南中鼓励使用再生混凝土骨料。美国的 CYCLEAN 公司采用微波技术，可以 100%的回收利用旧混凝土路面材料，其质量与新拌混凝土路面材料相同，而成本可降低 1/3，同时节约了垃圾清运和处理等费用，大大减轻了城市的环境污染。

荷兰是最早开展再生混凝土研究和应用的国家之一。在 20 世纪 80 年代，荷兰就制定了有关利用再生骨料制备素混凝土、钢筋混凝土和预应力混凝土的规范。该规范规定了利用再生骨料生产上述混凝土的明确的技术要求。并指出，如果再生骨料在骨料中的重量含量不超过 20%，那么，混凝土的生产就完全按照天然骨料混凝土的设计和制备方法进行。

德国于 1998 年提出了《在混凝土中采用再生骨料的应用指南》。目前德国每个地区都有大型的再生混凝土综合加工厂，一般能进入破碎设备的废弃混凝土块体要求不超过 1m×0.6m，近期德国一家公司生产的破碎机能容纳大到 1.6m×0.9m 的废弃混凝土块体。德国 Lower Saxong 的一条混凝土公路工程中采用了再生混凝土。

目前，仅莫斯科已有 5 条废弃混凝土破碎和筛分工艺线投入运行。一般要求进入工艺线的废弃混凝土块体尺寸不大于 0.74m×0.35m，工艺线的总功率一般为 275kW，其生产率约为 $200m^3/h$。

韩国一家装修公司最近开发成功从废弃混凝土中分离水泥，并使这种水泥能循环利用的技术。这项技术目前已经在韩国申请专利。该公司将从明年下半年开始批量生产这种再生水泥。

日本由于国土面积小，资源相对匮乏，因此，将废弃混凝土视为“建筑副产品”，十分重视将其作为可再生资源而重新开发利用。早在 1977 年日本政府制定了《再生骨料和再生混凝土使用规范》，并相继在各地建立了以处理废弃混凝土为主的再生加工厂，生产再生水泥和再生骨料，其生产规模最大的每小时可加工生产 100t 产品。1996 年阪神大地震使日本许多高速公路和桥梁受损、大厦倒塌，产生的废弃混凝土有 1500 万吨之多，几乎全部应用于震后重建工程；据建设省统计，1995 年全日本废弃混凝土再资源化率已达到 65%，2000 年则已高达 96%。

随着社会文明的进步以及可持续发展战略的实施，我国对于废弃混凝土等建筑垃圾的有效管理和资源化再利用越来越重视。我国政府制定的中长期发展战略鼓励废弃混凝土等废弃物的开发利用。有关部门也对相关技术与示范工程项目给予了一定的资金与政策支持，支持循环利用废弃混凝土等建筑垃圾来生产新型建材。北京城建集团一公司曾回收800多吨废弃混凝土，经过处理后成功地用于砌筑砂浆、内墙和顶棚抹灰砂浆、细石混凝土楼面及混凝土垫层。湖北省襄樊市公路建设中大量回收利用了破损的混凝土路面，取得了良好的经济效益和社会效益。

(4) 废弃砖瓦　我国的住宅中，砌体结构占大多数。我国大中城市的许多老建筑以及小城镇的大多数建筑都是单层或多层的砖砌体结构，随着这些建筑服役期的结束而拆除，将产生大量的废弃砖瓦。对这些废弃砖瓦应该进行合理循环利用，否则一方面将对环境造成危害；另一方面废弃砖瓦作为一种可利用资源也将白白浪费。

国外在废弃砖瓦回收利用方面少见报道，其原因可能是国外建筑中砖瓦结构较少。我国既有建筑中很大一部分是砖砌体结构，由于城市改造，每年产生大量的废弃砖瓦。废弃砖瓦由于本身具有一定的强度，容重较轻，适合于生产轻质建筑材料等产品，但是过去对于废弃砖瓦基本上是采用填埋的方法进行处理，浪费了大量的可再生资源。

一些大学和研究机构一直在开展废弃物在建筑材料中的应用技术研究和推广工作，已经取得了很大进步。但是，还存在很多亟待解决的不足之处，主要表现在以下几个方面。

① 这方面的工作多数属于低水平重复性研究，研究和应用工作缺乏统一协调和系统性。

② 由于缺乏充足的资金投入，我国在废弃物在建筑材料中的应用技术方面的研发工作不够深入，已经取得的成果技术水平或经济水平不高，导致我国在建筑材料循环利用技术方面进展缓慢，例如至今尚无有关建筑材料循环利用的技术标准体系和相关法律法规体系，废弃物在建筑材料中的应用基本处于自愿和无序状态，所以我国的废弃物在建筑材料中的应用技术和利用率很低，与发达国家存在着相当大的差距。

③ 我国现有的利用废弃物生产的建筑材料，其产品的生态性能还存在很多不足，虽然利用了废弃物，但是有些产品本身还会对环境或人身造成二次危害，这是不容忽视的问题。

4.3.3 建筑材料的循环利用方法

4.3.3.1 建筑垃圾的成分和来源

建筑垃圾是指在建（构）筑物的建设、维修、拆除过程中产生的固体废物，主要包括废混凝土块、废沥青混凝土块以及施工过程中散落的砂浆、混凝土、碎砖渣等。建筑垃圾是城市垃圾的主要组成部分，约占城市垃圾总量的30%～40%。据测算，我国每年施工建设产生的建筑垃圾达4000万吨，绝大部分未经处理而直接运往郊外堆放或填埋。

(1) 废混凝土块的成分和来源　构成废混凝土块的混凝土一般是指以石子或碎石为粗骨架材料，砂或细砂为细骨架材料，通过与硅酸盐水泥或以硅酸盐水泥为主体的其他类型水泥的水合物粘合硬化而制得的混凝土，密度为2.3～2.4t/m^3。在混凝土中，水泥与水反应生成不溶性的硅酸钙水合物和氢氧化钙，它们将骨架材料连接起来，凝结硬化成混凝土。硬化后，骨架材料占总体积的70%～80%，其余部分由水泥硬化组织来填充。这些水泥硬化组织中分布着大量的各种形状的孔隙，其体积占总体积的10%～20%。此外，构成废混凝土块的混凝土也包括建筑上常用的密度小于2.0t/m^3的轻质骨架材料混凝土和钢筋混凝土。

废混凝土块的绝大部分是在拆毁建筑物和实施公共土木工程的过程中产生的，只有少部分来自新建工程和民间土木工程，其最大直径为50～100cm，可以用翻斗卡车从现场将其运出。废钢筋混凝土的处理，通常是将粗钢筋分离出来，细钢筋仍有少部分留在混凝土中。废混凝土块在挖掘、清运过程中常常混入泥砂。

(2) 废沥青混凝土块的成分和来源　沥青混凝土是骨架材料与沥青的混合物，所用的骨架材料与水泥混凝土一样，也分为粗骨架材料和细骨架材料。粗骨架材料是指粒径为 2.5～20mm 的碎石头，细骨架材料则为粒径 2.5mm 以下的砂子。所用的沥青为直馏沥青（从石油中蒸馏取出各种各样油之后的残留物直接制成的沥青）。直馏沥青在常温下呈固态，温度升至 40～50℃时变软，达到 150℃时则变为液体，可以与骨架材料混合，温度下降重新返回固体状态。为了满足涂覆在骨架材料表面沥青厚度的要求和混合物稳定性的要求，通常加入石粉作为填料。粗骨材、细骨材、填料和沥青的重量比为(50～70)：(20～40)：(3～8)：(5～7)。

沥青混合物因所用骨架材料的粒径大小不同分为若干种类，如密粒度混合物、粗粒度混合物、开粒度混合物和砂胶等。通常道路表层用易形成平坦路面的密粒度混合物，密粒度混合物采用细骨架材料；在其之下的基础层多使用粗粒度混合物，粗粒度混合物使用小粒径的粗骨架材料；开粒度混合物因为使用大粒度的粗骨架材料而提高了空隙率，多用于透水性路面；砂胶的粗骨材含量少，填料和沥青含量多，具有较高的耐水性，多用于桥梁路面。废沥青混凝土块有 79%产生于道路修补工程和上、下水管道埋设等市政工程，其余的 21%来自民间工程。废沥青混凝土块的大小与废混凝土块相同，最大直径为 50～100cm。

4.3.3.2　建筑垃圾的循环利用

(1) 废混凝土块的循环利用　废混凝土块产生于建筑物拆毁和维修过程中，经破碎后可作为天然粗骨料的代用材料制作混凝土，也可作为碎石直接用于地基加固、道路和飞机跑道的垫层、室内地坪垫层等，若进一步粉碎后可作为细骨料，用于拌制砌筑砂浆和抹灰砂浆。

废混凝土块作为非骨架材料利用时，因所利用时的形态不同，分为如下几种情况。

① 作为混凝土板材和块材使用。根据使用目的将废混凝土块按所要求的尺寸切割成相应的板材和块材，用作渔礁、挡土墙、路面及地面水泥块的代用品；分离出钢筋，切成30～50cm 的切块，作为石材代用品使用。

② 作为粒状破碎物使用。将废混凝土块粉碎至粒径小于 40mm 后，作为碎石、碎砂代用品。

③ 作为微粉状破碎物利用。将废混凝土块微粉化至粒径为几微米到几十微米之间，作为混凝土的混合材料、沥青填充物等材料使用。

废混凝土作为骨架材料利用时，把废混凝土块破碎成碎石或碎砂后作为再生骨架材料使用，制备再生骨料混凝土。目前再生骨料制作的混凝土一般用于基础、路面和非承重结构的低强度混凝土，通过选择和严格控制配合比及再生骨料的掺合量，也可满足承重结构混凝土的要求。与普通骨架材料相比，再生骨架材料的品质低，这是由于再生骨架材料中含有水泥水合物的缘故。除去这部分水泥水合物可以制造出高质量的再生骨架材料。为了除去粉碎物中的水泥水合物，将破碎物进行研磨，所施加的压力和摩擦力不应过大，以免原骨架材料的破碎。通过研磨，不仅剔除了废混凝土破碎物中的水泥水合物，而且还把原骨架材料磨削成所需要的圆形骨架材料。

由于废混凝土块一般都堆放在建设工地现场或附近，因此废混凝土块的循环利用不仅节约了天然骨料资源，而且还降低了建筑垃圾的产量和清运费用，经济效益十分明显。

(2) 废沥青混凝土块的循环利用　重铺沥青混凝土路面前，常因拆除旧路面而产生大量废沥青混凝土。发达国家每年因拆除公路路面产生大量废沥青混凝土，其回收利用已成为垃圾废料用作建筑材料的主要部分之一。我国随着公路建设的发展，每年产生废沥青混凝土的数量也逐年增加。废沥青混凝土可作为铺筑新沥青混凝土路面的建筑材料加以回收利用。

回收方法主要有冷溶回收和热熔回收。前者是将经粉碎后的废沥青混凝土冷溶铺在下层，再在其上铺设新沥青混凝土路面；后者是将经粉碎后的废沥青混凝土作为部分骨料掺入新沥青混凝土中，制成再生沥青混凝土。废沥青混凝土的掺入量可达15%～50%（重量比）。再生沥青混凝土的质量受废沥青混凝土的质量和掺入量的影响较大，废沥青混凝土的质量越好，可掺入的比例越大。含有过度变质沥青的再生骨材不能用于制造再生沥青混凝土。制备再生沥青混凝土的加热混合方式和装置如下。

① 生骨材与新骨材一起混合加热，或者各类骨材分别加热至同一温度后再混合。实现该加热混合方式的装置有两种，一种是筒状干燥混合机械；另一种是分批式混合机械，将再生骨材与新骨材分别加热干燥（或采用两层结构的干燥机）。

② 常温的再生骨料或预加热的再生骨料与高温加热的新骨料用搅拌机一起混合加热。该加热方式多采用分批式加热混合机械。无论哪种方式都必须控制沥青受热温度使其不变质并保证原料的充分混合。另外，再生沥青混凝土的施工方法和普通沥青混凝土相同，因此拆除再生沥青混凝土路面后所产生的废再生沥青混凝土块还可作为再生骨料多次重复使用。

（3）其他建筑垃圾的循环利用 施工中散落的砂浆和混凝土湿润的砂浆、混凝土可通过冲洗，将其还原为水泥浆、石子和砂进行回收，英国已开发了专门用来回收湿润砂浆和混凝土的冲洗机器。另一种方法是化学回收法，它利用聚合物将砂浆、混凝土直接黏结形成砌块。凝固的砂浆、混凝土还可作为再生骨料回收利用。过烧砖、坏砖和建筑物建造、拆除中产生的碎砖块，可作为粗骨料拌制混凝土，也可作为地基、地坪垫层等的材料。

今后建材工业的发展要紧密围绕制造与使用过程中的“绿色化”和“节能”问题，走出一条科技含量高、经济效益好、资源消耗低、环境污染少、人力资源优势得到充分发挥的新型工业化道路。所谓绿色建筑材料，是指在原料的采用、材料的生产、使用和达到服役期限后可回收的全过程中，均有利于资源、能源的有效利用，有利于环境保护及人们身体健康的建筑材料。

建材工业的发展应以建筑业和结构工程的需求为导向，以建筑材料生产与使用中的“绿色化”和“节能”为目标，研究开发先进的建筑材料清洁生产技术，研究开发低品位原料、燃料和替代物以及工业废弃物的资源化技术，研究开发绿色和节能型建筑材料及其制品的生产技术，以信息化提升建筑材料的生产和管理水平。

未来传统建筑材料的国内需求仍将保持适当的增长，但增长的速度会逐渐放慢，新型建筑材料、无机非金属新材料和非金属矿三个产业的主导产品，无论是产品品种还是数量的增长，都将成为建材工业新的经济增长点。

产业结构的调整将是传统产业改造和提高的长期任务，适应市场需求结构的变化，追求产品质量的提高和改善将是建材工业发展要解决的最重要的问题。特别是水泥工业结构的调整和墙体材料工业结构的调整将是产业结构调整的重点。

平板玻璃和建筑卫生陶瓷工业技术装备水平将进一步提高，产品质量逐步接近国际先进水平，有可能在建材工业中率先基本实现现代化，具有积极参与国际市场竞争的实力。

积极扩大建材产品出口，力争成为建材产品的出口贸易大国，将对建材工业发展起到十分重要的作用。在生产能力和水平上，我国将逐渐具备这样的能力，从未来发展趋势看，我国建材工业具有较好的发展前景。

第5章　高分子材料循环利用

5.1　高分子材料概述

高分子材料是以高分子化合物为基材的一大类材料的总称。高分子化合物常简称高分子或大分子，又称聚合物或高聚物，是由一种或多种小分子通过共价键相互连接而成，其形状主要为链状大分子或网状大分子，其最大特点是分子巨大。高分子材料的许多奇特和优异性能，如高弹性、黏弹性、物理松弛行为等都与大分子的巨大相对分子质量相关。

构成大分子的最小重复结构单元简称结构单元，或称链节。构成结构单元的小分子称单体。由一种单体聚合而成的聚合物称均聚物，如聚乙烯、聚丙烯、聚苯乙烯、聚丁二烯等；由两种或两种以上单体共聚合而成的聚合物称共聚物，如丁二烯与苯乙烯共聚合而成丁苯橡胶、乙烯与辛烯等共聚合而成聚烯烃热塑性弹性体等。

按照高分子材料的来源可以分为天然高分子材料、半合成高分子材料和合成高分子材料。

（1）天然高分子材料　天然高分子材料是生命起源和进化的基础。人类社会一开始就利用天然高分子材料作为生活资料和生产资料，并掌握了其加工技术。比如利用蚕丝、棉、毛织成织物，用木材、棉、麻造纸等。

（2）半合成高分子材料　许多天然高分子材料经过人工改性，主要是用化学方法改性，获得新的高分子材料。如把纤维素用化学反应的方法改性获得硝基纤维素、醋酸纤维素、羧甲基纤维素、再生纤维等。

（3）合成高分子材料　合成高分子是指从结构和分子量都已知的小分子原料出发，通过一定的化学反应和聚合方法合成的聚合物，如聚乙烯、聚丙烯、聚氯乙烯、涤纶、腈纶、丁苯橡胶、氯丁橡胶、顺丁橡胶等。将得到的聚合物再经化学反应方法加以改性，则获得改性合成高分子材料。如把聚醋酸乙烯醇解，获得了聚乙烯醇。氯化聚乙烯、氯磺化聚乙烯、氯化聚氯乙烯、强酸性阳离子交换树脂、ABS树脂也属于这一类。

按照高分子材料的性能和用途，合成高分子主要可以分为橡胶、纤维、塑料三大类，常称之为三大合成材料。合成橡胶的主要品种有丁苯橡胶、顺丁橡胶、氯丁橡胶、异戊橡胶、丁基橡胶和乙丙橡胶。合成纤维的主要品种有涤纶、锦纶、腈纶、维纶和丙纶。塑料还可分为热塑性塑料和热固性塑料，前者为线型聚合物，受热时可熔融、流动，可多次重复加工成型，主要大品种有聚乙烯、聚丙烯、聚氯乙烯和聚苯乙烯；后者是体型聚合物，在加工过程中固化成型，此后不能再加热塑化、重复成型，主要大品种有酚醛树脂、不饱和聚酯、环氧树脂。此外，聚合物作为涂料和黏合剂的使用越来越广泛，也有人将它们单独列为两类。所以按聚合物的应用分类应包括上述五大类合成材料。近年来，着眼于它所具有的特定的物理、化学、生物功能的功能高分子也已成为新的重要一类。

人类从远古时期开始就已经使用如皮毛、棉花、蚕丝、纤维素、树脂、天然橡胶、木材等一些天然高分子材料。

随着天然高分子应用领域的不断扩大，人们对它的研究也在不断深入。1839 年发明了橡胶的硫化，1892 年确定了天然橡胶的干馏产物，直到 20 世纪初才开始了合成高分子的工业化开发。1907 年第一个合成的高分子材料酚醛树脂诞生了，随后又开发了氨基塑料，标志着热固性塑料的开始。1930 年大分子学说的发表为高分子材料的合成奠定了理论基础，极大地推动了高分子材料工业的发展，新的高分子材料也不断问世并工业化。特别是 1948 年出现的机械共混法生产的 ABS 是第一个高分子合金材料，这标志着高分子材料的开发从此开辟了新的路线。20 世纪 70 年代以后是高分子材料迅速发展时期，1999 年全世界高分子材料的消耗量约为 1 亿 8 千万吨，体积已经超过金属材料，成为材料领域之首。同时通过化学改性、物理改性、化学-力化学改性等手段赋予材料新的性能，为新材料的开发提供了新的途径。如纳米增强技术、橡胶和塑料的机械共混、纤维增强的高分子基复合材料等。除此之外，功能高分子、智能高分子也成为研究热点。从第一个合成高分子材料的工业化，以及对高分子材料从科学和工程意义上进行研究和被社会承认，距今不过 100 年。但是高分子材料的出现，却给材料领域带来了重大变革。

合成高分子材料在给我们的生活带来方便的同时，也给环境带来了巨大的压力。因此，废旧高分子材料的处理成为固体废物管理和处理的重要工作。处理得好，可以为人类造福；处理得不好或不处理，会给环境造成严重污染。而废弃高分子材料的回收利用因环境友好，符合可持续发展战略，引起了全人类的关注。

5.2 废旧高分子材料处理处置

5.2.1 废旧高分子材料来源

(1) 生产过程中产生的废料

① 黏附料：聚合过程中从反应釜内壁和搅拌器上刮削下来的黏附料，是由于一些聚合物不溶于其单体的聚合过程而产生。黏附物的产生既不利于热量传递，影响散热和聚合过程控制，又会影响下一批树脂质量，必须清除并加以回收。

② 不合格料：聚合过程中由于合成条件的变化或合成原料的突然变化引起聚合物的质量问题，致使形成聚合物废料。

③ 落地料：产生于运输、贮存、包装过程中。

④ 过渡料：产生于连续聚合过程中（如 PE、PP），当需要更换产品牌号时，在两种牌号之间会产生过渡料，这种既含 A 又含 B 的树脂，既不能作 A，又不能作 B 的物料，即为过渡料。

⑤ 齐聚物：生产产品过程中形成的某些低分子副产物，如采用某种生产方法生产 PP 时会形成 5%～10%非结晶的（无规）聚丙烯（APP），制造 PE 时会产生 2%～3%的低聚物。

(2) 加工过程中产生的废料 主要指加工过程中产生的废品、边角料、试验料等，如注塑成型时产生的飞边、浇口和流道；热压成型和压延成型产生的切边料；中空制品成型的飞边；机械加工成型时的切屑等。另外，在合成纤维厂熔融抽丝生产过程中也产生相当数量的废纤维和废树脂。

(3) 使用过程中产生的废料　这是废旧高分子材料中最主要部分，通常所指的环境污染及循环利用主要指这一类。其中一般废旧高分子材料（以包装材料为主）约占55%，产业形成的废旧高分子材料约占45%。这一类废旧高分子材料主要以有机固体废物出现，占全部废弃物的2/5。其主要分布在以下领域。

① 工业领域：在化学工业上用高分子材料做防腐材料，如电解槽、管道、阀门、泵、风管、污水处理设备等。用泡沫材料做保温隔热材料。在建筑工业上用作涂料、塑料门窗、下水道、地板等。在电子电气行业用作绝缘材料、电线电缆、开关、插座、接线板以及冰箱、电视机、洗衣机、计算机等电器元件或外壳等。在交通运输上用作汽车、火车、轮船等的装饰装修、座椅及卧具等，其中汽车的废旧高分子材料占相当大的比重，美国在20世纪90年代初即达200万吨，目前汽车塑料用量已达123kg/辆（表5-1）。

表5-1　部分产品中的塑料用量

产品	塑料用量/(kg/件)	产品	塑料用量/(kg/件)	产品	塑料用量/(kg/件)
汽车	123	吸尘器	2	除草机	1
冰箱	18	录像机	2	电话	0.2
电视机	4.5	办公装备	2	电吹风	0.1

② 农业部门：在农业上主要用作农地膜和棚膜，约占总塑料产量的15%。此外还用作农用器具，如喷雾器、输水管等，以及包装编织袋、塑料绳索、网具等。

③ 商业部门：商业上应用最多的是包装材料，如包装袋、包装箱、捆扎带、防震泡沫等。其次是食物的盛装容器，如食品盒、饮料瓶、盘、碟、容器等塑料杂品，我国每年使用的PS泡沫塑料快餐盒就达70亿个。

④ 日用品：这一类所占比重较大，发达国家约占生活垃圾的7%，我国某些城市也达6%。其品种杂，涉及包装材料、食物盛装容器、家用电器、家具、餐具、生活用品甚至装修装饰材料等各个方面。

5.2.2　废旧高分子材料造成的环境问题

高分子材料一方面是社会经济发展的物质基础；另一方面又是资源、能源消耗和污染排放的大户，高分子材料与环境如何协调发展的问题日益受到人们重视。高分子材料的环境问题可以从生产过程、加工过程、燃烧及废弃四个方面加以分析，见表5-2。

表5-2　高分子材料的环境问题

项目	实　例
生产过程中的问题	有毒原材料；采用有毒原料的生产方法；废液；废弃物
加工过程中的问题	重金属添加剂；做发泡剂的氟氯烃；石棉的致癌性；残留单体；增塑剂
燃烧的问题	燃烧性；燃烧时的发烟性；燃烧时产生的有毒气体
废弃物的问题	焚烧；填埋；回收；再生利用

高分子材料的环境问题可归纳为两大类：一是生产和使用过程中的问题，主要是三废等有害物质的产生及其对环境和人类的影响；二是废弃物的循环利用问题，主要涉及固体废物的回收、处理、再生利用，这既是改善环境的需要，也是资源再次利用的需要。其中废旧高分子材料所引起的环境问题是高分子材料所带来的最为严重的环境问题，造成了全世界范围的环境污染。从废旧高分子材料的来源来看，高分子材料废弃物品种繁多、数量巨大，大量的废旧高分子材料带来了严重的环境问题。

① 绝大部分不能自然降解、水解和风化。废旧高分子材料中主要为一次性包装物和农用膜，其主要原料为PE薄膜，这种材料长久埋在地下都不会降解。特别是残留于耕地的农膜和地膜不仅造成土地板结、妨碍作物根系呼吸和吸收养分、使作物减产，而且残膜中的某些有毒添加剂和聚氯乙烯，会先通过土壤富集于蔬菜和粮食及动物体，人食用后直接影响人类健康。

② 一般高分子材料废弃物在紫外线作用或液体溶解或燃烧时，排放出CO、氯乙烯单体(VCM)、HCl、甲烷、NO_x、SO_2、烃类、芳烃、碱性及含油污泥、粉尘等，污染河流和空气，严重地威胁人类的生存环境。

③ 高分子材料的原料70%以上来源于石油，以生产1kg高分子材料平均消耗3升石油估算，年产700万吨高分子材料意味着年消耗了21亿升石油。而石油作为一种不可再生的资源，近年来，其有效开采储量迅速下降。由此可见，高分子材料的基础原料面临着资源消耗严重的问题。

5.2.3 废旧高分子材料处理处置方式

(1) 填埋　填埋是最容易和最古老的处理固体垃圾的方法。它占用土地和空间，所需的运输、堆积费用逐年提高；不可避免地会产生有毒有害气体或液体，其逸出或渗出将会污染环境；而且也意味着把可利用的资源全部浪费；再者高分子材料在垃圾堆中不易腐烂分解(一些高分子材料的完全分解需200年以上)。因此，填埋对废旧高分子材料来说不是一种科学的方法。

(2) 焚烧　焚烧是把废旧有机高分子材料送入燃烧炉进行燃烧，或取热或发电。聚烯烃的热量值很高，为43.3MJ/kg，接近于燃料油热量值44.0MJ/kg，比煤29.0MJ/kg高，比木头16.0MJ/kg或纸14.0MJ/kg要高得多，因而能量回收是废旧高分子材料利用的又一途径。但是焚烧会产生许多有毒物质，如二噁英、呋喃类化合物，同时产生大量二氧化碳，会污染环境。要消除或减少焚烧产生的污染需昂贵的燃烧器和废气处理设备，代价很高，因此焚烧处理在一定程度上受到限制。

(3) 循环利用　处理废旧高分子材料有效的、比较科学的方法是循环利用（图5-1）。高分子材料使用周期不长，其废弃物特别是一次性塑料制品成为城市垃圾的重要来源。循环作为废旧高分子材料利用的有效途径，不仅使环境污染得到妥善解决，而且资源得到最有效的节省和利用。各个国家城市废弃物的塑料含量和处理情况见表5-3、表5-4。

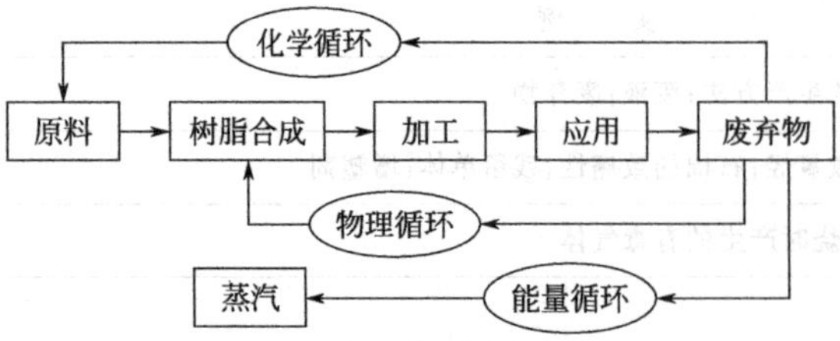

图5-1　高分子材料循环利用示意图

表 5-3　各个国家城市废弃物的塑料含量和处理情况

国家	废弃物中塑料含量（质量分数）/%	不同处理方法所占比例/%		
		填埋	焚烧	堆肥、循环及其他
美国	9	73	14	13(2+11)
日本	6	29	68	3
加拿大	7～10	90	10	0
德国	5.5	60	35	5
英国	6	95	5	0
法国	5.5	55	35	10
奥地利	7	85	15	0
比利时	6～7	60	40	少
丹麦	4.5～6	35	45	少
芬兰	5	主要	<10	—
希腊	7	100	0	0
荷兰	6.5	60	35	5
意大利	6～10	75～80	10～15	10
卢森堡	6	25	75	0
西班牙	6	80	8	12
瑞典	6～10	35	50	15
瑞士	6～10	15～25	75～85	0
中国	—	多	非常少	少

表 5-4　世界各国废塑料处理情况

项目	美国	日本	欧洲各国
塑料总量/万吨	2400	1100	2700
塑料废弃物/万吨	1180	490	1250
废弃物占总量的比例/%	49	44	46
其中：回收再生/%	3	12	8
土地填埋/%	80	23	64
焚烧/%	17	65	29

5.3　废旧高分子材料预处理

5.3.1　收集

收集是废弃物集中处理的前期工作，其目标是要根据废弃物的特性、数量及处理利用的方向和技术要求，分别进行收集。废旧高分子材料基本上有两大来源：工厂废料和使用、消费中产生的废料。只有弄清废旧高分子材料的来源，才能有针对性地加以有效回收。

（1）工厂废料　在高分子材料的生产和加工成型过程中，不可避免地出现黏附料、落地料、不合格料以及废品、边角料、试验料等。这些废料由于所属品种清楚，不需鉴别与分类，而且也较少污染，一般可直接从工厂里收集，仅经过破碎即可利用。通常按适当比例(依据对制品性能影响情况决定掺用配比）加到同品种新料中再成型。

(2) 使用、消费中产生的废料　在使用、消费和流通过程中产生的废料是废旧高分子材料的主要来源。从我国目前回收利用这类废料来看，与其说再利用困难，不如说回收的工作更难。相对而言，回收此类废料有两大难点：一是农业领域广泛使用的农用膜，它用量大、分布广、回收难，残留在土壤中对农田危害严重；二是日用杂品和家庭消费产生的废料常与其他生活垃圾混杂为城市垃圾，其分离回收工作难度大。解决该问题的有效措施应当立足于废弃物的分类收集。分类收集是指按废物组分收集的方法，如塑料、玻璃、纸、金属、电池等。这种方法可以提高回收物料的纯度和数量，减少需处理的垃圾量，因而有利于废物的进一步处理和再利用，并且能够较大幅度地降低废物的运输及处理费用。

5.3.2 标识和识别

由于塑料品种及其制品形式的多样性，要快速有效地识别回收废料并不容易。为解决这一问题，中国轻工总会制定了 GB/T 16288—1996 塑料包装制品回收标记，如图 5-2 所示。早在 1988 年，美国塑料协会（SPI）规定在制品表面印有明确的标识，见表 5-5。现在也可用 ISO 标准来标记塑料零件，即取消了 SPI 三角箭头内的数字，增添了公认的聚合物类型缩写字母。

一般有符号标识的高分子材料可直接加以识别，但无标记时识别就有困难，可采取其他方式加以识别。识别高分子材料的方法很多，常用的简便方法有：①经验法，根据接触表面、表观和透光性、硬度等加以识别；②燃烧法，根据其可燃性、火焰光泽、烟的浓淡、自熄情况、味道等加以识别；③溶解法，用一系列溶剂对塑料进行溶解，视其溶解情况加以识别。还可以根据不同高分子材料的密度不同，通过漂浮来识别，或者通过聚合物的熔化，测定其软化点或熔点来判断。此外，对于共混物和共聚物可以采用仪器分析方法，包括红外光谱、核磁共振、热分析、热化学分析等。

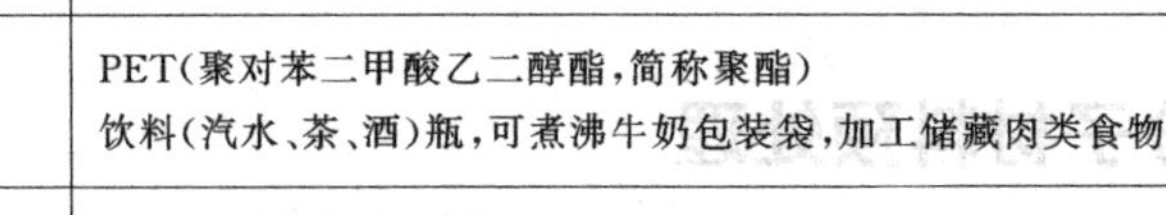

图 5-2　GB/T 16288—1996 塑料包装制品回收标记示意图

表 5-5　塑料制品的 SPI 标识

标识符号	树脂种类及使用范围
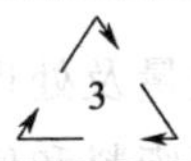 1	PET(聚对苯二甲酸乙二醇酯,简称聚酯) 饮料(汽水、茶、酒)瓶,可煮沸牛奶包装袋,加工储藏肉类食物的包装膜、保鲜膜
 2	HDPE(高密度聚乙烯) 牛奶瓶、洗涤剂瓶、油瓶、玩具、塑料袋
3	PVC(聚氯乙烯) 食物包装材料、植物油瓶、泡罩型包装材料
4	LDPE(低密度聚乙烯) 可收缩性包装材料、塑料袋、衣服包装袋

续表

标识符号	树脂种类及使用范围
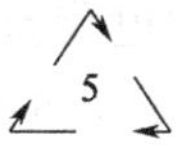	PP(聚丙烯) 人造黄油瓶、瓶盖、可取代玻璃纸的包装材料
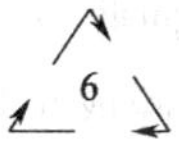	PS(聚苯乙烯) 蛋箱、快餐托盘、可任意处置的塑料银色包装袋
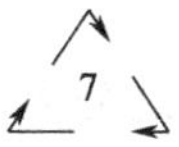	其他树脂包装容器

5.3.3 分离

高分子材料的识别是分离的前提条件和手段，分离是目的，废旧高分子材料的分离是其再生利用的关键问题之一。分离基本上有两个目的：第一，废旧高分子材料来源复杂，其中经常混有金属、沙土、织物等各类杂物，这些杂物若不被分离出去，不仅影响再生制品的外观和力学性能，而且会严重地损伤设备，特别是金属和石粒；第二，混杂在一起的各类制品大多是不相容的，混合后的再生制品容易出现分层，发生“貌合神离”现象，制品性能低劣。如 PVC 树脂制品与 PE 树脂制品，前者是极性大分子，后者是非极性烃类树脂，两者在热力学上是不相容的。一般不同树脂的塑料制品熔点或软化点相差较大，难以在同一加工温度下加工成型，如 PP 树脂制品与 LDPE 树脂制品，前者熔点在 170℃左右，后者在 115℃左右，若在较低的温度下加工则 PP 难以塑化，而在高于 PP 熔点温度下加工又会使 LDPE 发生热氧老化。此外，从熔体流变性能上看，因两者的表观黏度相差过大，难以实施均匀机械共混，还会出现“软包硬”现象。所以，在用废旧高分子材料生产制品时，不仅要把杂质清除掉，同时也要把不同品种的高分子材料分开，这样才能得到优质再生制品。

所谓分选是根据物质的粒度、密度、磁性、电性、光电性、摩擦性、弹性以及表面润湿性等的差异，采用相应的手段将其分离的过程。分选的方法很多，有筛选（分）、重力分选、磁力分选、电力分选、光电分选、摩擦分选、弹性分选和浮选等。一般废旧物品首先要进入材料恢复厂进行分选，把玻璃物品、塑料物品、金属物品等分离开来。对于废旧高分子材料的分离工作，目前国内外已做了不少的研究和开发工作，有较多的成果，以下对常用的分离方法加以介绍。

(1) 手工分离　手工分离是最简单、历史最悠久的方法。对高分子材料正确分离的前提是操作者能识别高分子材料，主要的判断依据有两条：①根据厂家在制品上刻印的高分子材料标识进行分类（如图 5-2，表 5-5 所示）；②根据经验判断已知物品由什么材料制造，按物品进行分类。

手工分离虽然比机械分离效率低，但有些分离效果是机械法难以替代的，如深色制品与浅色制品的分离等。手工分离的优点是：①较容易将热塑性废旧制品与热固性制品（如热固性的玻璃钢制品）分开；②较易将非塑料制品（如纸张、金属件、绳索、木制品、石块等杂物）挑出；③可分开较易识别而树脂品种不同的同类制品，如 PS 泡沫塑料制品与 PU 泡沫塑料制品、PVC 膜与 PE 膜、PVC 硬质制品与 PP 制品、PVC 鞋底与 PE 改性鞋底等。手工分离存在一定的局限性，对于无标识的高分子材料，一般很难识别，而依经验分类准确度难以保证。如遇到难分辨的制品时可按上述识别方法正确区分开来。

(2) 静电分离　静电分离的基本原理是根据不同高分子材料静电发生状态和带电差异来进行分选。具体地说，将粉碎的废旧高分子材料加上高压电使之带电，再利用电极对高分子材料的静电感应产生的吸附力进行筛选。一般来说，不同废料经摩擦产生的电荷差异越大，其分离效果越好，反之分离难度越大。静电分选法可用于区分 PVC 和金属（如铜、铝箔等），也可使 PVC 从 PE、PS、纸和橡胶中分选出来，得到单一化的 PVC 回收物。因为湿度和被分离物的重量对分离效率有影响，所以，被分离物应当干燥，且应破碎成小块（一般应为直径小于 1cm 的碎块），然后通过高压电极进行分选。

(3) 密度分离　利用不同密度的聚合物在特定密度液体中的沉浮特性使之分离，习惯上称为比重法。但比重法受物料形状和大小的影响，且塑料表面不易为水所润湿，会带着气泡而浮于水表面。因此有时用表面活性剂做预处理，使塑料充分润湿。另一方面，亦可利用塑料粒子对液体的“润湿”差别来加以分离。比重法适用于密度相差较大的废材料，如铝箔塑料和不同塑料的分离。通过浮沉分离器能将 LDPE、HDPE、PVC、PP 、PS 进行分离，其流程如图 5-3 所示。

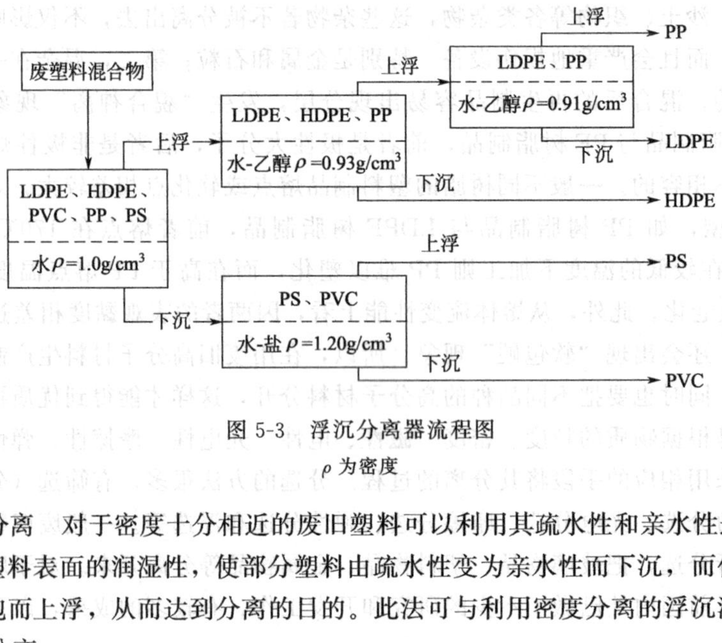

图 5-3　浮沉分离器流程图

ρ 为密度

(4) 漂浮分离　对于密度十分相近的废旧塑料可以利用其疏水性和亲水性进行分离，即利用润湿剂改变塑料表面的润湿性，使部分塑料由疏水性变为亲水性而下沉，而仍为疏水性的塑料表面附着气泡而上浮，从而达到分离的目的。此法可与利用密度分离的浮沉法相结合进行。

(5) 流体分离

① 风筛分离。将经过粉碎的废旧塑料从上方投入风筛分离装置，使空气从横向或纵向吹过，利用不同塑料和杂质对气流的阻力和自重形成的合力之差将不同种塑料分开，也使砂石等杂质从塑料中分离出来。此法适合于密度差较大的塑料之间的分离。风力分离装置有三种：立式、横式和涡流式。

图 5-4　立式风力筛选装置

a. 立式风力筛选装置。如图 5-4 所示，空气从其底部吹入，材料则浮在筒体的中部被分离开来，不同形状和不同风速的设备可将材料按种类分开，轻者由顶部送出，重者则从底部排出。

b. 横式风力筛选装置。如图 5-5 所示，为一矩形容器，分有数个料斗，空气从侧向水平吹入，废料从上方投入，重者落入近处料斗，轻者被气流吹向较远处落入料斗，自底部排出。

② 旋流分离。除了通过风力来分离，也可利用液体介质如水等进行分离。根据高分子材料对水的亲和性不同及其密度差别，通过水流等机械力作用将高分子材料在水中分散成旋流，密度大的在下，密度小的在上，从而加以分离。除亲水性、密度差异外，形状大小也会影响分离效果。此法适合于分离多种高分子材料的复合物、多种高分子混合物，其设备如图5-6所示。

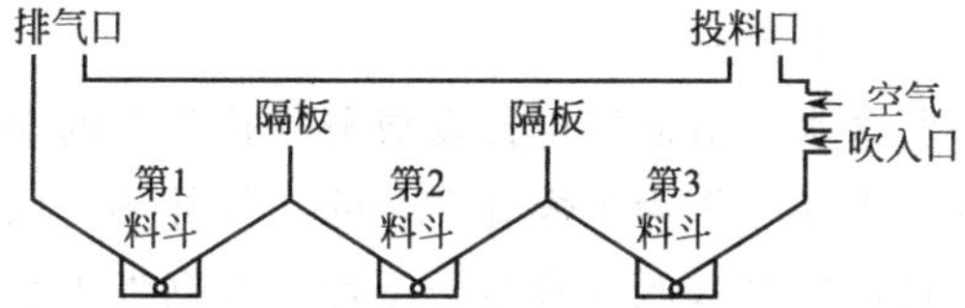

图5-5 横式风力筛选装置

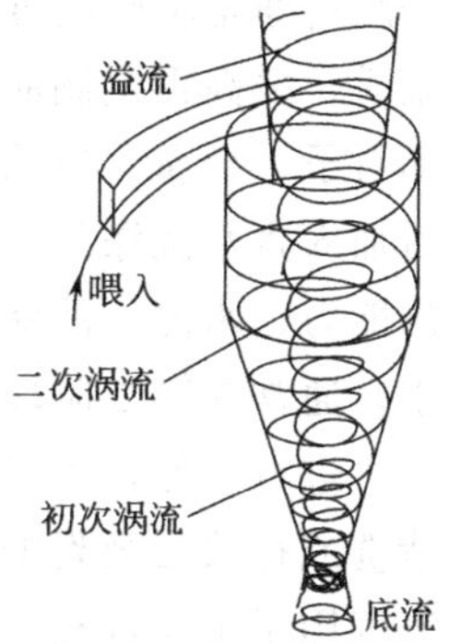

图5-6 水力旋流器

(6) 冷热分离

① 冷分离法。利用高分子材料不同的脆化温度，通过液化气体（如液氮）气化时吸热将废旧高分子材料混合物分阶段逐级冷却，冷到一个阶段就将混合物料送入粉碎机进行一次粉碎，然后进行分离；再进行第二阶段冷却、粉碎，粉碎后再分选，依次逐步进行，可把混合物料粉碎分离。

② 热熔分离法。利用废旧高分子材料对热敏感程度如热收缩、软化或熔化温度之差来分离。如PE和PET热熔温度相差很大，加热时PE先软化，控制温度并通过过滤网可将聚合物分离开来。但对熔点或软化点相近的聚合物的分离就有困难，对热固性高分子材料，此法不适用。

(7) 溶解分离 高分子材料的溶解性和溶解度有较大的差别，利用材料的溶解性及溶解度可将聚合物分开。分离方法有两种：①采用不同的溶剂。不同的高分子材料用不同的溶剂，利用不同溶剂可将高分子有选择地萃取出来。②采用同一种溶剂，使用不同的温度。不同高分子材料溶解度随温度改变，在不同温度下可将不同高分子材料萃取出来。

5.3.4 粉碎

高分子废料的形状复杂，大小不一，尤其是一些体积较大的废弃制品，必须经过粉碎、研磨或剪切等手段，将其破碎成一定大小的碎片或小块物料，方可进行再生加工或进一步模塑成型制成各种再生制品。对某些污染程度不大的生产性废料，如注塑、挤出加工厂产生的废边、废料、废品，一经粉碎后即可直接回用。

所谓粉碎是指从外部对物体施以压（压缩）、打（打击）、切（切割、剪切）、摩擦等力，使物体破碎、尺寸变小等操作。常温破碎具有噪声大、振动强、粉尘多、消耗动力大等缺点。为了解决这些问题，开发了冷冻低温破碎技术。利用材料在低温下能发生脆化、破碎容易等特点，尤其对于常温下难以破碎的固体废物，如轮胎、家用电器等特别适用。日本对低温破碎进行了实验，发现与常温干式破碎相比，动力消耗减到1/4以下，噪声约降低7dB，振动减轻1/5～1/4，可望获得实际应用。此外，与常温破碎比较，低温破碎有其特点：①不同材质的脆化温度不同，因而在操作温度下不同材质有不同的破碎程度（或块度），但同一种材质破碎后的粒度较均匀，可进一步筛分，这样含有复合材质的废物料可以有效地粉碎分离；②破碎后的形状适合于进一步分离。

5.3.5 清洗和干燥

高分子废料通常不同程度地沾有各种油污、灰尘、泥沙和垃圾等，必须进行清洗以除去这些外部杂质，提高再生制品的质量。一般来说，高分子废料经粉碎后，要进行预洗，以除去污染物如石子、金属、玻璃等杂物，避免在随后的处理如造粒过程中损坏切割刀刃或机械设备。之后加入含水洗涤剂，进行湿磨，一边粉碎一边洗涤，进一步洗净。洗涤剂的浓度、混合操作的能力、水温、洗涤时间等都会对洗涤效果产生影响。第二次洗涤的水可作为第一次洗涤用水，通常在第二阶段要除去标签纸并分离开。

洗涤后再进行干燥，干燥是将材料中所含水、溶剂等可挥发成分气化除去的操作，经高分子废料清洗或存放后吸附的水分都要进行干燥。作为干燥介质，除空气外还可用氮气等惰性气体，氮气用于干燥含有大量溶剂的物料，也可减压（真空）干燥。根据加工目的、材料特性及形态的不同，可选用不同的干燥设备。对于刚从水溶液中取出的废料，可用旋转式甩干机干燥后再用其他干燥机进一步干燥。

5.4 废旧高分子材料循环利用理论基础

废旧高分子材料循环利用技术可分为三类：一是通过原形（如旧货商店的物品）或改制利用，以及通过粉碎、热熔加工、溶剂化等手法，使高分子材料废弃物作为原料应用，将此称为材料循环或物理循环；二是通过水解或裂解反应使高分子材料废弃物分解为初始单体或还原为类似石油的物质，再加以利用，将此称为化学循环；三是对难以进行物理循环或化学循环的高分子材料废弃物通过焚烧，利用其热能，将此称为能量循环。废旧高分子材料的循环利用途径如图 5-7 所示。

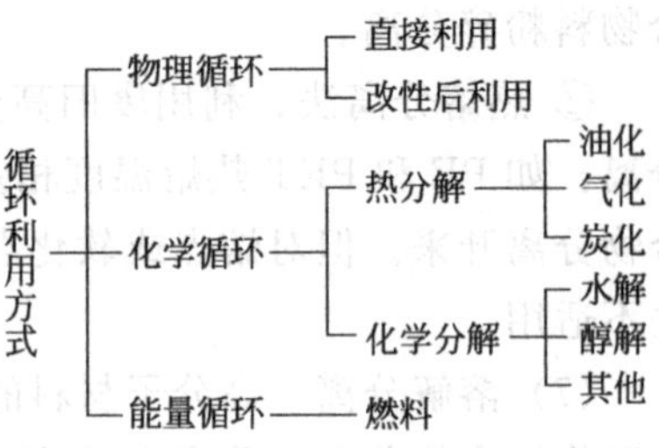

图 5-7 废旧高分子材料的循环利用途径

5.4.1 物理循环

物理循环一般指的是废旧材料的再加工过程，可用图 5-8 来表示，其中一个重要的单元操作是分离，也是材料利用成功与否的一个关键过程，尤其对混有多种高分子材料的废料显得更重要。

在实际的再生循环过程中，由于杂质的混入、加工过程的变质、老化等原因，不可避免

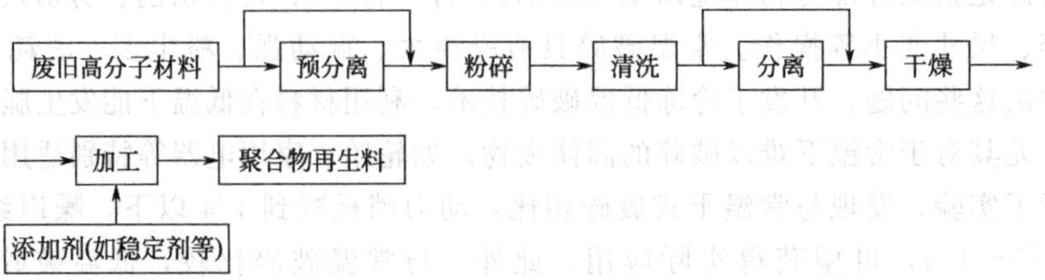

图 5-8 物理循环示意图

地带来某些性能的劣化。因此由石油原料合成的新塑料主要应用于性能要求特别严格的制品，而将回收材料作为原料时，一般用于特性要求较不严格的制品。例如，新合成的聚乙烯塑料第一次用于电线等电气制品或充气薄膜，第二次用于保护管或型材，第三次则用于模板或内装饰材料等。而目前实际使用的都是新塑料，这就造成了不必要的环境代价。

5.4.1.1　高分子材料物理循环技术

（1）直接利用　直接利用是指不需经过各类改性，将废旧高分子材料经过清洗、破碎、塑化直接加工成型或通过造粒后加工成型。直接利用也包含加入适当助剂组分（如稳定剂、防老剂、润滑剂、着色剂等）进行配合，加入助剂仅可起到改善加工性能、外观或抗老化作用，并不能提高再生制品的基本力学性能。这种直接利用的主要优点是工艺简单、再生制品的成本低廉；其缺点是再生料的制品力学性能下降较大，不宜制作高档次的制品。依据废旧塑料的不同来源和不同的使用目的，可分为三种直接利用的方法：

① 不需要分拣、清洗等预处理，直接循环回用或破碎后塑化成型。属于这种再生利用范围的回收塑料，一是制品生产过程中产生的边角料或不合格品，它们大都破碎后掺入新料中使用，但对力学性能要求苛刻的制品，再生料仅能加工成其他制品来利用；二是虽经使用，但无污染，也未混入他类杂物的塑料制品（如商业部门回收的包装材料、防震材料等）。

② 必须经过清洗、干燥、破碎后造粒或直接塑化成型。如回收的异型材、汽车配件、家电配件和外壳、农膜等废旧塑料制品。有的还需鉴别其基质树脂的种类。

③ 直接利用前需特别预处理。如电缆护套的剥离采用远红外线灯装置，它可以从内部加热，比过去使用的电炉法耗电量少，且所制塑料的再生制品质量也得到保证。又如对于各类泡沫塑料制品需经脱泡减容处理，现在已有专用脱泡机问世。

（2）改性利用　为提高通过处理得到的再生料的力学性能，需对其进行各种改性，经过改性的再生料的某些力学性能能达到或超过原制品的性能。改性利用的缺点是工艺复杂、制品成本高；优点是制品使用价值高。改性利用可以分为以下两种。

① 物理改性法

a. 活化无机粒子填充改性。这种改性是通过在废旧高分子材料中加入适量的经表面活性剂活化处理的无机粒子，从而提高制品的强度。常用的无机粒子有碳酸钙、硅灰石、滑石粉、云母、高岭土、白炭黑、钛白粉、炭黑、氢氧化铝等。

b. 加入弹性体的增韧改性。通常使用弹性体，或用共混热塑性弹性体进行增韧改性，近年来又出现了有机硬粒子增韧的新途径。该方法可以改善再生塑料的耐冲击性能。

c. 混入短纤维的增强改性。经纤维增强改性后，复合材料的强度和模量可以超过原来的树脂的强度和模量。

d. 与另外一种树脂并用的合金化改性。采用合金化技术制得的改性共混物比用低分子助剂进行改性更持久，可以保持塑料制品的长期使用效能。制备再生塑料合金还具有特殊的实际意义，如回收的塑料制品分拣困难，可以直接实施熔融共混并有选择性地加入某种再生塑料，以调节再生塑料合金的性能，这不仅能降低再生塑料制品的成本，而且可提高其力学性能并充分发挥回收利用的再生塑料的使用价值。

② 化学改性法

a. 交联改性。交联后可提高聚烯烃的拉伸强度和模量、耐热性能、尺寸稳定性、耐磨性等。交联改性可通过化学交联和辐射交联法制得。化学交联工艺比辐射交联工艺简单易行，而辐射交联工艺需要特种辐照装备，因此，化学交联更具有适用性。化学交联所用交联剂为有机过氧化物，如过氧化二异丙苯、过氧化二叔丁基和 2，5-二叔丁基-2，5-二甲基乙烷（俗称双二五）等。聚合物的交联度可通过加交联剂的多少或辐照时间的长短来控制。交联度不同，其力学性能也不同。轻度交联的聚烯烃具有热塑性，易于加工；交联度高的聚合物，由于形成三维网结构的聚合物，所以成为热固性材料。目前比较先进的技术是利用反应挤出技术，聚合物和交联剂在双螺杆挤出机中混合和交联反应，并直接制成产品。

b. 接枝共聚改性。接枝改性聚丙烯（GPP）的目的是为了提高聚丙烯与金属、极性塑料、无机填料的粘接性或增容性。所选用的接枝单体一般为丙烯酸及其酯类、马来酰亚胺类、顺丁烯二酸酐及其酯类。接枝共聚方法有辐射法、溶液法和熔融混炼法。辐射法是在特种辐照装备下进行接枝共聚；溶液法是在溶剂中加入过氧化物引发剂进行共聚；熔融混炼法是在过氧化物存在下使聚丙烯活化，在熔融状态下进行接枝共聚。

c. 氯化改性。聚乙烯（粉状）树脂进行氯化可制得氯化聚乙烯（CPE），采用类似方法可对废旧聚乙烯进行氯化改性。氯化聚氯乙烯（CPVC）是聚氯乙烯（PVC）的氯化产物。对回收 PVC 再生料的氯化改性与 PVC 的氯化改性一样，有两个目标：一是提高 PVC 的连续使用温度，普通 PVC 连续使用温度为 65℃左右，而聚氯乙烯连续使用温度可达 105℃；二是氯化改性后可用做涂料和胶黏剂。此类氯化改性采用溶液氯化工艺，其产品俗称过氯乙烯。

5.4.1.2 物理循环的基本手段

物理循环的基本手段有机械法再生、溶剂法再生和热熔加工法再生。

机械法再生技术方法为：①将简单分离的物料输入专用生产线，切碎、筛选和烘干；②科学分离和清洗；③制成粒料或粉料，作为再生原料出售或利用。该技术适用于所有热塑性废塑料（如 PVC、PE、PET 等）和热固性废塑料（如聚氨酯 PU、酚醛树脂 PF、环氧树脂和不饱和树脂等）及废橡胶等的再生利用。

溶剂化再生技术方法为：①将高分子材料废弃物切片、水洗；②加入合适溶剂使其溶解至最高浓度；③加压过滤除去不溶解成分；④加入非溶剂使残留在溶液中的聚合物沉淀；⑤对沉淀的聚合物进行过滤、洗涤和干燥。该法的关键是要根据不同高分子材料选择最佳溶剂和非溶剂，如：PP 的最佳溶剂是四氯乙烯、二甲苯，非溶剂是丙酮；PS 泡沫塑料的最佳溶剂是二甲苯，非溶剂是甲醇；PVC 的最佳溶剂是四氢呋喃或环已酮，非溶剂是乙醇；尼龙 6 废纤维可先溶解于 135～143℃的甲醇和水的混合物中，再冷却至 80～85℃即可得到尼龙 6 的精细粉末。用过的溶剂/非溶剂可通过分馏处理加以分离，以便循环再用。由于溶剂法能获得最佳性能的高分子再生原料，所以被广泛用于 PS、PP、PVC 及尼龙 6 等废塑料的再生。

热熔加工再生技术方法为：①热塑性废塑料经分离、清洗、粉碎、干燥；②通过混合机、单螺杆挤出机或双螺杆挤出机进行熔融加工，挤出造粒，作再生原料出售或直接成型制品。热固性废塑料和橡胶的粉碎料可与热塑性塑料或胶黏剂混合，实现熔融加工。

5.4.1.3 物理循环的工艺和设备

（1）配料　单一高分子在实际过程中的应用是非常少的，一般情况下要加入各种添加剂，以满足材料的使用性能要求。添加剂（又称为助剂）有填料、增塑剂、阻燃剂、交联剂、着色剂、稳定剂（如光稳定剂、热稳定剂）等。利用挤出机或各种混炼机，在原料树脂中混入助剂的操作过程称为配料，有时把异种或同种高分子的混炼也称为配料。

（2）造粒　经过混炼得到的炼成物，为了减小固体尺寸，一般须经造粒或粉碎，以便下一步成型使用。粉碎后的颗粒大小不均，而造粒可得到比较整齐且具有固定形状的粒子。造粒工艺分为冷切造粒和热切造粒两大类，一般不同的塑料品种造粒工艺也不相同，但同种塑料也会因成型设备及工艺的不同而采用不同的造粒工艺。其中挤出造粒是最常见的造粒技术，废料由挤出机熔融或混合，经挤出头挤出条状料，按所需规格直接热切粒或冷却后切粒备用，即将物料制成一定尺寸形状的粒料（常见为圆柱形）。挤出机前端的一个功能部件是粗滤板和滤网，它在废旧塑料的挤出造粒和成型加工中起着重要的作用。

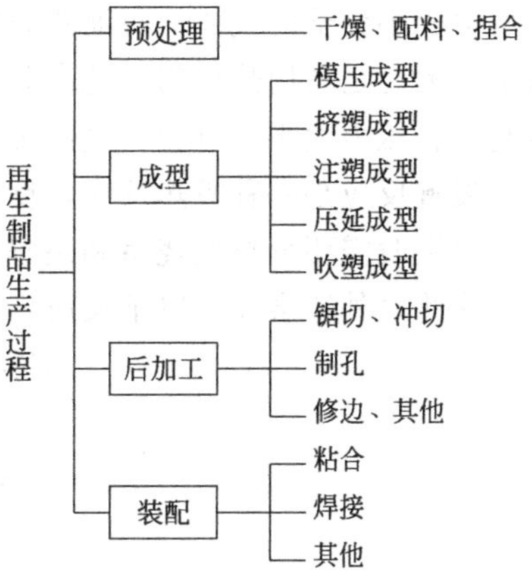

图 5-9　再生塑料制品的生产环节

(3) 成型　再生塑料制品的生产过程可分为如图 5-9 所示的 4 个环节。在这 4 个再生塑料制品的生产环节中，最关键的是成型环节。成型是将再生料（含配合剂、改性剂、改性料）制成所需形状的制品或坯件的过程。回收料的成型加工需经过鉴别、分选、洗净、干燥、粉碎或造粒（有的直接成型不经过造粒工序）等前处理。成型有两种方式：一种是混炼与塑化一步完成，也就是将破碎的废旧塑料与各类助剂（加稳定剂、润滑剂、增塑剂、改性剂等配合体系）经捏合、实施均化后直接成型加工成制品；另一种为均化后造粒，得半成品再生粒料后再加工成型。直接成型因省去造粒工序，省时省电而降低再生制件的生产成本，是值得提倡的生产方法。造粒工艺的优点是各物料混合十分均匀，因为造粒后仍需再塑化成型，意味着增加了一次均匀过程。其缺点是增加了能耗，且因多了一次塑化会促使大分子热老化。使用均化作用好的双螺杆挤出机进行均化可直接成型，从而省去因均化不善而进行的造粒工序。

5.4.2 化学循环

化学循环是目前发展较快的循环方法。废旧高分子材料的性能比原始高分子材料的性能要低，如果进行多次循环，高分子材料的性能变差；有些混杂的高分子材料，不可分离或分离代价很高；某些废旧高分子材料不易进行物理循环，如树脂基复合材料等。在这些情况下，化学循环是一种解决的办法。高分子材料可通过高分子解聚反应、高分子裂解反应、高分子加氢裂解、高分子气化等方法加以利用。高分子经解聚可获得单体及低聚物，可用于高分子材料的再生产。例如，美国利用 PET 瓶甲醇解聚，生产对苯二甲酸二甲酯和乙二醇，可直接进行缩聚制备新 PET，实现了工业化。

5.4.2.1　高分子材料化学循环的原理

化学循环是聚合物材料循环的重要方法之一，它指的是在有氧或无氧条件下经热或水、醇、胺等物质的作用使高分子发生降解反应，形成的低分子量产物有气体（氢气、甲烷等）、液体（油）和固体（蜡、焦炭等），可进一步利用，如单体可再聚合，油品可作燃料，也可进行深度加工。目前化学循环的主要方法是化学降解，化学降解又可分为解聚、热裂解、加氢裂解和气化。

(1) 解聚　所谓解聚就是将高分子材料降解成单体或低分子化合物，可再用于合成高分子等。解聚要求废旧高分子材料比较干净，因此添加剂的除去、单体的纯化成为该技术的关键。

(2) 热裂解　热裂解是在无氧或有氧气氛下大分子热裂解成更小分子的过程，如木料热裂解生成小分子的气体，石油热裂解把分子链较长的烷烃裂解成分子量小的烷烃和烯烃。高分子裂解也是利用热作用，把高分子断裂成低分子产物，产物的组成依赖于裂解条件，如温度高低、压力大小、时间、气氛等。

裂解反应是一种吸热反应，反应需加一定的热量，热可以直接或间接（热交换）提供。间接提供时需要分离燃烧室和裂解室。有机物质一般会裂解产生气体、液体和固体焦炭残留物。除此之外还会发生以下反应：

$$CO+H_2O \longrightarrow CO_2+H_2+Q$$

$$C+H_2O \longrightarrow CO+H_2+Q$$

$$C+CO_2 \longrightarrow 2CO-Q$$

$$C+O_2 \longrightarrow CO_2+Q$$

$$C+2H_2 \longrightarrow CH_4+Q$$

其中，$\pm Q$ 表示吸收或放出热量。裂解反应有一些规律，气氛是 O_2时，气体产物具有较高的热值；当空气作气氛时，会产生氮的氧化物；气氛是水蒸气时，焦炭量会减少，从以上反应可以看到，C 与 H_2O 反应生成一氧化碳和氢气。加料量和粒子的大小均会影响反应速度和产物的分布。粒子越细，反应速度越快，气体产物越多，与此相对应，液体产物和固体产物就越少。裂解反应温度提高将减少固体残留物、水和轻油组分的生成，气体量提高。

(3) 催化加氢裂解　废旧聚合物材料在氢气下裂解称为加氢裂解，一般是在高压（氢气压力 30MPa 左右）、较低温度（小于 500℃）下进行，其裂解产物的纯度优于热裂解产物，可在炼油厂直接精炼，但加氢裂解需要预先对材料进行严格的分离和粉碎，需昂贵的设备投资。高分子材料催化裂解的催化剂主要是能放出氢核的酸性催化剂，分解要在较高温度下进行，高达 500℃，因此催化剂要有耐热性。常用作催化剂的固体氧化物有二氧化硅/氧化铝、人造沸石、二氧化硅/氧化镁、二氧化硅/氧化锆、氧化铝/氧化硼、二氧化硅/二氧化钛、酸性白土和活性白土等，有的还用金属化合物如铁/二氧化硅等。

(4) 气化裂解　气化是指废旧聚合物在很高温度下（高达 1500℃）进行降解，其产物是合成气体如 CO 和氢气，既能燃烧或用于蒸汽发电，又能用作化学合成制备甲醇及有关的产品。关于碳氢化合物和水蒸气的反应很早就研究过，其反应如下：

$$C_mH_n+mH_2O \rightleftharpoons mCO+(m+n/2)H_2$$

最初主要用于制造氢气和水煤气，最近主要用于甲烷化反应：

$$CO+3H_2 \rightleftharpoons CH_4+H_2O$$

高分子材料在一定条件下也能发生类似反应，用于制取甲烷，其催化剂可用耐热良好的催化剂如 MgO、Al_2O_3、SiO_2和硅藻土等。气化裂解是高分子材料在高温（900℃以上）高压下裂解产生气体的过程。

5.4.2.2　高分子材料化学循环技术

一般的化学循环工艺如图 5-10 所示。

化学循环技术有热分解和化学分解两类。热分解根据其产物的不同可分为油化、气化和炭化；化学分解根据其所使用的催化剂或溶剂不同可分为水解、醇解等。

(1) 热分解技术　热分解是指高分子物质在还原性气体气氛中以及高温下分解为低分子的工业气体、燃料油和焦炭的过程。从化学角度看，聚合物热分解的最终产物应当是单体，然而实际上除单体之外还可能有聚合度较低的齐聚物、相对分子量不等的烃类及其衍生物等低分子有机化合物，它们都是高价值的有机化工原料或产品。热分解法适用于聚乙烯、聚丙

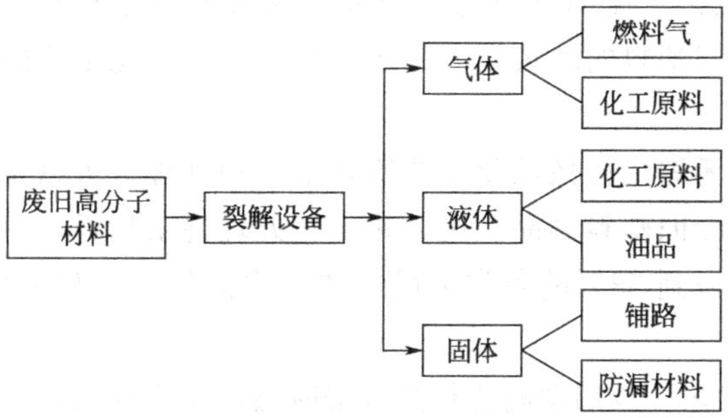

图 5-10　化学循环过程示意图

烯、聚苯乙烯等非极性塑料和一般废弃物中混杂废塑料的分解，特别是塑料包装材料。废旧塑料热分解处理的一般工艺流程见图 5-11。

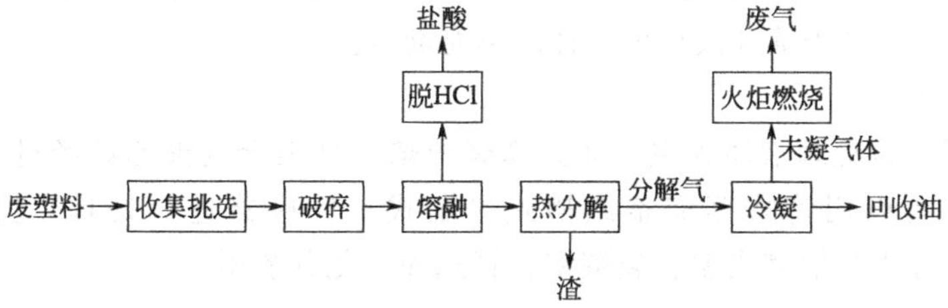

图 5-11　废旧塑料热分解处理工艺流程

塑料的热分解需要专门的设备，操作工艺较复杂。由于塑料是热的不良导体，达到热分解需较长时间或较苛刻的条件。热分解过程中时常产生难以输送的高黏度熔体或液体黏结反应器内壁，且其排出困难。尽管如此，还是开发出了许多不同的工艺和专用设备，并在力图解决可操作性工艺中各具特色。

① 热分解的油化工艺。油化还原技术是指废旧高分子材料经热分解或催化热分解还原为汽油、煤油和柴油等技术。目前废旧塑料的油化法已有槽式法、管式炉法、流化床法和催化法四种，它们的工艺特点见表 5-6。表中所列四种方法的工艺设备可以处理 PVC、PP、PE、PS、PMMA 等多种废旧塑料及其他废旧高分子材料（如废旧轮胎等橡胶制品），所得热分解产物皆以油类为主，其次是部分可利用的燃气、残渣、废气等。

表 5-6　油化工艺中各方法的比较

方法	特点		优点	缺点	产物特征
	熔融	分解			
槽式法	外部加热或不加热	外部加热	技术较简单	加热设备和分解炉大；传热面易结焦；因废旧高分子材料熔融量大，紧急停车困难	轻质油、气(残渣)
管式炉法	用重质油溶解或分散	外部加热	加热均匀，油回收率高；分解条件易调节	易在管内结焦；需均质原料	油、废气
流化床法	不需要	内部加热(部分燃烧)	不需熔融；分解速度快；热效率高；容易大型化	分解生成物中含有有机氧化物，但可回收其中的馏分	油、废气
催化法	外部加热	外部加热(用催化剂)	分解温度低，结焦少；气体生成率低	炉与加热设备大；难以处理 PVC 塑料；应控制异物混入	—

② 热分解的气化工艺。废旧塑料的热分解大都采用油化工艺，而对城市垃圾中的混杂废旧塑料或混有部分废旧塑料的垃圾则多采用气化工艺。气化工艺的热分解装置有立式多段炉、流化床、转炉等。

气化工艺的特点是无需进行像油化工艺所要求的预处理，可以是不同塑料混杂的，也可以是与城市垃圾混杂的废旧塑料制品。用气化工艺处理混杂垃圾，可制得燃料气体。如用立式炉气化分解装置即可得到58%的各类可燃气体，用流化床气化分解装置则可得到约84%的燃料气体。

③ 热分解的炭化工艺。废旧塑料进行热分解时会产生炭化物质，多数情况下是油化工艺或气化工艺中所产生的副产物，当炭化物质排出系统外用作固体燃料时，需要采用高效率并且无污染的燃烧方法，这些炭化物的发热量为16.75～20.93GJ/kg（4000～5000kcal/kg）。废旧塑料在一定热分解条件下炭化，经相应处理即可制得活性炭或离子交换树脂等吸附剂，如用回收的废旧PVC等热塑性塑料进行炭化后再进行适当的处理，除可制取活性炭和离子交换体外，还可用以生产分子筛和液相色谱柱的填充剂等。

④ 热分解装置

a. 油化装置。以处理液体为主，如无规聚丙烯或低聚合度聚乙烯经过加热，在较低温度时即为液体，所以用管式蒸馏釜或槽式（罐式）反应器进行处理。反应器的类型如图5-12所示，可分为分解馏出型、裂解型、管式和催化分解型等。

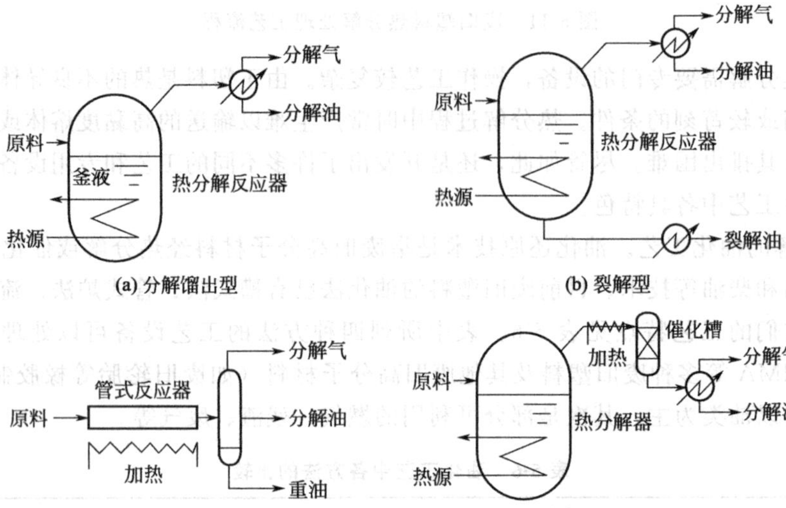

图5-12 热分解反应器的类型

b. 气化或炭化装置

(a) 圆柱型反应器：圆柱型反应器最为简单，它有立式和卧式之分。在立式反应器中，废弃物是从上部送入，残渣则靠自重落到底部排出，氧气、空气或热交换介质从底部送入，气体向上运动，从顶部排出，此种反应器备有一传送装置，供进料之用。

(b) 转炉型反应器：转炉型反应器的结构比圆柱型反应器复杂，其是长径比为4∶1或10∶1的圆筒体，可在支撑轴上旋转和倾斜，因此，物料在炉内分布均匀，反应充分。转炉配有进料和排渣装置。

(c) 流化床反应器：流化床反应器对固体废物的要求较高，一要物料均匀，二要预先粉碎。它的工作温度较低（760～982℃），此温度甚至低于炉渣形成所需要的温度。因此，流化床反应器内进行的热分解需要充分利用废料氧化物或固体废料预热流化所产生的热量。流化床反应器对油化、气化、炭化等所有工艺都适用。

（2）化学分解技术

① 水解法。所谓水解就是在水的作用下使缩聚或加聚物分解成为单体的过程。水解法适用于含有水解敏感基团的高聚物，这类高聚物多由缩聚反应而制得，水解反应其实质是缩合反应的逆向反应。这类聚合物有聚氨酯、聚酯、聚碳酸酯和聚酰胺等。它们在通常的使用条件下是稳定的，因此，这类塑料的废弃物必须在特殊的条件下才能够进行水解得到单体。

② 醇解法。醇解是利用醇类来降解聚合物及回收原料的方法。这种方法可用于聚氨酯、聚酯等塑料。

a. 聚氨酯。聚氨酯醇解后产生胺和乙二醇的混合物，二者需要分离才可回收再用。具体过程是将预先切碎的泡沫塑料送入用氮气保护的反应器内，以乙二醇为醇解剂，醇解温度可控制在185～200℃之间。由于泡沫塑料密度小，易浮于醇解剂的液面上，因此需要进行有效的搅拌与掺混，使溶解反应充分。其反应产物主要是混合多元醇，这种混合多元醇无需分离即可再次使用，如此制得的多元醇生产成本低，有较高的经济效益和社会效益。

b. 聚酯。废旧PET醇解回收可获得对苯二甲酸乙二醇酯和乙二醇，用它们再生产PET，其质量与新料相同。在PET的醇解中，有用甲醇为溶剂的甲醇分解法、用乙二醇为溶剂的糖原醇解法和利用酸或碱性水溶液的加氢分解法等。将废旧PET瓶粉碎成薄片，加入甲醇或乙二醇溶剂中，于200℃下加压分解。

（3）其他化学处理法　将废旧塑料加入各种化学试剂，使其转化成胶黏剂、涂饰剂或其他高分子试剂。这里举几个例子加以概述。

【例5-1】 制防水涂料

将废聚苯乙烯泡沫塑料用水洗净、晒干、粉碎，用二甲苯-乙酸乙酯-环己酮溶解，再加入一定量的增塑剂邻苯二甲酸二丁酯和乳化剂OP-10，快速搅拌均匀。然后，边激烈搅拌边将一定量的水慢慢加入油相液中，得到乳白色乳状液，即防水涂料成品。该防水涂料可以用于瓦楞纸箱等的防潮，也可用于纤维板的防水。

【例5-2】 用废旧聚苯乙烯泡沫塑料制备胶黏剂

将废旧聚苯乙烯泡沫塑料洗净、烘干，然后加入松香、二甲苯，其比例为14∶33∶53（PS∶松香∶二甲苯），于30～50℃条件下进行高速搅拌混合，1～3h后即可制成耐酸、耐碱、耐油漆的胶黏剂，可用于粘接塑料地板、人造大理石、马赛克、陶瓷砖等。

【例5-3】 废旧聚酯（PET）制不饱和聚酯

将废旧聚酯（PET）类制品洗净、烘干、切碎，加入适量的丙二醇、苯乙烯、丙三醇、苯酐、马来酸酐、对苯二酚、催化剂等，在反应釜中进行搅拌，反应完成后即可制得不饱和聚酯产品。用其制造大理石，可与其他人造大理石相媲美，且性能有所提高。该法具有原料易得、工艺简单、产品附加值高等优点，既能消除“白色污染”，又能产生较好的经济效益。

【例5-4】 用废旧PS生产涂饰剂

将PS废旧制品洗净、烘干、破碎后按PS∶DBP∶甲苯∶汽油为50∶20∶36∶24的比例混合于带三口的反应釜中，在常压室温下搅拌制成混合液；再按水∶十二烷基苯磺酸钠∶

羧甲基纤维素：乙二醇：磷酸三丁酯为100：2：2：2：0.02的比例配制成水溶液，搅拌均匀后与上述溶液（油相）混合，加热到50～60℃，再高速搅拌后冷却即得产品。此产品作为涂饰剂可用作包装盒、箱等的涂料，防潮性好。用其涂刷瓦楞纸箱、纸盒等的防潮效果与市售防潮油相同，且生产成本低。

5.4.3 能量循环

5.4.3.1 高分子材料能量循环原理

（1）高分子材料的焚烧　焚烧是垃圾处理的方法之一。一般情况下在1000℃以上进行燃烧，可以用于取热、制蒸汽或发电；温度在500～1000℃，一般用来裂解高分子材料生产油品。众所周知，废弃塑料是高热量值的废料，因此回收能量是废旧高分子材料的又一利用途径。焚烧器是焚烧过程的关键设备，良好的焚烧器应不会引起二次污染，然而其造价很高。

（2）高分子材料制燃料　如前所述，废塑料是热量值很高的材料，用其制造燃料是很有价值的。高分子废料可直接制成固体燃料，用于燃烧，也可先液化成油类，再制成液体燃料。这些利用废弃物制成的燃料称为废物燃料。

对于难以回收的高分子材料废弃物，通过燃烧利用其热能是最好的解决方法。所谓热能利用系指将废料作为燃料，通过控制燃烧温度，充分利用其焚烧时放出的热量。这种方法的优点是：①不需繁杂的预处理，也不需与生活垃圾分离，特别适用于难以分拣的混杂型废料；②废旧高分子材料的生热值与相同种类的燃料油相当，产生的热量可观（表5-7）；③从处理废弃物的角度看十分有效，焚烧后可使其质量减少80%以上，体积减少90%以上，燃烧后的渣滓密度较大，作掩埋处理也很方便。

表5-7　各种物质的燃烧热

物质名称	燃烧热/(MJ/kg)	物质名称	燃烧热/(MJ/kg)
城市垃圾	3.78～8.4	硬质PE	46.79
纸类	15.96	软质PE	46.02
木材	18.9	PP	44.13
木炭	12.6～16.8	PS	40.34
煤	21～29.4	ABS	35.38
石油	44.1	PA	30.96

因此，废旧塑料的热能利用得到了越来越大的重视。在日本，通过焚烧回收热能的废旧塑料约占回收总量的36%，远远高于简单的直接再生或复合再生的比例。利用废旧塑料回收热能的前景是十分广阔的。

当然从废弃物中恢复能量需要较大的投入，尤其初始投资建造焚烧炉的费用是非常高的，与传统发电厂相比，焚烧炉的运行、维护和控制费用也是非常高昂的。但考虑到焚烧将大大减少废弃物的最终填埋量，若一个填埋厂具有1万吨的容量，设计使用期为10年，如果配套建设有焚烧或能量回收的装置，那么经过垃圾焚烧可延长其寿命至50年。这样，节省下来的开发新填埋场的费用将可以弥补投资能量回收设备的高额费用。

采用燃烧法回收热能时，值得注意的问题是：有些塑料燃烧时产生有害物质，如PVC

燃烧时产生氯化氢气体，聚丙烯腈燃烧时产生氰化氢（HCN），聚氨酯燃烧时也产生氰化物等，所以如何做到保护环境、不致产生二次公害是热能利用的关键。

5.4.3.2　高分子材料能量循环技术

现行的燃烧废弃旧塑料的方式有以下三种。

① 使用专用焚烧炉焚烧废旧塑料回收利用能量法。其所用的专用焚烧炉有流动床式燃烧炉、浮游燃烧炉、转炉式燃烧炉等。这类专用设备都要求尽量无公害、长期使用和稳定连续操作。

② 作为补充燃料与生产蒸汽的其他燃料掺用法。这是一项可行而又比较先进的能量回收技术，热电厂即可使用塑料废弃物作为补充燃料。

③ 通过氢化作用或无氧分解，转化成可燃气体或可燃物。这与其说是一种能量回收，还不如说是特殊条件下的分解。

高分子材料能量循环的主要工艺流程如图 5-13 所示。

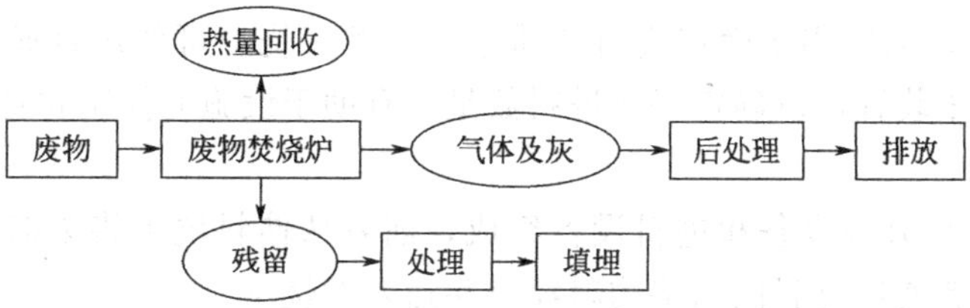

图 5-13　高分子材料能量循环的工艺流程

专用能量回收利用焚烧厂的主要设施如下。

（1）主体设备焚烧炉　炉体以钢架结构支撑，以混凝土为基础。炉壁设计的关键是承受高温，热能吸收采用通水的围在炉壁四周的钢管导热，从燃烧区吸热的水或蒸汽通过钢管循环输热；排气口上的锅炉用于回收能量，也就是说，燃烧的废旧塑料放出大量热能，同时，在高温条件下，分解出的一氧化碳、甲烷、氢气等可燃气体也由排气口导出以利用它们再回收热能。

作为主体设备的焚烧炉，其构造和类型很多。从炉体构型上分，有立式圆柱型、卧式圆柱型、流化床型、转炉型等；根据加热方式不同又有直接加热式与间接加热式之分；在间接加热式中还有炉壁传递型和循环介质传递型两种。不论何种结构，衡量燃烧炉的基准是工艺操作的简单性、加热速度和热效率的优劣等。

多种焚烧炉及其应用见表 5-8，其工作原理大致相同。其中转炉窑和烧火炉（司炉）是固体废物焚烧的最常用的两种，流化床炉适合于水煤渣（泥）。固体废物须进行分类，将不能燃烧的物质除去，以减少固体残留物和飞灰（fly ash），增加焚烧废物的热量。焚烧的最佳材料是塑料、纸和木质产品，且粉状比较好，块状燃烧也常见，但底部残留物要高得多。废物由烧火炉栅格引入燃烧室，为了保证固体废物中所有有机物的完全燃烧和分解，炉温必须保持在 1000～1500℃。低温、空气流不足和滞留时间过短将会导致散发有机化合物，如二噁英（dioxins）、呋喃（furans）、PCB（多氯联苯）、CO、氯苯、多环芳香族化合物。较好的 Vancouver 焚烧炉对 PCB、二噁英、呋喃的破坏已达到＞99.999%。燃烧热通过锅炉来生产蒸汽，蒸汽可直接提供给工业或用于居民的取暖供热，或通过透平机来发电。

表 5-8 废料和可应用的焚烧炉

废料	特征	适用炉
固体废料	高热值(聚合物类) 低热值(纤维类)	旋转炉、固定床炉 司炉、固定床炉
煤渣废料	高含水量(低热) 低含水量(高热)	多炉膛炉、流化床炉、旋转窑、固定床炉 旋转窑
液体废料	高水量(低黏度) 低水量(高黏度)	废液体窑、固定床炉 旋转窑
各种混合废料	固体废料为主 水煤渣废料为主	旋转窑+气体燃烧室+后燃烧司炉 流化床炉+低残渣提取器

(2) 辅助设备中的燃烧前设施

① 储料坑：用于储放废弃物，一般在地表下，以防止在地表上发生自氧化燃烧，并且必须密封，不受气候条件影响。

② 称量装置：该装置用于确定进料的质量。小型焚烧炉可使用普通称量装置，大型焚烧炉应配备自动称量装置，以确定每次进料数量，有助于设施的控制和管理、评估成本和改进工艺。

③ 输送设施：由升降设备和进料设备组成，前者从储料坑中将废旧塑料铲起提升，卸料于进料口处；后者通过进料阀门将物料经料斗送入燃烧室。

(3) 辅助设备中的燃烧后设施　主要是污染控制装置，用以妥善处理燃烧所产生的有毒、有害气体，飞灰和固体残渣等。

废物燃烧的结果会产生几种非燃烧气体和蒸气，如低挥发的低熔点的重金属和各种酸气，此外物料的燃烧将产生灰，如果不控制气体与飞尘而排放到大气中，是环境标准所不允许的。现代焚烧炉都配备涤气器和过滤包（袋）或静沉淀器来加以处理。成百个能量回收工厂的实践经验证明这种技术是可靠的，并为大多数标准所接受。织物过滤包和静电沉积器是两大系统，都能非常好地除去废气流中危险的飞扬灰粒子和低挥发的金属蒸气，从而进入烟囱排放。现代静电沉积器配备有间歇能量化系统，在收集高电阻率的烟灰时限制逆电离。良好的燃烧器可以消除大部分飞尘和黏附于灰尘上的危险化学药品，如在过滤包的入口处粒子浓度约为 $10mg/m^3$，经过滤能被有效地减少到 $<0.03mg/m^3$。通过一系列涤气器和化学处理反应器，可以处理并中和酸性气体如氯化氢、SO_2 和 NO_x。酸气涤气器可以有几种：干过程、半干过程或湿过程涤气器。使用粉末或熟石灰作反应化学品，最适合于干过程或半干过程；湿过程使用苛性钠溶液除去酸气。

有机物和无机物的混合废弃物的燃烧将产生固体废料，主要在底部残留物中，部分飞灰被收集在过滤包中。残渣常是初始废弃物体积的10%和重量的15%～20%。在焚烧前除去金属、玻璃等可以减少残渣固体，同时提高废弃物热值。固体残渣含高浓度的无机化合物，其中有些是危险品。有许多种技术用于处理这些残渣：①金属提取并循环使用；②水泥固化；③粉灰能被玻璃化以防填埋时渗出；④残渣可用作路面建设材料的填料（只有经化学处理而达到惰性的残渣才可使用）；⑤最常用的方法是包装这些固体残渣并单独填埋，即被放在特殊设计的填埋场。

虽然通常的焚烧炉可以处理含有废旧塑料的城市垃圾，但一般不能处理纯废塑料，其原因在于：

① 有毒气体。如聚氯乙烯燃烧时产生氯化氢气体；聚氨酯燃烧时产生氰化氢气体等。

② 烟雾。纯塑料废料燃烧时需要大量的空气，为城市垃圾燃烧时空气需求量的3～10倍，才能达到完全燃烧，普通焚烧炉无法满足这一要求，因此，塑料废料就会因缺氧燃烧而产生烟雾。

③ 灰分。聚氯乙烯塑料中一般含有铅盐和其他重金属盐稳定剂，燃烧后灰分中的铅等重金属难以处理。

④ 酸化水。聚氯乙烯燃烧后产生的氯化氢气体被水或化学品吸收，形成的酸化水难以清除。

⑤ 燃烧温度高。废旧塑料燃烧比焚烧城市垃圾所产生的温度高得多，普通焚烧炉难以承受，炉体会引起高温损坏。

⑥ 腐蚀性物质。废旧塑料燃烧时会产生氯化氢、氨气、二氧化硫、三氧化硫、NO_x 和 RCOOH 等腐蚀性物质，导致炉体的腐蚀性损坏，废料中的水分更会促进这些气体的腐蚀作用。

总之，对于纯塑料废料的焚烧处理需要专门设计的焚烧炉。适用于焚烧纯塑料废料回收能量，或者主要用于处理塑料的焚烧炉有底面燃烧多级焚烧炉、连续转炉式多级焚烧炉、床式焚烧炉、流动层式焚烧炉、加压式空气循环焚烧炉、大型焚烧炉和无规聚丙烯专用焚烧炉等。废旧塑料燃烧产生的热能通过热交换器使水变成热水或蒸汽加以利用。

5.5 塑料循环利用

随着塑料工业的发展，塑料制品的应用日益广泛。塑料与钢铁、木材、水泥一起构成了当今世界的四大基础材料。塑料以优良的性能仍在继续扩大其应用领域，发挥着重要的作用。

随着塑料制品消费量的不断增长，塑料废弃物（或称为消费后塑料）量也迅速增加，对环境的影响日趋突出，塑料废弃物的处理已成为全球性的问题。目前世界树脂产量已达120Mt，其中约有30%用于包装，使用后的包装塑料大多数成为城市固体废物进入垃圾处理系统，由于它们不能自行分解，如果处理不当会对生态环境产生不利的影响。近年来，随着生产的发展和人们消费水平的提高，城市固体废物中塑料废弃物的含量逐步上升，据统计，在大中城市比例高达10%左右。因此，采取积极对策，加强对塑料废弃物的循环利用是保护良好的生态环境，促进塑料工业健康发展的重要措施。

塑料生产、消费与循环利用体系如图5-14所示。

废塑料循环利用的途径归纳起来主要有以下几个方面。

① 直接循环利用。直接循环利用是指废旧塑料直接塑化、破碎后塑化、经过相应前处理破碎塑化后，再进行加工制得再生塑料制品的方法。这类再生工艺比较简单且表现为直接处理成型。因未采取其他改性技术，再生制品性能一般欠佳，只作为低档次的塑料制品使用。

② 加工成塑料原料。把收集到的较为单一的废塑料再次加工为塑料原料，这是最广泛采用的循环利用技术，主要用于热塑性树脂，用再生的塑料原料可做包装、建筑、农用及工业器具的原料。其工艺过程包括破碎、掺混、熔融、混炼，最后加工成粉状产品。不同厂家在加工过程中采用独自开发的技术，可赋予产品独特的性能。

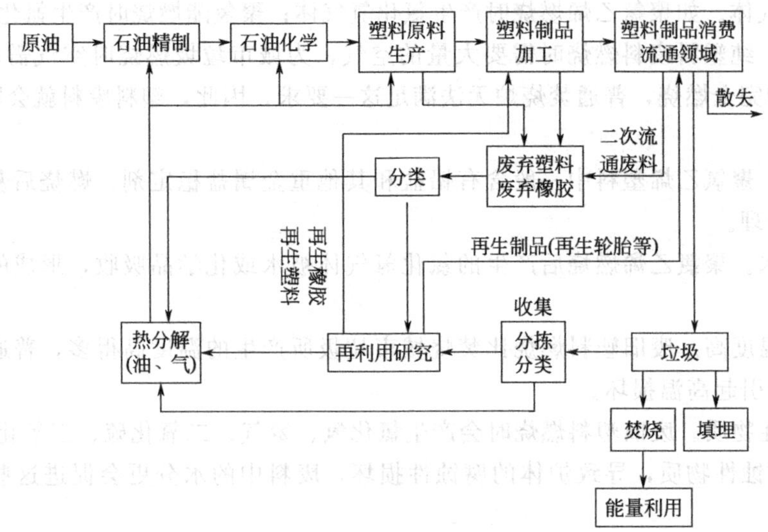

图 5-14 塑料生产、消费与循环利用体系

③ 加工成塑料制品。利用上述加工塑料原料的技术，将同种或异种废塑料直接成型加工成制品，一般多为厚壁制品，如板材或棒材等，有的公司在加工时混入一定比例的木屑和其他无机物，或使用塑料包裹木棒、铁心等制成特殊用途制品，大都已形成专利技术。

④ 热电利用。将城市垃圾中的废塑料分选出来进行燃烧产生蒸汽或发电，该技术已较成熟。燃烧炉有凹转炉、固定炉、流化炉，二次燃烧室的改进和尾气处理技术的进步，已经可以使废塑料焚烧回收能量系统的尾气排放达到很高的标准。废塑料焚烧回收热能和电能系统必须形成规模，才能取得经济效益，废塑料日处理量至少要在100t以上才合算。

⑤ 燃料化利用。废塑料热值可在25.08MJ/kg，是一种理想的燃料，可制成热量均匀的固体燃料，但其中含氯量应控制在0.4%以下。普遍的方法是将废塑料粉碎成细粉或微粉，再调合成浆液做燃料，如废塑料中不含氯，则此燃料可用于水泥窑等。

⑥ 热分解制油利用。这方面的研究目前相当活跃，所制得的油可做燃料或粗原料。

5.5.1 废塑料的直接循环利用

废旧塑料直接循环利用是简单再利用，有的可直接回用；有的经过粉碎简单加工为填充物、防震包装材料，生产无纺布、隔声隔热板、塑料混凝土和土地改良剂等；还可以熔融切片造粒，做成半成品出售。因此，废旧塑料的简单循环利用在我国仍然有广泛前景，该类产品广泛应用于农业、渔业、建筑业、工业和日用品等领域。

(1) 废聚乙烯（PE）制品的直接利用　在废聚乙烯（PE）制品中，属大宗品种的是农膜，我国是农业大国，使用农膜量与日俱增。除了通用膜外，近年来又推出一些专用性农膜，如无滴膜、有色膜、除草膜、可控光微生物降解膜等。农膜所采用的树脂材料基本是PE，一般是高密度聚乙烯（HDPE）与低密度聚乙烯（LDPE）并用，高密度聚乙烯与线形低密度聚乙烯（LLDPE）并用。估计PE系列农膜约占农膜总量的85%，其次为聚氯乙烯（PVC）膜。农膜厚度一般在8μm以上，也有生产6μm或4μm的超薄膜。超薄膜回收比较困难，因此，应当限制超薄农膜的生产和销售。直接循环利用工艺有以下几种。

① 开炼法塑化与膜压成型。其工艺路线为：废膜（洗净与干燥）→计量→塑炼→热熔坯→模具压制→制品。

主要设备是双辊炼塑机、平板液压机、模具等。开炼法压制成型的工艺优点是：农膜不需破碎、投资少见效快，产品多样化，适合乡镇企业生产，但劳动强度较大。工艺操作中应注意辊温的控制，一般应在135～145℃，过低对塑化不利，过高则粘辊。

② 挤出法塑化与成型。其工艺路线为：破碎料与再生粒料→挤出塑化→料坯计算→模具压制成型→制品。

该工艺与开炼法的主要区别在于使用的塑化设备不同。该工艺使用单螺杆挤塑机制备热熔料坯，并趁热立即将料坯放在液压机的模具上冷压定型。该工艺的优点是生产效率高，劳动强度小。供给挤塑机的废塑料宜用破碎后的物料。

③ 吹塑中空成型。其工艺路线为：挤塑塑化→熔融型坯→放入模具→通压缩空气吹胀→定型后启模→制品。

主要设备是单螺杆挤塑机、机头、中空成型机、模具、空气压缩机等。吹塑中空成型与挤塑塑化压制成型的不同之处在于：熔融料坯放入中空成型机的模具内，然后通入压缩空气吹胀定型。该工艺的优点是机械化程度高，可生产制件，生产能力大，可生产再生塑料桶和各种中空容器等。

该工艺操作应注意螺杆转速不宜过低，以防止熔融料坯垂断。螺杆各段温度应适当高于压制工艺螺杆各段温度。该工艺的关键是控制适宜的熔体黏度。压缩空气的充气压力一般在0.3～0.8MPa。

(2) 废聚丙烯制品的直接利用　废聚丙烯制品（PP）的大宗来源是编织袋、打包带、捆扎绳、汽车保险杠和仪表板等。其循环利用工艺如下。

① PP再生打包带。废旧PP制品（如编织带、打包带等）应先进行清洗、破碎、干燥处理，破碎料可直接供单杆塑化机使用，其工艺路线为：挤出塑化→打包带机头→冷却水箱→前牵伸辊→加热水箱→后牵伸辊→轧花纹→卷取。

主要设备是单螺杆挤出机、打包带机头、轧花机械等。在操作中应注意机头到冷却水槽的距离，冷水槽温度在50℃左右，热水槽温度在90～100℃之间。最后的轧花纹工序是为了增加对受捆物件的摩擦力，防止捆包时打滑。

② 拉丝与纺绳。其工艺路线为：挤出塑化→拉丝机头→水冷却→第一牵伸辊→热处理→第二牵伸辊→再热处理→热处理牵伸辊→卷取。

主要设备是单螺杆挤出机、拉丝机头、热烘道装置、水槽等。生产过程中冷却水温度对单丝的性能有影响，水槽温度应在30℃左右，水温过高对PP的结晶度增大，难以牵伸使丝的拉伸强度下降；水温过低，丝内常有空洞。热处理的目的是减少单丝的收缩。抽渔网丝或绳索丝时，推荐喷丝板的温度为290℃±1℃，冷却水槽温度在30℃左右，牵伸温度以100℃以下为宜。

(3) 废聚氯乙烯制品的直接利用　聚氯乙烯（PVC）是通用热塑料工业应用中最早的品种之一，它的制品广泛用于吹膜、压延革、软板材、硬板材、异形材、鞋底、电缆护套、铺地材料、阻燃制品、中空制品等。PVC管材在我国南北方均有很大市场，可替代部分金属管材。目前，现有废弃PVC制品年均近30万吨，直接利用废旧PVC的潜力颇大。

① 制再生PVC管材。其工艺路线为：破碎料→捏合→冷却→挤出→管形机头→冷却→牵伸→切割→制品。

主要设备有破碎机、捏合机、单螺杆挤出机、管形机头、切割机、空压机、冷却水槽等。

② 废PVC膜制再生钙塑管材。PVC膜属软制品，其中增塑剂含量较多，用废PVC膜制硬质管材时须填加无机填料（如碳酸钙）。可采用密炼、开炼工艺，然后挤压成型。

其工艺路线为：废塑破碎→密炼（粗炼）→开炼（精炼）→粉碎→挤出管材→切割→制品。

主要设备有破碎机、密炼机、双辊炼塑机、单螺杆挤出机、空压机等。

③ 废PVC软制品制钙塑地板。废PVC软制品包括PVC膜、片材、防水卷材等。

其工艺路线为：破碎→捏合→密炼→开炼→放片→压光→冷却→冲切→制品。

主要设备有破碎机、高速捏合机、密炼机、双辊炼塑机、双辊机、压光机、轧花机等。

④ 用回收的PVC鞋底制再生鞋底料。其工艺路线为：废旧鞋底洗净→干燥→切碎→捏合→挤出塑化→切粒→冷却→包装。

主要设备有破碎机、高速捏合机、单螺杆挤出机、旋转切刀机等。

5.5.2 废塑料的改性利用

为了改善再生料的基本力学性能、满足专用制品的质量需求，应当采取各种改性方法。不论采用何种改性方法，都是以损失某方面力学性能为代价的，如增韧改性可以提高塑料的耐冲击性能，但同时也会使其模量下降。尽管如此，改性方法仍然是一种行之有效的途径，越来越受到人们的重视。

(1) ABS塑料合金 ABS是常用的工程塑料之一，因其具有良好的综合性能得到广泛应用。但ABS是一种易燃材料，用ABS制造的电子、电器配件、壳体因燃烧引起的火灾时有发生，在ABS中添加适量的滞燃型聚合物PVC，不仅可以降低无机阻燃剂的用量，也可以改善复合体系的力学性能。ABS与PVC共混物不仅阻燃性能和抗冲击性能优异，而且抗拉伸性能、抗弯曲性能和铰接性能、耐化学腐蚀性和抗撕裂性能也比ABS有所提高，其性能/成本指标是其他树脂无法比拟的。作为ABS系列最主要的共混品种，其注射成型及挤出成型制品已广泛应用于建筑、汽车、电子、电器和医疗器械等领域。此外，在ABS中添加PC能明显改善ABS的耐化学品性和低温韧性，表现出良好的抗冲击强度、挠曲性、刚性、耐热性和较宽的加工温度范围。ABS与PMMA共混物表面硬度大（可达ABS的2倍）、刚性高、外观好、加工性能优良、耐划痕性和抗冲击性能理想。在目前广泛应用的工程材料中，ABS与PA的共混物是具有最高抗冲击强度的材料之一，改进了高温下ABS的化学稳定性，并具有耐翘曲性、良好的流动性和漂亮的外观，但吸水性大，弹性模量下降。

(2) 塑木复合材料 塑木复合材料是利用木质纤维和塑料为主要原料，经挤出、注塑法或压制成型而制得的复合材料。该材料克服了木材强度低和变异性等使用局限性，又克服了有机材料的低模量等缺点，具有较高的力学性能、比硬度、比强度、吸声性能等优点，是一种全新的绿色环保材料。同济大学利用生活垃圾中分选出的废旧塑料进行复配挤出制成PP和PE塑料合金，基本克服了老化降解造成的材料性能下降的缺陷，采用PE/PP塑料合金与木粉以55∶45的质量比进行硅烷偶联聚合制备的复合材料各项力学性能较好，可以达到国家挤压木塑板材的行业标准要求，加入少量废织物纤维的复合材料的力学性能还有所提高。

塑木技术可利用木材下脚料及木材加工中的锯末以及农业生产中的麦秸、稻壳等，可节约木材、保护资源，也可大量回收利用废旧塑料，治理白色污染，保护环境，节约能源。塑木技术已发展为一种全新的材料——挤出成型木材，主要的塑木产品如下。

① 建筑模板。随着塑木材料的出现，国内外均有用此材料制作建筑模板的报道。塑木建筑模板价格便宜，重复使用率高，可完全回收，安全性能高于其他类材质。用木质纤维类材料改性填充热塑性树脂，同时添加部分改性剂、润滑剂、增黏剂、抗老化剂和阻燃剂，并根据所需的建筑模板的面积、形状加工挤出成型模具，然后将塑木材料经挤出机连续挤出成型为具有一定断面结构的塑木建筑模板型材，最后根据市场需要切割为一定的长度。

② 爱因木。爱因木（又称爱因超级木材）是发展较早、在世界上较有影响的一大类塑木制品，由日本人西堀贞夫发明。爱因木具有以下特点：a. 比胶合板强度大，具有铝板般的尺寸稳定性；b. 120℃高温下不软化，有优良的耐热性，对螺钉的保持力强；c. 木粉和塑材结合紧密，吸水少；d. 可自由涂装和连接，具有高耐水性；e. 通过表面处理，可使大量木粉露出表面，类似天然木材，可用于汽车内装饰和家具。爱因木的制造流程如图 5-15 所示。

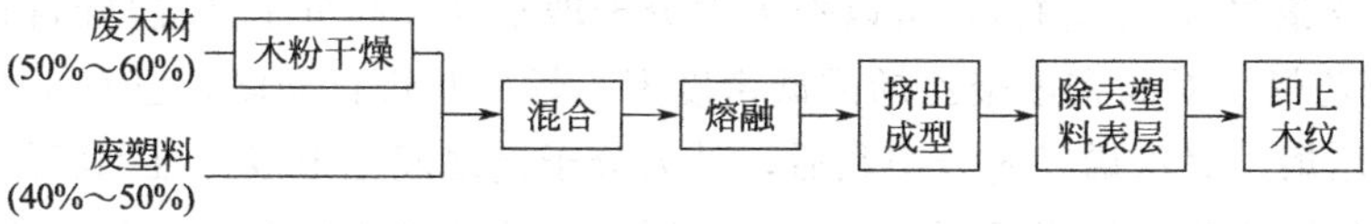

图 5-15 爱因木制造流程

③ 发泡制品。发泡塑木制品多为 PVC 和木粉体系的发泡制品，该类产品分为两大类：一类是发泡卷材类；另一类是夹芯发泡类。其中前者的木粉含量较低，可制作为发泡软制品，应用在室内地板、车体内地板等场合；而后者为大型厚制品，中间为发泡层，表层为共挤出不发泡层。

(3) 玻璃纤维增强改性再生聚丙烯 用短玻璃纤维（SGF）增强聚丙烯（PP）回收料。当 SGF 的填充量为 10％～40％时，制得的复合材料可以用于汽车配件，如电通信机的支架、散热器零件、照明设备零件、蓄电池外壳、防护板衬里、泵壳体和泵盖等。回收 PP 的拉伸强度较低，一般在 18～25MPa。用 SGF 增强后，其拉伸强度可达 30～50MPa。纤维增强后显著地提高了回收 PP 的力学性能和使用价值。

玻璃纤维与回收 PP 的造粒工艺可以分为两种：一种是直接混合、塑化造玻法；另一种是运用活化后的长纤维丝，在螺杆挤出机的中间加料口输入，然后与熔融体塑料掺混，最后切粒而成。

作为增强材料的纤维现在大都使用玻璃纤维。此外，天然纤维、合成纤维和人造纤维都可以作为通用塑料的增强材料。用特种增强纤维（如碳纤维、芳纶纤维）增强特种树脂，所得产品可作宇航、核电站等所用的高档复合材料。

(4) 增韧改性回收聚丙烯 顺丁橡胶（BR）具有良好的耐低温性和高弹性，其玻璃化温度为－110℃左右，还具有耐磨、耐挠曲等优点，是增韧回收聚烯烃的良好改性剂。共混物的配比 R∶P 是（5∶95)～(15∶85)。若橡胶过少，增韧效果不显著；若橡胶过多，塑料共混物的模量下降较大。

除 BR 外，EPDM、SBR 等对回收 PP 的增韧也很有效。W. K. Fisher 发现部分硫化的 EPDM 与 PP 共混可以制得性能良好的热塑性弹性体。A. Y. Coran 和 R. Patel 等采用完全动态硫化法制得了高度交联的 EPDM/PP 弹性体，凝胶含量高达 97％，常称为热塑性硫化体（TPV）或热塑性橡胶（TPR）。部分动态硫化型热塑性弹性体中最通用的是聚烯烃热塑性弹性体（TPO），TPO的典型代表是EPDM/PP。TPV的制备工艺路线如图5-16所示。TPV增韧改性再生PP是非常有效的，TPV：再生PP为10：90，改性物在室温下的冲击强度提高近3倍，在低温（−20℃）时冲击强度提高2倍多。

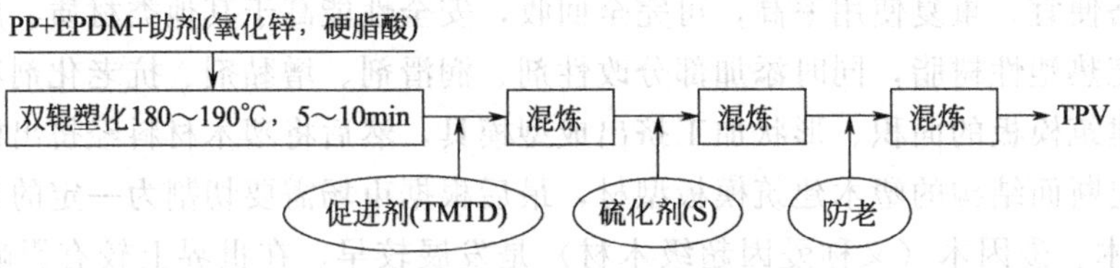

图5-16　TPV的制备工艺示意图

（5）废塑料的化学改性

① 氯化聚乙烯。将废PE膜进行洗涤、脱水、粉碎后，送入反应釜进行氯化，可制得氯化聚乙烯（CPE）。氯化聚乙烯具有阻燃、耐臭氧、耐气候、抗撕裂等良好特性，尤其是CPE弹性体（含氯量35%左右），可以作为大分子增塑剂及高分子共混物的相容剂。

② 交联聚乙烯。对高密度聚乙烯或低密度聚乙烯树脂进行交联，已有工业化产品市售，称之为交联聚乙烯。聚乙烯经充分交联后，其大分子链之间已形成三维网状结构而成为热固性塑料，其力学性能改善相当显著。对这类交联聚乙烯的加工成型有两种方法：一种是在聚乙烯软化点之上使之充分塑化并混入交联剂，且在该类交联剂分解温度之下进行造粒，在模压工艺中使交联反应与成型一步完成；另一种是在交联剂分解温度以下制成坯型，然后加热到产生交联反应的温度之上完成固化，即所谓两步法成型。

对回收聚乙烯再生料采取化学交联改性，即在适当高温下以过氧化物（如DCP）为交联剂进行轻度交联，既可改善回收PE制品的力学性能，又保持热塑成型工艺。其实际改性操作为：用螺杆挤出机将DCP与粉碎后的PE料混合同时进行交联（控制温度在170～180℃，螺杆长径比以35为宜），这样所得粒料即为交联改性PE再生料。

③ 接枝聚丙烯。对回收聚丙烯进行接枝改性，至少有两点意义：一是当回收的聚丙烯料中混杂着部分PVC等极性树脂制品时，可不必分拣而直接实施共混，在混炼塑化过程中引入接枝改性反应，使PP与PVC相间增容；二是经接枝改性后的回收PP再生料可拓宽其应用范围，不仅可与极性高聚物制品共混，也可以较大量地进行填充或增强改性，以达到提高再生制品的性能并降低生产成本的目的。

无论对PP树脂还是回收PP再生料，采用熔融混炼法工艺实施接枝改性都是易行的。在熔融混炼法中（如开炼混融法、密炼混融法和螺杆挤出混融法）进行接枝改性，当推原位反应挤出工艺为好。接枝聚丙烯的基本力学性能与聚丙烯相近，但与无机材料和极性塑料或橡胶的相容性提高。

5.5.3　废塑料热解转化利用

热分解是把废塑料在无氧或低氧条件下高温加热使其分解，它可产生各种有机气体，一般温度越高，气态的碳氢化合物比例越高。热分解温度取决于废塑料的种类和组成以及回收的目的产品。温度超过600℃的高温热分解主要产物是混合燃料气，如H_2、CH_4、轻烃；温度在400～600℃热分解主要产物为混合烃、石脑油、重油、煤油等液态产物和蜡。聚烯烃等热塑性塑料热裂解主要产物是燃料气和燃料油，废PS塑料热解产生物主要是苯乙烯单体，而PVC塑料热分解产生HCl酸性气体。

废旧塑料热解转化技术因最终产品的不同而分为两种：一种是为了得到化工原料——苯乙烯、丙烯等；另一种是为了得到燃料，如汽油、煤油、柴油等。虽然都是将塑料转化为低分子物质，但两者的工艺路线不同。

(1) 聚烯烃类废塑料热解制备燃料油 热裂解是使大分子的塑料聚合物在高温下发生分子链断裂，生成相对分子质量较小的混合烃，经蒸馏分离成石油类产品。此种方法主要适用于热塑性的聚烯烃废塑料，目前研究应用较多的有聚乙烯、聚丙烯等废塑料热裂解回收燃料油以及聚氯乙烯脱氯化氢再回收燃料油。

废塑料制品中含硫较少，热分解得到的油品含硫分也较低，是优质低硫燃料。废塑料油化技术最为典型的是废聚乙烯的油化技术，有热解法、催化热解法（一步法）、热解-催化改质法（二步法）。热解法所得产物组成分散，利用价值不大，热解制得的柴油含蜡量高、凝点高、十六烷值低、制得的汽油辛烷值低；催化热解法（一步法）是热解与催化同时进行，优点是裂解温度低、时间短、液体收率高、投资少，缺点是催化剂用量大，裂解产生的炭黑和杂质难以分离；热解-催化改质法（二步法）是将废塑料进行热解后对热解产物再进行催化改质，是一种应用最多、比较有发展前景的工艺，国内外都很重视这种技术。

废塑料的裂解产物与塑料的种类、温度、催化剂、裂解设备等有关。对 PE、PP、PVC 塑料的直接热裂解研究发现，在 500℃左右可获得较高比率的液态烃或苯乙烯单体，而低于或高于此温度会发生分解不完全或液态烃产生率降低。其他裂解报道中也发现类似结果，即均有一个最佳裂解温度点或温度范围。

催化剂也是影响裂解的关键因素，有报道聚烯烃废塑料裂解造油的关键在于催化剂的选择和制备。日本北海道工业开发实验室和富士循环应用工业公司开发的废塑料油化技术是先将废塑料加热至 400～420℃使之分解成气态，然后再通 ZSM-5 沸石催化剂进行气相转化，得到低沸点的油品。英国 UMIST 与 BP 石油公司共同开发将 PP 转化为汽油型化合物的工艺中也使用沸石 ZSM-5。我国在催化剂方面也进行了研究和实践，例如，抚顺石油学院研制的 F2-W 型废塑料裂解催化剂，具有成本低、活性高、再生性强、寿命长等特点，并可抑制几种不需要的副反应，使产品收率达到 70%～80%。目前，绝大多数废塑料的裂解实践中均加入催化剂，其催化剂主要是硅铝类化合物，也有用其他金属氧化物的，但报道较少。尽管废塑料裂解多采取催化方式进行，但催化裂解的机理尚不太明确。聚烯烃热裂解用催化剂见表 5-9。

表 5-9 聚烯烃热裂解用催化剂

催化剂商品名	Al_2O_3	SiO_2 SiO_2F_4	ZHY LZY-82	ZREY SK500	SAHA
种类	氧化铝	二氧化硅凝胶	沸石 碱性氧化物	贵金属氧化物沸石，R_2O_3	二氧化硅-氧化铝

用废塑料催化裂解生产的汽、柴油与用原油生产的汽、柴油相比，其物理性质、化学性质、产品质量基本相同，而且不含铅、氮等有害物质。目前国内已建立了十几套生产装置，但一般规模都比较小，存在问题如下：催化剂催化效率不高，生产的汽、柴油不能达到国家新标准，而且产物中所含重油成分较多，易堵塞管路；若废塑料中含有一定量的聚氯乙烯，在热解过程中会生成 HCl 毒害催化剂，使催化剂减活；催化剂使用寿命短，造成生产成本高；废塑料导热性能差，同时还含有相当数量的不可热解的杂质，造成催化剂表面结焦

失活。

PE和PS的热裂解油由于重质成分含量高，常温下黏度大，作为燃料油使用比较困难，必须研究各种催化剂以提高生成油的质量。催化剂有硅酸铝催化剂和ZSM-5、H-Y、REY、Ni/REY等各种沸石催化剂。催化裂解反应的生成物有汽油、燃气和焦炭等。不同的催化剂有不同的选择性，因此汽油的收获率因所用催化剂及控制气氛的不同而不同。ZSM-5沸石催化剂由于孔径小，结晶内扩散速度慢，应在催化剂的外表面及附近进行，汽油的选择率不到35%，但燃气收获率达到60%～70%；H-Y沸石催化剂由于其细孔径大，重质油的分子在细孔内扩散进行催化裂解反应，汽油选择率低，焦炭生成量多；REY沸石催化剂细孔同H-Y，由于其酸强度中等，汽油选择率为60%；Ni/REY在H_2保护气氛中使用，汽油收获率提高到65%以上，焦炭生成量降低；Ni/REY在水蒸气气氛中使用，汽油收获率达到70%以上，但焦炭生成量多。

目前，我国已成功研制出利用回收废PE、PP塑料生产无铅汽油、柴油的技术，并已获得规模化生产，国产的成套设备已出口美国，该技术在国际上领先，对于治理“白色污染”是一条很好的途径。工艺原理如下：将废塑料经初步分拣后加入反应器中，在催化剂及一定温度作用下进行裂化反应，反应后生成汽油混合物，经冷凝进入储罐分离杂质和水分，再加热后进入分馏塔将两种产品分开。催化工艺分出的低碳氢化合物气体通过火炬进行最后处理，所得到的轻组分为汽油，重组分为柴油，残渣作为焦油处理，重新参加二次反应。

混合废塑料的热裂解工艺：实际废塑料是包括PVC、PET等在内所组成的混合物，其油化处理比较复杂。首先，根据密度的差异，使用风力式或湿式筛选机将PVC分离，PVC在槽式反应器内进行热裂解，生成HCl用气体吸收法除去，熔融残油均与PVC以外的塑料熔融油相混合，送入热裂解工序，通过蒸馏塔将生成油中的轻质油分离，重质油再送入催化裂解工序。

（2）聚苯乙烯热裂解制备苯乙烯单体　聚苯乙烯（PS）是各种塑料中产量最大的一种，废PS主要来自包装用发泡聚苯乙烯（PSF）和各种一次性餐具。国外对聚苯乙烯制备苯乙烯单体的研究工作较多，并已有中、小型实验工厂问世，我国对此领域研究较少。南京理工大学环境科学与工程系杨震、聂亚峰等人建立实验室试验装置，探讨了影响聚苯乙烯热裂解反应的各种因素，得到了最优的反应条件。其实验流程如图5-17所示。

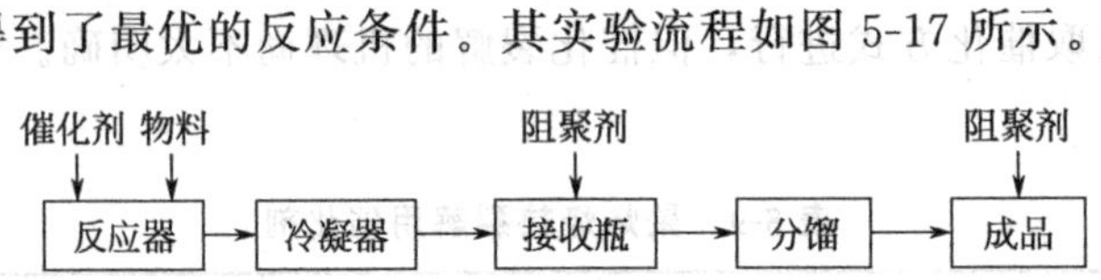

图5-17　聚苯乙烯热裂解回收苯乙烯单体工艺实验流程

本工艺采用固定床催化裂解流程：将PSF熔融脱泡后粉碎加入反应器，同时加入少量催化剂（由过渡金属氧化物和稀土金属交换的Y型分子筛组成）和疏松剂，疏松剂可以提高物料的导热效率，同时避免裂解后残渣与反应器粘连，使残渣易于清除。升温至热降解反应温度（适时通氮气或减压）并保持该温度至反应结束。得到的分解油加入0.1%阻聚剂对苯二酚，在46.5kPa下进行减压蒸馏，得到高纯度的苯乙烯单体，并加入0.1%对苯二酚防其自聚。实验研究表明，当反应压力为40kPa，温度为360℃，催化剂用量为0.1%时，反应条件为最佳。此时可得到分解油收率为97.6%，其中苯乙烯含量为55.5%，分解油经二次蒸馏后，所得树脂经测试符合化工部标准HG-105-77的要求。本实验分解油中副产品还有异丙苯、乙苯、甲苯、苯、α-甲基苯乙烯及低聚物等。

该工艺投资小，操作简单，收效快，获利明显，非常适于在我国乡镇企业中推广，同时也解决了城市一次性餐具的处理问题，具有较明显的环境效益。

5.5.4 废塑料的化学分解利用

（1）聚氨酯的化学分解　在所有化学法回用 PU 材料的研究中，醇解法是研究最多且已有工业规模的一种回用方法。意大利 Padova 大学对回收 PU-RRIM 进行了研究，他们将 PU-RRIM 研墨成粉，然后按 RRIM∶DPG 质量比 1∶1 的配比投入反应器，DPG 经 180～200℃预热，在催化剂作用并强力搅拌下于 200℃反应 3h，然后在醇解得到的低黏度产物中加入与 RRIM 等量的三元醇，在 150℃下减压蒸馏除去游离 DPG，蒸出 DPG 回用。得到的产物可再制成 PU-RRIM，与用原始多元醇得到的产品相比，除弯曲模量较高（约高 20%）、热变形温度稍低外，其他性能基本接近，可满足汽车工业的机械性能要求。

在高压水蒸气的作用下，PU 可水解成二胺、多元醇和 CO_2。通用汽车公司将 PU 软泡在 232～316℃高压水蒸气中水解，生成的二胺经蒸馏和萃取获得，多元醇从水解残余物中得到。回收的多元醇可以 5%的比例重新制备 PU 软泡，其拉伸强度高于原泡沫，撕裂强度略低于原泡沫。

（2）聚酯的化学分解　废旧 PET 再生制品，尤其是再生切片加工过程中产生的二次废料，因其特性黏数过低，已不适宜再直接利用。对这些废料通过化学回收的方法，将其解聚成低分子物，如对苯二甲酸（TPA）、对苯二甲酸二甲酯（DMT）、对苯二甲酸乙二醇酯（BHET）、乙二醇（EG）、对苯二甲酸二辛酯（DOTP）、对苯二胺（PPD）、对苯二甲酸氢钠（PHT）等，经纯化可重新作为聚酯原料或制成其他产品，如不饱和聚酯、胶黏剂、醇酸漆、绝缘漆、粉末涂料以及制造聚氨酯。

以制不饱和聚酯为例，以二元醇醇解 PET，醇解得到的单体或低聚物作为不饱和聚酯树脂的原料，再加入饱和或不饱和二元酸以及二元醇，经酯化缩聚得到不饱和聚酯树脂。生产采用不饱和聚酯生产装置，在 CO_2 和 N_2 保护下，按配方投入废 PET 洁净料、二元醇、催化剂，加热至二元醇沸点左右回流醇解。醇解完全后降温加入二元酸，再逐步升温脱水酯化，至酸值合格后，降温，加稳定剂、苯乙烯掺合，充分搅拌使聚酯和苯乙烯混溶后，冷却、过滤得产品。该方法利用废旧 PET，设备简单，原料廉价，有利于综合利用，具有较好的经济和社会效益。

由废 PET 制备的不饱和聚酯树脂与无机填料（粗骨料、沙子、飞灰等）混合可制得聚合物混凝土。用回收 PET 所得树脂制造的聚合物混凝土性质与新树脂制得的相当。聚合物混凝土与普通混凝土（波特兰水泥混凝土）基底黏合力强，且重量轻、固化快，施工快速，能很快投入使用，可以提高耐磨性、耐腐蚀性、降低渗透性，常用于铺设地面和桥面。

（3）超临界水分解废旧塑料　化学分解技术（包括醇解法、水解法等）是在溶剂和催化剂存在的条件下，在常温常压下使高分子聚合物分解为单体进行回收利用。目前这种化学分解方法存在着分解速度慢、副反应多、单体和催化剂难以分离等问题。采用超临界流体技术可以将塑料快速、不用任何催化剂即分解成单体或低聚物，最大限度地利用资源和保护环境。目前这项技术已成为日本、美国和德国等发达国家研究与开发的热点并形成许多专利方法。

超临界流体中的解聚反应，主要利用超临界流体优异的溶解能力和传质性能，分解或降解高分子废弃物，得到气体、液体和固体产物。气体和液体可用作燃料或化工原料，黏稠糊状产物可用作防水涂料或胶黏剂，剩下的残渣部分可用作铺路或其他建筑材料。在废旧塑料分解方面，超临界水是最常用的一种优良的溶剂，在某些场合中由于超临界甲醇的独特优势，它也作为溶剂使用。

以超临界水为溶剂，能够快速分解 PET 和回收单体对苯二甲酸。用超临界水水解得到的单体产物正是各种聚合物的原材料，而且回收的对苯二甲酸纯度为 99%。守谷武彦等研究发现，当反应温度为 425℃，时间为 120min，水：PE=5：1 时，产物中难挥发油大约占 90.2%（质量分数）；当温度小于 425℃时，主要产物为烷烃和烯烃，温度升高，烯烃产物降低；当温度大于 425 ℃时，易挥发性组分增加，当温度超过 435℃时，产物中出现芳香烃。当反应时间为 180min 时，油化率降低，产物为 77.7%的不挥发性油和 8.1%的挥发性油。水/PE 比增大，产物中不挥发性油比率增大，液相产物也增加，主要为丙醇、丁醇、丙酮和丁酮。而且在回收油和气体，烷烃烯烃比率大大增加。Takehiko Moriya 对 PE 在超临界水中的分解进行了阐述，也证明了废塑料迅速转化为油的过程的可行性。

在日本，由于有害物质的排放受到严格控制，因此，利用超临界水对有害物质进行分解处理，成为保护环境的一个新措施。目前，PCB 及有机氯化合物等利用超临界水处理可 100%实现无害化。超临界水油化可加速塑料分解，所需设备尺寸较小，回收的油主要是轻油，几乎无副产物。日本东北电力公司从 1992 年开始研究超临界水油化，1997 年 10 月开始同三菱重工业公司进行联合研究，在其子公司北日本电线公司建造一处理能力为 0.5t/d 的实验装置，1998 年 1 月投入试验运转。该装置用于处理电力工业的废塑料如废电线包皮等。废塑料粉碎后与水混合，加热、加压至 374℃和 22.1MPa 超临界状态分解成油。此外，日本物质工学工业研究所和熊本县工业技术中心共同研究用超临界水分解玻璃纤维增强不饱和树脂复合料（FRP）回收油分和纤维成分已获初步成果。

5.5.5 废旧塑料的热能利用

（1）制作废物燃料 RDF　RDF 技术就是将废塑料与废纸、木屑、果壳和下水污泥等其他可燃垃圾混杂，制成发热量约 21MJ/kg 且粒度均匀的固形燃料。这种固形燃料便于贮存、运输，可代替煤供应锅炉和工业窑炉使用。由于废塑料热值高，如直接燃烧会有损锅炉寿命并且氯的浓度较高，因此，采用 RDF 技术能较好地解决上述问题。

RDF 技术在美国和日本发展较快。据统计，美国共有垃圾发电站 171 座，其中燃烧 RDF 的就有 37 座，发电效率在 30%以上，比直接燃烧垃圾高 50%左右。日本近年来由于垃圾填埋场不足和焚烧处理含氯废塑料时造成 HCl 对锅炉腐蚀和尾气产生二噁英污染环境的问题，大力发展 RDF，并且将一些小型垃圾焚烧站改为 RDF 燃料生产站以便于集中后进行较大规模的发电。伊腾忠商事和川崎制铁合资的资源再生公司已批量生产 RDF，使垃圾发电站蒸汽参数由小于 300℃提高到 450℃左右，发电效率由原来的 15%提高到 20%～25%。日本要求一次性包装袋等塑料制品在加工时要加入不低于 30%的 $CaCO_3$ 就是为了方便 RDF 的焚烧和稳定性。

（2）热电利用　热电厂可使用废塑料作为补充燃料，这是一项可行而又比较先进的热能利用技术。另外，可使用专用焚烧炉焚烧废塑料产生蒸汽推动蒸汽轮机发电，目前技术已较成熟，燃烧炉有流动床式燃烧炉、转炉和固定炉等。

(3) 水泥回转窑喷吹废塑料技术　日本德山公司水泥厂进行了回转窑喷吹废塑料试验，获得成功。该技术是将不含氯的废塑料粉碎成10～20mm的片、粒，然后从窑头喷煤孔的中部用空气送入。试验结果表明效果较好，对回转窑尾部排烟的影响不明显，烟气环保达标，不需要采取特殊措施，对回转窑的运行、熟料和水泥的质量无影响。

(4) 高炉喷吹废塑料炼铁　将废塑料经分类、清洗、干燥处理后制成粒径为6mm的颗粒可以代替部分煤粉用于高炉炼铁。废塑料在炉内高温和还原气氛下产生的H_2/CO比值大于等量的煤粉，由于H_2的扩散能力和还原能力均大于CO，因此，用废塑料代替煤粉有利于降低焦比，提高生产率。高炉喷吹塑料可节约1.3倍的煤，高炉煤气的热值和使用价值也有所提高。国外将废塑料用于高炉喷吹代替煤、油和焦炭收到了良好效果。

(5) 炼焦煤中掺烧废塑料的新技术　日本新日铁开发成功了在炼焦煤中掺入1%废塑料的新技术。该技术的优点是能量利用率高，达90%以上，比高炉喷吹高。同时，在废塑料预处理上经简单粉碎即可，且少量PVC混入亦可用，从而比高炉喷吹效益高和易推广。我国首钢正研究在炼焦煤中掺烧5%废塑料的技术，这将为我国废塑料热能利用开辟一条新的道路。另外，炼焦煤价格比一般动力煤高1倍以上，经济上较为有利。我国是世界第一焦炭生产国，仅此一项即可吃掉不宜作原料利用的废塑料。

5.5.6　废旧塑料的其他处理方式

(1) 用废旧塑料制造控制释放肥料的包装材料　专利（CN93100227.3）公开了一种新型释放肥料，它为外有一层塑料包膜的3～5mm直径的颗粒。其芯子是复配肥料，它可根据作物的品种、生长期的需要配氮磷钾、微量元素、植物生长调节剂、除草剂、杀虫剂和腐植酸等，一次施用有效期可从数月到一年。其包膜在肥料未施入土壤前很坚硬，使该种颗粒肥易于向土壤中播撒，大大减轻施肥的劳动强度。颗粒肥施入土壤后包膜自行开孔，形成大小比较稳定的孔隙，使包膜中的肥料得以均衡释放。肥料释放后成为皮包水颗粒，在耕作或风化中包膜自行粉碎并进一步降解，它不仅不妨碍耕作，还会增加土壤的透气性和透水性。这种控制释放肥料存放时不潮解，施撒时对眼、口、鼻黏膜和皮肤无刺激，施用该种包膜复合肥料比单纯用化肥或农家有机肥少释放甲烷七八成（甲烷是重要的产生温室效应气体），有利于提高环境质量。该肥有显著的增产效果，少施肥15%反而可增产10%。

主要加工设备有粉碎机、搅拌混合器、转鼓、烘干炉、溶解釜、砂磨机、空压机、喷枪、吸收塔、精馏塔等，溶剂及填充共混物在国内市场上均能购到。这种释放肥料的包膜材料主要为来源广泛、价格低廉的废旧塑料，如聚乙烯、聚丙烯、聚氯乙烯、聚苯乙烯等。用废旧塑料生产包膜肥料的流程见图5-18。

(2) 废旧塑料用于废水治理　利用废塑料泡沫制絮凝剂是一项较新的技术，该絮凝剂可加快废水的混凝沉降速度，提高混凝效果，是一种成本低、环境效益好的聚丙烯酰胺的替代品，同时，它还可以进一步降低废水的COD值，且效果明显。利用废聚苯乙烯泡沫塑料制备改性絮凝剂采用的磺化反应的催化剂为$AlCl_3$，以该物质为催化剂制取的聚苯乙烯磺酸钠溶液能有效地降低废水中COD值，COD去除率达到85.7%。利用废聚苯乙烯泡沫塑料改性制取的聚苯乙烯磺酸钠絮凝剂，解决了废聚苯乙烯泡沫塑料的处理问题，也为环境保护及资源的循环利用指明了新的方向。其工艺流程如图5-19所示。

淀粉黄原酸酯法广泛应用于处理重金属废水，处理效果也是最为显著的，但它存在着运

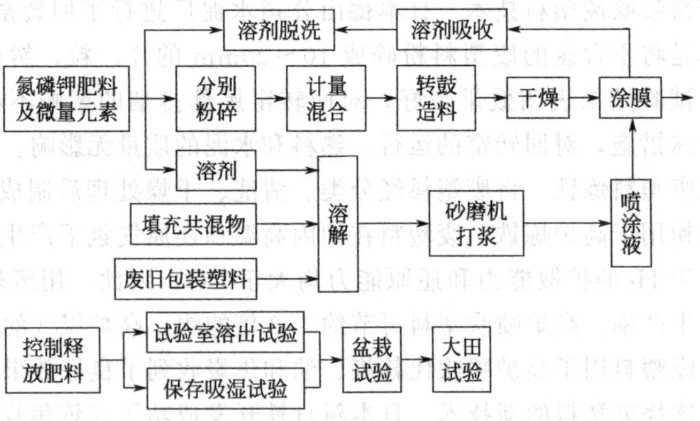

图 5-18　控制释放肥料生产、试验流程

行费用偏高的缺陷，在一定程度上阻碍了其推广应用。而聚氨酯泡沫塑料黄原酸酯法可以解决这个问题。聚氨酯泡沫塑料黄原酸酯法是利用泡沫塑料来合成黄原酸酯的方法，过程如下：聚氨酯泡沫塑料经火碱浸渍，发生一系列的物理和化学变化，生成聚氨酯钠盐；聚氨酯钠盐与二硫化碳发生磺化反应，再加入硫酸镁进行转型反应，最终生成聚氨酯黄原酸钠和聚氨酯黄原酸镁的混合物。该方法与国内外现有的用淀粉等原料合成黄原酸酯的方法相比，具有制备方法简单、成本低廉、产品质量稳定等优点。

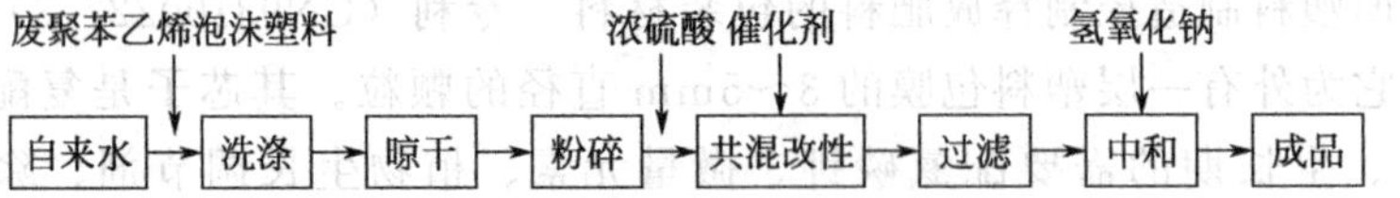

图 5-19　制备聚苯乙烯磺酸钠工艺流程

（3）废旧塑料的掩埋处理　掩埋塑料废弃物，虽然不值得倡导，但毕竟是一种不得已而为之的处理方式。事实上，人们已经用掩埋的方法处理了一批又一批的废旧塑料。掩埋处理法有两个优点，一是深埋于地下，对地表层的绿色植物生长不会构成危害；二是这种处理方法最为简单，设备投资最少，甚至可以只消耗人力和简单工具即可。作为不倡导的掩埋法，明显有其严重的弊端：一是因埋入地下不见阳光和隔绝了空气，当真成为“不朽之物”、“顽固不化之躯”，短时期内虽然无害，但最终还是有害无利的，因其积累过多会严重妨碍水的渗透和地下水的流通等；二是耗费了大量人力物力，却把可再利用的资源白白弃之浪费，实为可惜，更有甚者是久而久之，地下水源必将受到这类废弃物的污染，这类废弃物量的积累和增加将成为人类的公害，为子孙后代埋下了隐患。

5.6　橡胶的循环利用

废橡胶制品是除废旧塑料外居第二位的废旧高分子材料，主要来源于废轮胎、胶管、胶带、胶鞋、密封件、垫板等工业杂品，其中以废旧轮胎最多，此外还有橡胶生产过程中产生的边角料。据统计，我国废轮胎量仅次于美国，居世界第二。面对如此庞大的废胎资源，世界各国，尤其是发达国家都在致力于废轮胎的回收利用。废旧橡胶的回收利用有直接利用和间接利用两种方式，包括原形或改制利用、制胶粉后利用、制再生胶利用、热分解回收化工原料以及燃烧回收热能等方面。其利用的各种方法如图 5-20 所示。

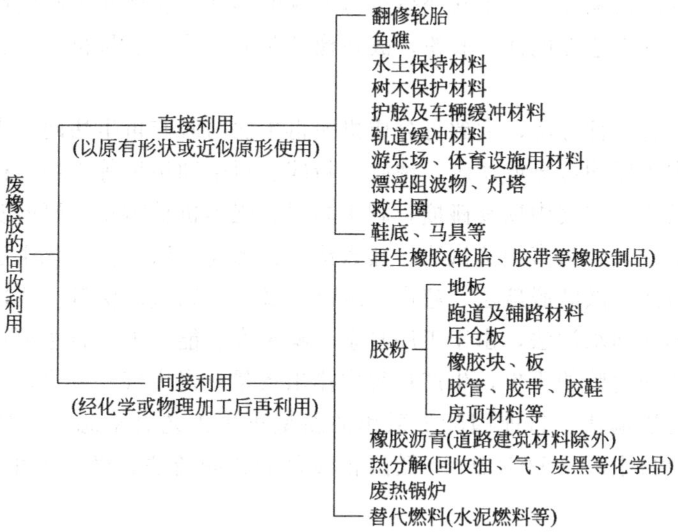

图 5-20　废橡胶的回收利用方式

在这些回收利用方法中，回收能量（热、电）的方法消耗的废胶量大、成本低、效益高，废气处理后对环境污染小，发达国家采用此方法的比例较大；其次是胶粉用于道路建设。而再生胶的生产因劳动强度大、能耗高、对环境有二次污染，现已逐步萎缩，不再发展。我国的橡胶回收利用目前仍以制再生橡胶为主，胶粉工业处于起步阶段，且基本上只生产粗胶粉。

5.6.1　直接利用

废橡胶的直接利用是在不经过化学变化（如再生、热分解）或在其形状不发生重大改变（如胶粉）的情况下，利用其原形或通过部分改制、修补而重新利用的方法。在国外主要是轮胎的翻修和用废轮胎制造人工鱼礁。在我国除轮胎翻修外，还用于加工鞋底、马具、垫片、门外擦鞋垫、鱼衩裤等。

对废旧轮胎的原形及改制利用，特别是轮胎翻修利用被公认为最有效、最直接而且经济的利用方式。轮胎翻修不仅节约资源、延长轮胎使用寿命，而且减少了对环境的污染。其方法一般是先刮去废轮胎的外层，粘贴上生胶，再进行硫化。在使用保养良好的情况下，一条轮胎可多次翻修，经过一次翻修的轮胎寿命是新胎寿命的 60%～90%，翻新所耗原料为新胎的 15%～30%，价格仅为新胎的 20%～50%。

人工鱼礁是指在海底人工设置一些有一定形状的礁石状物体，给鱼类提供良好的生活环境和栖息场所，吸引鱼类，以达到提高捕鱼量和繁殖、保护水产生物的目的。人工鱼礁从材质上主要分成混凝土和废车胎两大类，国外两种类型都使用，我国主要是混凝土鱼礁。废轮胎制成的鱼礁的特点是耐久性好、组装简易、成本低、集鱼效果好、对海水不会造成污染。

5.6.2　间接利用

间接利用是将废旧橡胶通过物理或化学方法加工而制得系列产品利用。废旧橡胶间接利用主要有生产再生橡胶、胶粉、热分解回收化学品和燃烧热利用等方式。

（1）再生橡胶　再生橡胶是由废橡胶制品或硫化橡胶经破碎、除杂质（纤维、金属等），再经物理、化学处理消除弹性，重新获得类似橡胶的刚性、黏性和可硫化性的一种橡胶代用材料。由于再生胶的工艺性能优于胶粉，故在橡胶制品中掺入适量再生胶有利于橡胶的混炼加工。

再生胶的制造有多种方法，大致可分成机械再生法与脱硫再生法两大类。不论采取何种生产方式，其基本工序均可分成切胶、洗胶、粉碎、再生和精炼等工序。机械再生法主要是用开放式滚筒使胶粉在空气中反复碰撞，利用高温、强烈机械剪切、研磨及氧化等作用使胶粉塑化。脱硫再生法又分为直接蒸汽法、蒸煮法、机械化学法、低温化学法、高速混合脱硫法、高速连续脱硫法、微波脱硫法、超声波脱硫法及微生物脱硫法等。我国常采用直接蒸汽法和蒸煮法中的油法和水油法，由于工序复杂、噪声大、能耗大，且主要适用于天然橡胶和以天然橡胶为主的硫化胶的再生，生产过程中排出大量有毒废气、废水，对环境造成二次污染，在发达国家已遭淘汰。目前国际上采用的新型再生工艺有动态再生法（恩格尔科法）、常温再生法、低温再生法（TCR 法）、低温相转移催化脱硫法、微波再生法、辐射再生法、压出法等。

① 油法。油法和水油法的区别，主要在于采用脱硫的工序，共他各工序都基本相同。油法脱硫再生工艺如图 5-21 所示，将废橡胶经破碎、除杂等工序后制成的胶粉送入卧式拌油机，经拌油后，送入蒸汽再生罐中再生。该法设备简单，投资少，适用于胶鞋类和杂胶类的再生胶生产，如用于生产外胎类的再生胶，其质量低于水油法。

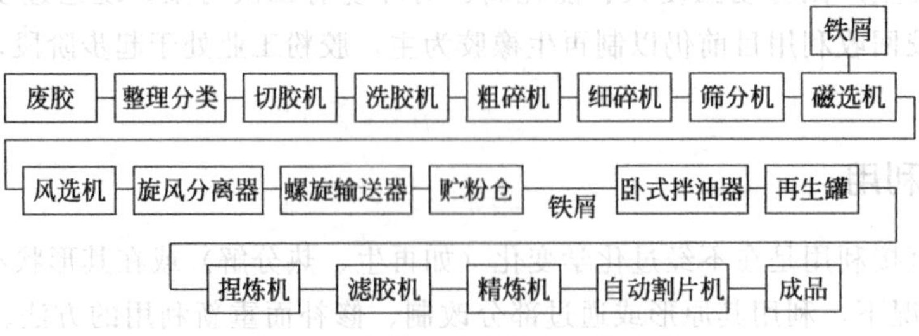

图 5-21 废橡胶油法脱硫工艺流程

② 水油法。水油法再生脱硫工艺所需设备较多、投入较大，主要区别在于脱硫工序是在带有搅拌器和高压蒸汽夹套的再生罐中，装入温水、再生剂（活化剂、软化剂和增黏剂等）和经破碎、除杂等工序制成的胶粉，在搅拌下以水作为传热介质进行再生。再生后的胶粉需经压水、干燥等工序进行处理。该法的优点是再生胶质量好，再生时间短、产量大，适用于产量较大的再生胶生产，但不适用于品种多变和再生条件差异较大的再生胶生产。

③ 高温连续脱硫法。再生胶高温连续脱硫新工艺的主机为一个多管道的、密闭的立体型加热机组。胶粉在 6 组总长度为 18m 的往复式管体中螺旋推进，经不同阶段的梯级升温、再加热、机械搅动、冷却处理等工序完成脱硫反应。

其工艺过程为：加入软化剂的胶粉→进料口→初始温度区→高峰温度区→保温区→冷却区→熟料出口。

其运行过程为：胶粉由加料口运动到 150℃的加热区段，继而推进到 260℃的强加热区段并使之继续保温 5～6min，然后再进入强制降温区段，经过脱硫的熟料在 75～85℃的温度连续排放。整个脱硫过程是无间歇地连续进行，从进料到出料约 15min。该新工艺除脱硫工序变更外，其他设备与水油法基本相同或沿用。高温连续脱硫工艺操作简便，劳动强度低，现日产量可达3.3t，适合我国中小型再生胶厂的改造与推广应用。

④ 微波脱硫法。微波脱硫工艺再生周期短、效率高、占地少、无污染、能耗低，再生胶物理性能高、质量均匀，是一种有发展前途的废胶再生工艺。微波场是高频交变电场，使得在其中的一切极性基团随之迅速改变自己的方向而摆动不停。因分子本身热运动、相邻分子间的相互作用以及分子运动的惯性，分子随电场变化的摆动受到阻碍和干扰，在极性基团和分子间产生巨大能量。硫化橡胶中硫醚键（$CH_3—S—CH_3$）在电场中发生偶极极化，加之炭黑吸收微波的能力很强，使硫醚键处获得大量能量，发生键的断裂，从而使硫化胶再生。因此，微波脱硫法是一种非化学、非机械的有选择地切断C—S键、S—S键而不切断C—C键使硫化胶再生的方法。

微波频率为915～2450MHz，温度260～350℃。废胶不同，所需能量也不同，一般在0.17～0.32kW·h/kg。脱硫时间因炭黑种类不同而不同，一般在5min左右。

整个微波脱硫装置主要由微波发生系统、控制系统、波导管、再生物料输送管及传动装置组成。其核心是波导管，必须用玻璃、陶瓷等易被微波穿透的材料制造。胶粉经钢质螺杆送入波导管，开动微波发生器，调节胶粉输送速度以调节功率和时间，使废胶粉再生。用微波脱硫的再生胶成粉状，可用精炼机压成厚胶片。因微波脱硫法对断键具有选择性，因此制得的再生胶性能好于其他方法再生的胶料，且特别适合于三元乙丙橡胶和丁基橡胶的再生，得到的再生胶与原料胶物性十分相近，可替代10%～15%的生胶使用。

利用废橡胶制品制得的再生胶可直接以适当配方加以硫化制成多种橡胶制品，但用量最大的是掺混于生胶中取代部分生胶以降低成本，改善胶料的加工性能。在再生胶配合中应掌握再生胶的胶分和有效胶分，以此作为设计配方和调整硫化胶性能的依据。在实际应用中，应根据再生胶胶分设计相应配合剂的组分，根据有效胶分考虑应掺入多少再生胶才能与制品性能的要求相匹配。

(2) 制备胶粉　把废橡胶制备成胶粉或精细胶粉是其再生利用的主导方向。胶粉并不是粉末橡胶，粉末橡胶是指粉末状的生胶。虽然胶粉也是粉末状，但是它是由已硫化的废旧橡胶经打磨或进一步改性活化制得的粉状胶料，可改善其掺用制品的力学性能。生产精细胶粉具有明显的经济效益和社会效益，其方法简单、能耗少、成本低，节约脱硫的软化剂、活化剂等化工原料，可部分取代生胶，不存在对环境的污染，在掺入再生料制品中，精细胶粉比再生胶的掺入量大且力学性能较好。

胶粉的主要生产方法有常温粉碎法、低温粉碎法和化学粉碎法等，其中常温粉碎法是世界胶粉生产的主要方法。

常温粉碎法是利用刃切力对废橡胶进行切断、压碎，一般分为粗碎和细碎两步。常温粉碎法中以常温辊轧法和轮胎连续粉碎法最常用。所得粗、细两种胶粉粒径在0.3～1.4mm之间，粒子表面凹凸不平，呈撕裂状，使得表面积大，易于活化。

低温粉碎法中根据所用冷冻介质的不同可分成液氮冷冻粉碎法和空气循环低温粉碎法，都是利用低温，使橡胶达到玻璃化温度，然后用机械力将其粉碎。低温粉碎法得到的是精细胶粉，液氮法得到的胶粉粒径为0.075～0.3mm，空气循环法的胶粉粒径在0.2～0.4mm。低温粉碎法胶粉粒子表面光滑，边角呈钝角，使其热老化、氧老化程度小、性能好。

化学粉碎法是选择合适的化学溶剂，使橡胶变脆，然后再进行粉碎。其缺点是要耗费大量的化学溶剂，造成污染，较难形成工业规模。

胶粉粒径大小不同，通常应用范围也不相同，具体见表5-10。

表 5-10 胶粉粒径与应用范围

粒径/mm	应用范围
1.0～6.0(粗胶粉)	与聚氨酯混合用于运动场、网球场、健身房地坪、学校操场等的铺设;制造地砖及隔声、隔热材料
0.5～1.0(粗胶粉)	作再生胶原料及与沥青合做铺路材料
0.3～0.5(细胶粉)	直接与生胶掺用,用量 10%～20%
<0.3(精细胶粉)	可以 100%配合量用于制造实心轮胎和减振橡胶制品等
<0.02(超细胶粉)	可以 100%配合量用于轮胎胎面而不影响其力学性能

胶粉与再生橡胶一样可以替代部分生胶或作为轻质填料使用，与生胶或树脂掺混，以降低成本和改善性能，制备多种制品。胶粉直接成型办法常用于制造机器垫、路基垫、缓冲垫等各类垫片以及挡泥板、吸声材料等对力学性能要求不高的低档产品。在这些制品上可复合模压或层压一层较薄的着色膜片，覆盖上所需颜色；也可使其表面凹凸，防止打滑，用于制成铺地片材。胶粉可与聚氨酯材料等并用，用于制造运动场地。胶粉聚氨酯弹性运动场有两种：用于网球场、田径场跑道等室外运动设施的透水型运动场和用于体育馆等室内设施的非透水型运动场。胶粉聚氨酯弹性运动场所使用的胶粉可以是常温粉碎胶粉，也可以是低温粉碎胶粉。用来充当黏结剂的是由聚酯二元醇或三元醇制得的高异氰酸基含量的氨基甲酸酯预聚物。10～25 份聚氨酯预聚物与 75～90 份 600μm 胶粉混合后再与高官能度的多元醇反应即得到用于铺设运动场地的材料。

(3) 热分解 废橡胶裂解不仅可以大量处理废旧橡胶，而且裂解产物主要为与炼油工业产品相似的油、煤气和炭，分离回收后可作为原料使用，是很有前途的一种再生技术。

废橡胶的热分解主要指废轮胎的热分解，主要包括热解和催化降解。热解主要有常压惰性气体热解、真空热解和融盐热解 3 种。催化降解则采用锌和钴盐等作为催化降解剂。如德国的流化床热分解工艺，热分解温度为 500～800℃，一条生产线年处理废胶能力近 1 万吨。热分解工艺不足之处是设备投资高，所得燃料和化学品质量还有待提高，需进一步开发利用。

废轮胎的热解是将粉碎的废橡胶投入热解炉，在 500～1000℃隔绝空气或少量空气存在下将橡胶分解，得到油、气混合物、炭黑以及固体残渣产物。各成分含量因热解方式、热解温度、废轮胎种类不同而不同。一般而言，油气混合物含量在 40%～60%，碳含量在30%～40%，固体残渣 10%左右。得到的油气混合物经冷凝加以分离，油的发热量在 40kJ/kg 左右，可经精馏进一步分离得到轻油、汽油、煤油、柴油和重油，用作燃料油或橡胶加工软化剂。气体可作燃料使用，为废橡胶热解提供能量。炭可替代炭黑，经过重新粉碎、造粒后用于一般橡胶制品，如橡胶管、橡胶带、杂品、鞋底等，其物理性能与通用炭黑和高耐磨炭黑相近，也可作为活性炭使用。

(4) 燃烧利用热能 废旧橡胶制品作为燃料利用的是其燃烧热能，这也是处理废旧高分子材料所采取的措施之一。废旧橡胶制品中含有橡胶、炭黑、化学助剂以及尼龙、涤纶、玻璃纤维、钢丝等增强材料。橡胶的燃烧发热量约为 3300kJ/kg，与优质煤炭相当，因此目前最为经济有效的回收方法是将橡胶作为燃料，回收能量。发达国家废橡胶用于制能方面占有较大比例，在美国废胶制能占废胶利用的 70%。

燃烧方法有三种：单纯废轮胎燃烧；废轮胎与其他杂品混合燃烧；与煤混合作水泥窑的

燃料。一般可直接利用燃煤设备。

回收废橡胶燃烧热的方法主要有以下几种：①胶粉与煤、石油、焦炭等混合作发电用的燃料；②回收利用橡胶燃烧产生的热，制温水或蒸汽，用于供暖或发电；③代替燃料，与煤、石油混烧用于焙烧水泥、冶炼金属等；④胶粉混入城市垃圾及工业垃圾中制成固态化燃料；⑤热分解，经干馏后得油、气、炭黑、活性炭等原料，油、气用作燃料。

5.7　合成纤维循环利用

废旧纤维的数量虽不及废旧塑料和废旧橡胶，但也不容忽略。其主要来源是纤维制造厂和纺织厂的废纤维、边角料、废品纤维以及废旧纤维制品等。纤维种类比较多，有天然纤维（棉、麻、丝）和化学纤维（人造纤维和合成纤维），这里主要讨论合成纤维的循环利用。

废纤维及其制品可有多种方法和途径进行回收利用，如再生胶厂的废纤维因黏着部分废橡胶，故可直接加工成再生板材或用于制防水油毡；回收的废天然纤维可以造纸；合成纤维可热解回收有机化工原料，也可作纤维增强材料，用于增强弹性体、生胶或再生胶、热塑性树脂等。

常见的合成纤维有涤纶、锦纶、脂纶、丙纶、氯纶、维纶、氨纶等，同一制品可用不同纤维制成，同一纤维可制不同的产品，因此废旧纤维在加工之前有必要对纤维进行分类和分离。对于工厂废物，因其比较干净和成分单一，可直接循环利用。

（1）涤纶　由聚对苯二甲酸乙二醇酯（PET）制成的纤维称为涤纶纤维。涤纶纤维废料可用于制纤维、不饱和聚酯树脂、增塑剂、对苯二甲酸及其酯或解聚后再制聚对苯二甲酸乙二醇酯等。PET 纤维可用来增强热塑性塑料如 PVC，据报道用涤纶短纤维增强 PVC，拉伸强度可提高 10MPa，同时弯曲强度等亦有提高。又如用涤纶短纤维增强 BR/LDP 共混物发泡体，其性能有所改善，加入少量短纤维可提高发泡体的拉伸强度和压缩恢复性能，且随其含量提高性能也提高。但纤维含量不能太高，否则在发泡成型时会出现质量问题如鼓泡，同时黏度也升高，不易操作。此外，对发泡倍率高的制品，不宜用纤维增强。

（2）锦纶　脂肪族聚酰胺（PA）有许多种，如 PA-6、PA-66、PA-1010、PA-610 等俗称尼龙。制成纤维又称为锦纶。尼龙纤维可通过化学循环回收单体原料，也可在增强材料中作增强体。将废短合成纤维作为增强材料，可与生胶、再生胶、氮化聚乙烯类弹性体等复合。废尼龙短纤维（10cm 长）增强氮化聚乙烯，尼龙短纤维在拉伸方向的增强作用比较明显，在横向增强效果不明显。在实际使用时要注意纤维的含量，含量过高会使熔体黏度大，不易混炼或加工。

（3）腈纶　聚丙烯腈（PAN）主要作为纤维，被称为腈纶。其主链由碳链构成，熔点 317℃，高于其分解温度，在 220～230℃开始软化且分解，玻璃化转变温度为 85℃，是结晶的不熔化的聚合物。我国聚丙烯腈的年产量约 40 万吨，据调查聚丙烯腈在拉丝过程中废丝率高达 7%，可见其废料量是相当多的。将聚丙烯腈废料进行官能团的化学反应后可加以利用，例如分子链上的氰基在一定条件下可以水解成酰胺或酸。

聚丙烯腈可在酸或碱作用下水解。若用浓碱加热到高于 800℃，在常压下生成的主要化合物是聚丙烯酸盐，再进行酸化形成聚丙烯酸，可以用乙醇等抽提出产物。例如，在装有搅拌器、温度计和冷却器的反应釜中按 PAN∶NaOH∶H_2O=1∶0.6∶8（质量比）投料，加热至 95～100℃反应 7h，反应结束后，用甲醇洗去碱，并用酸中和，可得到聚丙烯酸产物。

在聚丙烯腈的水解过程中，温度提高和碱浓度的提高可增加水解反应速率，但温度过高会导致聚合物降解，碱量提高会在中和过程中消耗大量酸。由于聚丙烯腈大分子链上的邻位效应如静电排斥作用，所以采用碱性水解羧基的产率不能达到100%。碱性水解是PAN水解的主要方法，由于设备简单、投资小、反应条件温和、操作方便、安全可靠、对聚合物降解小，所以得到广泛应用。用硫酸等强酸作催化剂也可进行PAN的水解。例如，按PAN∶NaOH∶H_2O=1∶10∶20（质量比）投料，可采用50%以上的硫酸溶液，反应温度130℃，时间为4h，产物用碱洗，水解产率可达100%。水解也可在高压下进行，如在1.01～1.22MPa、170～200℃下进行。催化水解，可以使反应在中性条件下进行，且水解产物的固含量较高。水解生成的聚丙烯酸产物可用作纺织上浆，作黏结木材、纸张、玻璃等的水性黏结剂，作油田用泥浆处理剂以及合成高吸水性树脂等。

第 6 章　固体废物循环利用

6.1 冶金废渣循环利用

6.1.1 高炉渣

6.1.1.1 高炉渣的来源、组成及性质

(1) 来源　高炉冶炼生铁时，除了要从炉顶加入原料铁矿石和燃料（煤炭）外，还要加入助熔剂。助熔剂的作用是与原料铁矿石生成低熔点共熔化合物，这些化合物连同被熔蚀的炉衬一起构成流动性良好的非金属渣。这些渣浮在铁水上面，从高炉的出泄口排出炉外，由此产生高炉渣。高炉渣的产生量不但与矿石品位的高低、焦炭中灰分的多少等因素有关，也和冶炼工艺有关。通常每炼 1t 生铁可产生 300～900kg 渣。

(2) 组成　高炉渣的矿物组成与生产原料和冷却方式有关。碱性高炉渣主要含黄长石、硅酸二钙；其次是假硅灰石、钙长石等。酸性高炉渣在冷却时，全部凝结成玻璃体。在弱酸性高炉渣中，尤其在缓冷条件下，其结晶矿物相有黄长石、假硅灰石、辉石和斜长石等。高钛高炉渣中主要矿物是钙钛矿、安诺石、钛辉石、巴依石及尖晶石等。锰铁高炉渣中主要矿物是锰橄榄石。

(3) 性质

① 化学成分。高炉渣的化学成分与普通硅酸盐水泥相似，主要是 Ca、Mg、Al、Si、Mn 等的氧化物，个别渣中含 TiO_2、V_2O_5等。由于矿石的品位及冶炼生铁的种类不同，高炉渣的化学成分波动较大。我国部分高炉渣的化学成分见表 6-1。

表 6-1　我国部分高炉渣的化学成分（质量分数）　　单位:%

名称	CaO	SiO_2	Al_2O_3	MgO	MnO
普通渣	38～49	26～42	6～17	1～13	0.1～1
高钛渣	23～46	20～35	9～15	2～10	<1
锰铁渣	28～47	21～37	11～24	2～8	5～23
含氟渣	35～45	22～29	6～8	3～7.8	0.1～0.8
名称	**Fe_2O_3**	**TiO_2**	**V_2O_3**	**S**	**F**
普通渣	0.15～2	—	—	0.2～1.5	—
高钛渣	—	20～29	0.1～0.5	<1	—
锰铁渣	0.1～1.7	—	—	0.3～3	—
含氟渣	0.15～0.19	—	—	—	7～8

② 碱度。碱度通常是指高炉渣中碱性氧化物和酸性氧化物的质量比（M_0）。可以根据

碱度的大小将高炉渣分为碱性渣（$M_0>1$）、酸性渣（$M_0<1$）和中性渣（$M_0=1$）。我国高炉渣大部分接近中性渣。

③ 密度。高炉渣的密度见表 6-2。

表 6-2　高炉渣的密度　　单位：t/m^3

种类	液态渣	固态渣
普通生铁渣	2.20～2.50	2.30～2.60
含氟渣	2.62～2.75	3.25
含钛渣	3.00～3.20	—

④ 各种成品渣的特性。用不同的方法把液态渣处理成固态渣，其成品渣的特性也各异。我国主要有三种成品渣：水淬渣、膨珠和重矿渣。

a. 水淬渣。用大量的水将高温炉渣急冷成粒，其中的各种化合物来不及形成结晶矿物，而以玻璃体状态将热能转化成化学能封存其内，这种潜在的活性在激发剂的作用下，与水化合可生成具有水硬性的胶凝材料，是生产水泥的优质原料。

b. 膨珠。在控制的水量和机械的配合作用下将高温熔渣急冲、膨胀、甩开成珠，珠内存有气体和化学能，除具有与上述水淬法相同的活性外，还具有隔热、保温、质轻（松散容重 400～1200 kg/m^3）等优点，是一种很好的建筑用轻骨料和生产水泥的原料。

c. 重矿渣。重矿渣是指将高温熔渣在空气中自然冷却或淋少量水加速冷却而形成的致密块渣。重矿渣的性质与天然碎石相近，其块体容重大多在 1900kg/m^3 以上，抗压强度高于 49MPa，矿渣碎石的稳定性、坚固性、磨耗率及韧度均符合工程要求，如表 6-3 所示，因此可以代替碎石用于各种建筑工程中。

表 6-3　高炉重矿渣碎石的性质

名称	粒度/mm	松散容重/(kg/m^3)	吸水率/%	坚固率/%	磨耗率/%	韧度
矿渣碎石	5～20	1200～1300	2.47～1.25	0～0.2	30～25	50～70

6.1.1.2　高炉渣主要处理工艺及利用途径

我国高炉渣 90%采用水淬工艺处理成粒状矿渣用于生产水泥，10%加工成矿渣碎石用于各种建筑工程中。

(1) 主要处理工艺

① 水淬工艺。高炉渣水淬工艺以其处理量大、速度快等优点逐渐代替空气缓冷处理工艺。目前，国内高炉渣水淬方式可分为两大类：池式水淬和炉前水淬。

池式水淬用渣罐将熔渣通过机车牵引到水池旁，砸碎表层渣壳，将熔渣缓慢倾倒入水池中，熔渣遇水急剧冷却成粒状水渣。水渣用吊车抓出放置堆场，脱水后装车外运。我国首都钢铁公司、马鞍山钢铁公司、本溪钢铁公司等部分高炉仍采用此法处理高炉渣。

池式水淬工艺的优点是：设备比较简单可靠，耗水少。缺点：生成大量的蒸汽、渣棉；环境污染大；约有 15%的粘罐渣壳不能水淬，另需场地堆置、加工处理，需要专设渣罐、铁路专线等设施，因此该工艺是逐渐被淘汰的工艺。

炉前水淬在高炉炉台前设置冲渣沟或冲渣槽，熔渣在冲渣沟（槽）内被高压水淬冷成粒，输送到沉渣池。水渣经抓斗抓出，堆放脱水后外运。

炉前水淬方法虽然有投资少、设备轻、经营费用低、有利于高炉及时放渣等优点，但也存在炉前有害气体污染较重，生产环境差，水中有淬渣，水泵磨损大等缺点。

为解决上述问题，我国某些高炉对过滤方式进行了改进，达到冲渣水闭路循环。例如，天津铁厂采用的沉淀池过滤式，成都钢铁厂采用的旋转滚筒法，都较好地解决了此问题。

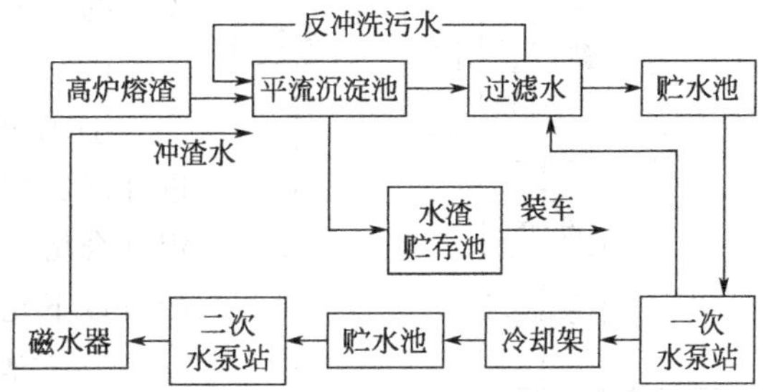

图 6-1　沉淀池过滤工艺流程

沉淀池过滤流程如图 6-1 所示，冲渣水经磁水器处理后，送至炉前冲渣，渣水混合物通过冲渣沟流入平流沉淀池，截流 99%的沉淀及浮渣，澄清水再经分配渠进入过滤池，滤后清水经冷却后蓄于贮水池供循环使用。水渣用抓斗吊车抓出，滤水后外送。

此渣滤法关键在于反冲洗，使沉淀、过滤效果加强。滤后清水的悬浮物含量下降到 5～30mg/L，达到全部循环使用，对水泵磨损小。但该工艺占地面积大，投资高，渣中含水率高。

旋转滚筒式（亦称 CC 法）。高温熔渣经粒化器冲制成水渣后，渣浆经渣水斗流入装在滚筒里面的分配器内，分配器均匀地把渣浆分配到旋转的滚筒内，由滚筒内的盛料斗连续地带到上面，脱水后的水渣靠重力落到设在滚筒内转轴中心上面的皮带运输机上运走。此方法的优点是：渣水分离采用活动滤床过滤器，更换方便，过滤效果好，循环水泵出口含悬浮物 26mg/L，水可全部循环使用。缺点是水渣含水率较高。

② 膨胀矿渣珠（简称膨珠）生产工艺。高温熔渣经渣沟流到膨胀槽上，与高压水接触后，即开始膨胀，并流至滚筒上，被高速旋转的滚筒击碎甩出，在空气中“飞翔”2～20m，冷却成珠落入膨胀池内，由抓斗装车外运。该工艺的优点是比水淬法用水量少，环境污染小，抑制 H_2S 气体产生，蒸汽量也小，比热泼法占地面积小，处理效率高；无害再加工；产品用途广，既可同水渣一样利用，又可做轻骨料；投资省，成本低。缺点是有渣棉产生，要有控制渣棉飞散的密封棚。

③ 高炉重矿渣碎石工艺。高炉重矿渣碎石是高炉熔渣在指定的渣坑或渣场自然冷却或淋水冷却形成致密的矿渣后，经挖掘、破碎、磁选和筛分加工成一种石质碎石材料。重矿渣碎石处理工艺主要有热泼法和渣场堆存开采法。

a. 热泼法。热泼法有两种形式，即炉前热泼和渣场热泼。国外多采用炉前热泼法。宝山钢铁公司的干渣处理工艺采用的是炉前热泼法。熔渣经渣沟直接流到热泼坑，每泼一层渣要喷洒适量水，促使其加速冷却和碎裂，待泼到一定厚度后，即可以挖掘，用车运到处理加工车间进行破碎、磁选、筛分成各种规格的碎石。我国攀枝花钢铁公司、承德钢铁厂的含钛高炉渣则是采用炉外渣场热泼法，熔渣用渣罐车运到渣场热泼，其后处理方法同炉前热泼一样。该工艺优点是工艺简单，处理量大，产品性能稳定。缺点是占地面积大。

b. 渣场堆存开采法

高炉重矿渣碎石工艺也是挖掘开采历年堆积的陈渣和加工处理某些炉外渣池水淬工艺残留下的罐壳渣的有效方法。我国近些年的高炉渣 90%采用水淬处理成水渣，重矿渣碎石多数是由开采渣场堆态的陈渣和加工渣罐渣而成。该方法优点是设备简单，灵活；投资省，成本低。一般情况，建一条重矿渣碎石生产线的基建投资约为兴建同等能力的天然石场的基建

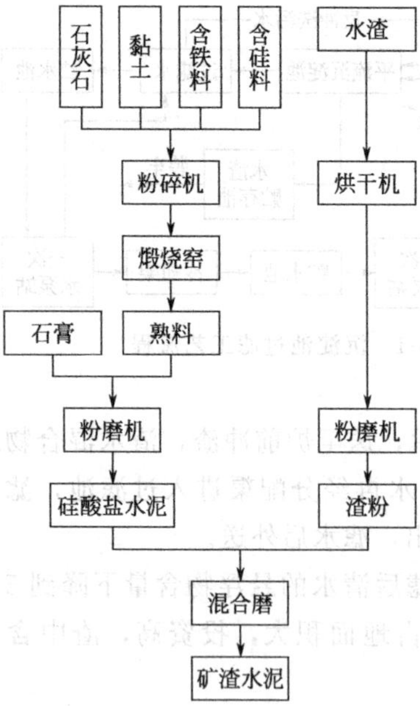

图 6-2 矿渣硅酸盐水泥生产流程

投资的 1/3～1/2。渣石成本为天然碎石的 1/2～2/3。

(2) 利用技术

① 作水泥混合材。在水泥生产中，高炉渣已成为改进性能、扩大品种、调节标号、增加产量、保证水泥安定性合格的重要原材料与有力措施之一。目前使用最多的有以下几种。

a. 矿渣硅酸盐水泥：它是硅酸盐水泥熟料和粒化高炉渣加适量石膏磨细制成的水硬性胶凝材料。其高炉渣的掺量按质量分数计为 20%～70%。工艺流程如图 6-2 所示。

b. 普通硅酸盐水泥：普通硅酸盐水泥是由硅酸盐水泥熟料、少量混合材和适量石膏磨细制成的水硬性胶凝材料。活性混合材的掺量按质量分数计不超过 15%。

c. 石膏矿渣水泥：石膏矿渣水泥是由 80%左右的高炉渣，加 15%左右的石膏和少量硅酸盐水泥熟料或石灰混合磨细制得的水硬性胶凝材料，亦称矿渣硫酸盐水泥。它有较好的抗硫酸盐侵蚀性质，但早期强度低，易风化起砂。

d. 钢渣矿渣水泥：钢渣矿渣水泥是由 45%左右的转炉或平炉钢渣，加入 40%左右的高炉水渣及适量石膏磨细制成的水硬性胶凝材料。为改善性能，可适当加入硅酸盐水泥熟料。该水泥目前有 225、275、325、425 四种标号。该水泥以钢铁渣为主原料，投资少，成本低，但早期强度偏低。

② 生产矿渣砖。用水渣生产矿渣砖工艺流程如图 6-3 所示。一般配比为水渣 85%～90%，磨细生石灰 10%～15%。

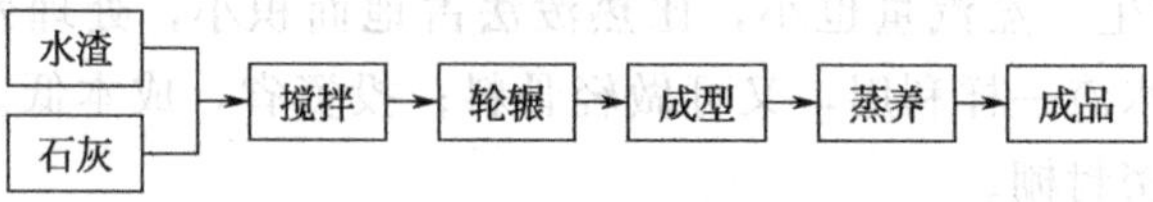

图 6-3 用水渣生产矿渣砖工艺流程

③ 修筑道路。高炉水渣、重矿渣碎石可以用作各种道路基层和面层。美国、德国等 70%的高炉渣用于道路、机场等建设。我国鞍山、马鞍山、武汉等地先后使用高炉重矿渣铺路。实践证明，利用矿渣铺路，无论是路面强度、材料耐久性及耐磨性方面，都有良好效果。尤其在强调路面防滑的情况下，充分利用高炉重矿渣碎石摩擦系数大的特点，铺筑矿渣沥青路面达到防滑效果。表 6-4 给出了防滑路面比较情况。

表 6-4 各种防滑路面比较

材料	摩擦系数	路面材料	汽车制动距离(65km/h)
砖石	0.4	砾石、天然碎石沥青路面	36km
天然碎石	0.5	天然碎石混凝土路面	34km
矿渣碎石	0.6	矿渣碎石沥青路面	28～29km

④ 用作混凝土骨料。矿渣碎石混凝土不仅具有与普通碎石混凝土相似的物理力学性能，

而且还具有较好的保温、隔热、耐热、抗渗和耐久性能。现已广泛地应用到 500 号及 500 号以下的混凝土、钢筋混凝土、预应力混凝土工程中。

6.1.2 钢渣

钢渣是炼钢厂产出的主要固体废物。我国对钢渣处理利用的研究，始于 20 世纪 50 年代末，到目前已研究开发出多种钢渣处理利用方法并应用于生产，取得了显著的经济、社会和环境效益。

6.1.2.1 钢渣的来源、组成与性质

（1）来源　钢渣就是炼钢过程所排出的熔渣。

一般来说，熔渣的组成主要来源于铁水与废钢中所含铝、硅、锰、磷、硫、钒、铬、铁等元素氧化后形成的氧化物，金属料带入的泥砂等；加入的造渣剂，如石灰、萤石等；作为氧化剂或冷却剂使用的铁矿石、烧结矿、氧化铁皮等；侵蚀下来的炼钢炉炉衬材料，脱氧用合金的脱氧产物和焙渣的脱硫产物等。

（2）钢渣组成与产生量　不同的原料、不同的炼钢方法、不同的生产阶段、不同的钢种生产以及不同炉次等，所排出的钢渣其组成与产生量是不同的。

① 转炉钢渣。以目前的炼钢技术水平和条件，生产 1t 转炉钢产生 130～240kg 的钢渣。随着转炉数量的不断增加和平炉的逐步淘汰，转炉钢渣将是钢渣的主要组成部分。

② 平炉钢渣。平炉炼钢周期比转炉长，分氧化期、精炼期与出钢期，并且每期终了都要出渣。氧化期排出的渣称初期渣，精炼期排出的渣称精炼渣，出钢后排出的渣称出钢渣，精炼渣与出钢渣又合称末期渣。每生产 1t 平炉钢产生钢渣 170～210kg，其中初期渣约占 60%，精炼渣占 10%，出钢渣占 30%。

③ 电炉钢渣。电炉炼钢是以废钢为原料，主要生产特殊钢。电炉生产周期长，分氧化期和还原期，并分期出渣，氧化期的渣称氧化渣，还原期的渣称还原渣。电炉钢渣矿物组成规律与平炉钢渣相似。每生产 1t 电炉钢产生 150～200kg 的钢渣，其中氧化渣约占 55%。

（3）钢渣的性质　因为钢渣是一种多种矿物组成的固熔体，随化学成分的变化而变化，而且钢渣的性质又与它的化学成分有密切的关系。因此，只能说钢渣一般具有以下性质。

① 密度。由于钢渣含铁较高，因此它比高炉渣重。

② 容量。钢渣容量不仅受其成分影响，还与粒度有关。通过 80 目标准筛的渣粉，平炉渣为 2.17～2.20g/cm^3，电炉渣为 1.62g/cm^{3}左右，转炉渣为 1.74g/cm^{3}左右。

③ 易磨性。由于钢渣的结构和组成关系，钢渣较耐磨，以易磨指数表示，标准砂为 1，高炉渣为 0.96，而钢渣仅为 0.7，钢渣比高炉渣还耐磨。

④ 活性。C_3S、C_2S 等为活性矿物，具有水硬胶凝性。当钢渣中 CaO 与（SiO_2＋P_2O_5）之比大于 0.8 时．含有 60%～80%的 C_2S 和 C_3S，并且随比值（碱度）提高，C_3S 含量也增加，当碱度提高到 2.5 以上时，钢渣的主要矿物为 C_3S。用碱度高于 2.5 的钢渣与 10%的石膏研磨，其强度可达 325$^{\#}$ 水泥的强度。因此，C_3S、C_2S 含量高的高碱度钢渣，可作水泥生产原料和制造建材制品。

⑤ 稳定性。钢渣含游离氧化钙等成分，这些组分在一定条件下具有不稳定性。如碱度高的熔渣在缓冷时，C_3S 会在 1100～1250℃缓慢分解为 C_2S 和 fCaO。

钢渣的这些变化，在处理和应用时必须注意的是：a. 用作生产水泥的钢渣要求 C_3S 含

量要高，因此在处理时最好不采用缓冷技术；b. 含 fCaO 高的钢渣不宜用作水泥和建筑制品生产及工程回填材料，c. 利用 fCaO 消解膨胀的特点，可对含 fCaO 高的钢渣采用余热自解的处理技术。

⑥ 抗压性。钢渣抗压性能好，压碎值为 20.4%～30.8%。

6.1.2.2 钢渣处理与利用技术

钢渣虽然无毒，但需要占地堆存，粉化后会扬尘、流失、污染环境，堵塞河道。解决这些问题的最好的办法就是把它利用掉。在决定选用加工处理方法时，必须要考虑方法的适用性，否则，将影响钢渣的利用。

（1）钢渣处理技术　一套完整的钢渣处理工艺，如图 6-4 所示，可分为四个工序，钢渣预处理工序、钢渣加工工序、钢渣陈化工序及钢渣精加工工序。但是，具体到一个企业时，不一定四个工序全都要有，可根据使用要求来取舍。

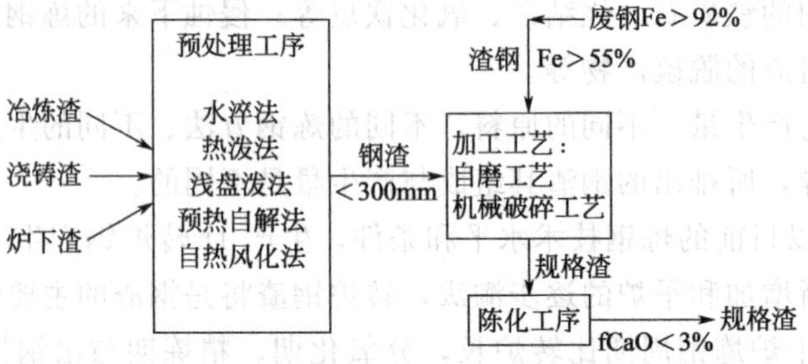

图 6-4　钢渣处理工艺流程

（2）钢渣利用技术　我国已把钢渣成功地用作钢铁冶炼的熔剂、水泥掺合料或生产钢渣矿渣水泥、筑路和回填工程材料、生产建筑制品、农肥及土坡改良剂、回收废钢等。

① 钢铁冶炼熔剂

a. 烧结熔剂。烧结矿的生产，需配加石灰石作熔剂。钢渣作烧结熔剂，不仅回收利用了钢渣中的钙、镁、锰、铁等有价元素，并可提高烧结机利用系数和烧结矿的质量，降低燃料消耗。利用 1t 钢渣，经济效益高达 40 元。

b. 高炉炼铁熔剂。需配加石灰石的高炉，可将钢渣加工处理成 10～40mm 粒渣代替。替代数量视具体情况定。

② 生产钢渣水泥或作水泥的掺合料

a. 钢渣矿渣水泥。生产钢渣矿渣水泥，要求钢渣配入量不得少于 35%，水泥热料配量不得超过 20%。它具有投资省、成本低、见效快等优点。钢渣水泥具有水化热低、后期强度高、抗腐蚀、耐磨等特点，是理想的大坝水泥和道路水泥，已引起有关行业的重视。生产钢渣矿渣水泥的钢渣，碱度不应低于 1.8，金属铁含量不超过 1%，fCaO 含量不超过 5%，并不得混入废耐火材料等杂物。

b. 水泥掺合料。由于钢渣具有活性，因此，钢渣也被作为普通硅酸盐水泥的掺合料。掺 10%～15%钢渣生产的普通硅酸盐水泥，对其指标、使用均无不良的影响，只是比其他原料难磨。作水泥掺合料钢渣的要求，与生产钢渣矿渣水泥的钢渣相同。

c. 钢渣白水泥。电炉还原渣除含大量的 C_3S、C_2S 外，还具有很高的白度，与煅烧石膏和少量外加剂混合、磨制，即可生产出符合 325[#] 水泥要求的白水泥。利用电炉还原渣生产白水泥，具有投资少、能耗低、效益高、见效快等优点，是钢渣的有效利用途径之一。

③ 筑路与回填工程材料。钢渣抗压强度高，陈化后性能已基本稳定。因此，现在已将大量的陈化钢渣用作路基材料和回填工程材料。特别是因钢渣具有活性，能板结成大块，用钢渣在沼泽地筑路，更具有其他材料不能代替的效用。用钢渣作工程材料的基本要求是：必须是陈化后的钢渣，粉化率不能高于 5%；要有合适级配，最大块的直径不能超过 300mm，并且最好与适量的粉煤灰、炉渣或黏土混合使用；利用钢渣作工程材料，从经济角度出发，除特殊用途外，一般只能在一定的运输距离内使用。

④ 生产建材制品。把具有活性的钢渣，与粉煤灰或沪渣按一定比例配合、磨细、成型、养生，即可生产出不同规格的砖、瓦、砌块、板等各种建材制品。如生产砖，其与红砖的强度、重量相差不多。

⑤ 农肥和酸性土壤改良剂。钢渣含钙、镁、硅、磷等元素，并且硅、磷氧化物的构溶性高，可根据元素含量不同作不同的利用。

a. 钢渣硅肥。硅是水稻生长需要量大的元素，含 SiO_2 超过 15% 的钢渣，磨细至 60 目以下，即可作硅肥用于水稻田，一般每亩施用 100kg，可增产水稻 10%左右。

b. 钢渣磷肥。含 P_2O_5 超过 4%的钢渣，可作为低磷肥料用，相当于等量磷的效果，超过钙镁磷肥的增产效果。

c. 酸性土壤改良剂。含钙镁高的钢渣，磨细后，可作酸性土的改良剂，并且也利用了钢渣中的磷等元素。

⑥ 回收废钢。钢渣一般含 7%～10%废钢，加工磁选后，可回收其中 90%的废钢。1000 万吨钢渣，全部加工磁选后，可回收废钢为 80 万～90 万吨，价值达 2 亿元。

各种利用途径的钢渣量所占利用总量的百分比见表 6-5。

表 6-5　钢渣各种利用量的百分比

途径	烧结熔剂	水泥	筑路	造地
百分比 /%	5.8	6.4	23	60

6.1.3 有色金属渣

重有色金属冶炼废渣种类繁多，有铜渣、铅锌渣、镍渣、锡渣、锑渣、汞渣等。对这些废渣的利用主要是从冶炼渣中回收有价金属。

铜渣主要来自于火法炼铜过程，其他铜渣则是炼锌、炼铅过程的副产物。铜渣中含有铜、锌等重金属和 Au、Ag 等贵金属。因此，铜渣的利用价值很大。铜渣中的 Pb、Sb、In 易被氯化，SiO_2 不易被氯化。当焙烧温度大于 900℃时，Pb、Sb、In 氯化挥发成为蒸气而与 SiO_2 等杂质分离。所用氯化剂为氯化钙，常用的还原剂为焦炭粉。吹入空气可使铜渣内的金属氧化，促进反应进行。通过捕集烟尘，得到含 Pb、Sb、In 的富集物，再通过化学方法分离提取 In 和 Pb、Sb 金属。铟的挥发率 90%以上，残渣含铟低于 0.1%，铟的挥发较彻底。铜渣氯化挥发提铟工艺流程见图 6-5。

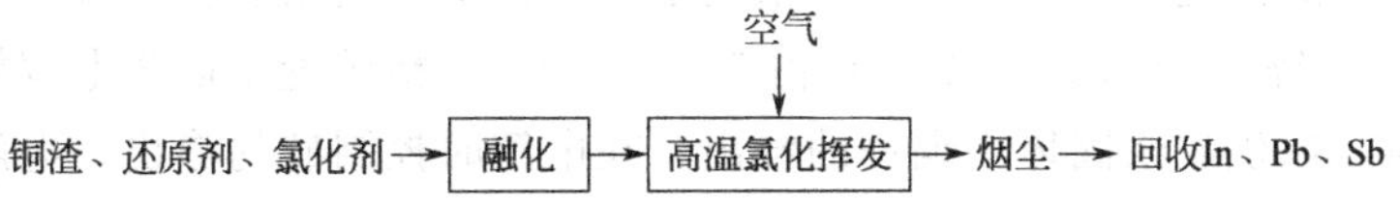

图 6-5　铜渣氯化挥发提铟工艺流程

旋涡炉熔炼法处理蒸馏残渣，只需一个熔炼过程就能使有价金属挥发富集，从而得到回收；高温烟气经余热锅炉产生蒸气供发电和生产生活之用，实现余能回收，同时解决蒸馏残渣对环境的影响。旋涡炉处理蒸馏残渣能力 20×10^4t/a，其中回收金属锌 32002t，铅 1360t，包括冰铜部分的银在内共回收银 18.1t，铜（不包括烟尘中的铜）48t。浸出渣的主要化学成分见表 6-6。

表 6-6　浸出渣的主要化学成分　　单位：%

Zn	Pb	Cu	Cd	Fe	S	Ag/(g/t)
2.0～2.5	0.6～0.8	0.6～1.0	0.11	20～26	5～7	200～250

浸出渣中的锌主要以铁酸锌的形态存在，难以处理。采用回转窑法处理，生产实践证明，回转窑处理浸出渣存在很多弊病，如处理能力低、炉体寿命短、维修费用高、渣含有价金属高、银和铜不能综合回收等缺点。旋涡炉处理湿法炼锌浸出渣与回转窑法处理浸出渣工艺指标对比见表 6-7。

表 6-7　旋涡炉法与回转窑法处理浸出渣指标对比

炉型		旋涡炉	回转窑	炉型		旋涡炉	回转窑
处理能力/(t/h)		4.67	2.0	挥发率	Pb/%	91.25	81.60
渣中金属含量	Zn/%	1.86	2.78		Ag/(g/t)	83.20	
	Pb/%	0.65	0.16	布袋金属含量	Zn/%	61.68	63.35
	Ag/(g/t)	56	210		Pb/%	11.6	11.62
挥发率	Zn/%	90	90		Ag/(g/t)	861	98

铝铁锌渣是从精馏塔下部精炼炉中捞出的，铸成无规则块状多元合金，含铟 0.2%～0.4%。葫芦岛锌厂竖罐炼锌每年产铝铁锌渣 1200t，原处理流程是返回竖罐重新蒸馏，此流程仅有效地回收了锌，而金属铟随着蒸馏残渣的废弃而全部损失。为了提高总冶炼回收率，综合回收有价金属，采用干馏-烟化-浸出工艺流程处理铝铁锌渣，年处理量 1200t/a，产精铟 1514kg/a，提高铟总回收率 2.23%。

株洲硬质合金厂主要生产硬质合金、钨、钼、钽、铌及其加工产品。该厂钨冶炼系统采用碱压煮工艺生产仲钨酸铵及蓝钨时产出钨渣，钨渣用火法-湿法联合流程处理，即钨渣还原熔炼得到含铁、锰、钨、钽、铌等元素的多元铁合金（简称钨铁合金）和含铀、钍、钪等元素的熔炼渣。钨铁合金用于铸铁件，熔炼渣采用湿法处理，分别回收氧化钪、重铀酸和硝酸钍等产品。株洲硬质合金厂在钨湿法冶炼过程中，采用镁盐法除去钨酸钠溶液中的磷、砷等杂质时会产出磷砷渣，将此渣经过酸溶、萃取、反萃、沉砷等综合工艺，可回收钨的氧化物及硫酸镁，最后产出砷铁渣为原磷砷渣的 1/11，其渣型稳定，不溶于强碱、弱酸，容易处理。

北京铜冶炼厂渣处理情况如下：该厂采用了炉渣选矿，铜精矿再电解处理方法，选出的铜精矿含铜 10%，锌 6%～10%，200 目占 50%～80%。精矿置于矿浆电解槽的阳极区，电解时产生酸和氧，以供矿浆固体中铜锌的浸出，在电解时控制硅的渗出，电解后阴极产出铜粉，电解后溶液经中和及除杂质后用 P204 萃取分离铜锌，副产硫酸锌。主要技术经济指标：铜浸出率 93%～95%，锌浸出率 95%～97%，铜总回收率 90%，锌总回收率 81%～

83%，电解铜粉电耗 4200kW·h/t，P204 消耗铜粉为 5.85kg/t，磺化煤油消耗铜粉 58.5kg/t，铜粉纯度为 99.74%，粒度小于 200 目 90%。

莱钢新泰冶炼厂采用湿法炼铜，产出的浸出渣含金 3～4g/t，银 30g/t。采用浮选法回收金银，浮选后尾矿作为生产水泥的原料。流程为：四次洗渣、一次粗选、两次精选、一次扫选。精矿金品位 55～60g/t，尾矿含金 1.4g/t，金回收率 75%以上，年回收黄金 14kg、白银 96kg。

6.1.4 赤泥

赤泥是氧化铝冶炼工业生产过程中排出的固体粉状废弃物，因其外观颜色与赤色泥土相似而得名。它是目前排量较大，对自然环境危害严重又难以利用的主要工业废渣之一。赤泥是氧化铝生产过程中的副产物，每生产 1t 氧化铝同时产出 1.0～1.8t 赤泥，而排出赤泥一般都是堆放。我国各地氧化铝厂一般采用平地筑台、河谷拦坝、凹地填充等方法堆存赤泥，防护措施不完善，赤泥废液污染地下水源，使该地水源永久碱化，既浪费土地又极易造成“二次扬尘”污染环境。目前进行了一些循环利用，如由赤泥中提取铁、生产水泥及其他建筑材料、筑路材料、矿井填充材料等，做塑料添加剂、做硅肥，但数量有限。

(1) 赤泥的特点

① 赤泥是高碱性物质。据测试，赤泥的 pH 值大于 11，如山东铝厂赤泥碱度为 pH 等于 12，含 Na_2CO_3 为 110g/t，其中 30g 溶解于水，80g 留在固相内，经水洗和干燥后 pH 值仍大于 11。

② 具有放射性。据测试赤泥的放射性总 a 值为 $(1\sim3)\times10^{-7}$ 居里/kg，接近或微超过国家《放射性防护规定》的标准，但一般认为赤泥不属于放射性废渣。

③ 赤泥含元素多，成分复杂，粒度细。赤泥的成分见表 6-8～表 6-10。

赤泥中含有一定量的 β-C_2S 和无定形铝硅酸盐物质，它们可与水发生水化反应，使赤泥具有一定的显在活性，而赤泥中的无定形铝硅酸盐物质是赤泥潜在活性的主要来源。又因为磨细赤泥颗粒细小，可以填充材料空隙，也能够起到增强材料的作用。

表 6-8　赤泥的化学组成　　单位：%

名称	Al_2O_3	SiO_2	CaO	Fe_2O_3	Na_2O	TiO_2	K_2O
赤泥(烧结法)	5～7	19～22	44～48	8～12	2～2.5	2～2.5	—
赤泥(联合法)	5.4～7.5	20～20.5	44～47	6.1～7.5	2.8～3	6～7.7	0.5～0.73
赤泥(拜尔法)	13～25	5～10	15～31	21～37	0.6～3.7	—	—

表 6-9　烧结法赤泥的矿物组成　　单位：%

C_2S	$Fe_2O_3\cdot nH_2O$	$C_3A+C_3AS_x\cdot(6-2n)H_2O$	$NAS_2\cdot nH_2O$	$CaCO_3$	$CaO\cdot TiO_2$
50～60	4～7	5～10	5～10	2～10	2～10

表 6-10　烧结法赤泥的物理性质　　单位：%

密度/(g/cm³)	容重/(g/cm³)	熔点/℃	颗粒直径/mm	塑性系数
2.7～2.9	0.8～1.0	1220～1250	0.08～0.25	16.8

(2) 赤泥的处置方法

① 酸中和处置法。采用酸性材料如石膏、磷酸废物、$FeSO_4 \cdot 7H_2O$ 和 $FeSO_4/H_2SO_4$ 废物，以海水等进行中和。

② 干法处置赤泥。干赤泥堆积法即属于干法。印度斯坦铝业公司处理赤泥即用此法，它用翻斗车把含 70%固体的赤泥饼堆放起来进行干法处理，可用太阳热干燥赤泥。

(3) 赤泥的循环利用

① 赤泥用于生产水泥。山东铝业股份有限公司（简称山铝公司）早在建厂初期就对赤泥循环利用进行了研究，建成了循环利用赤泥的大型水泥厂。水泥的赤泥利用量 200～420kg/t，产出赤泥的循环利用率 30%～55%。由于赤泥含碱量高，赤泥配比受水泥含碱指标制约。山铝完成两项攻关项目“常压氧化钙脱碱与低碱赤泥生产高标号水泥的研究”和“低浓度碱液膜法分离回收碱技术”，使以烧结法、联合法赤泥为原料生产水泥的技术向前迈进了一大步，提高了赤泥配比，使赤泥配料提高到 45%，并提高了水泥质量，为氧化铝生产赤泥废液零排放创造了条件，提高了赤泥的循环利用率，保护了环境，提高了水泥质量，降低了产品成本。

② 赤泥生产新型墙材。该技术利用赤泥、粉煤灰及煤矸石配方和烧结工艺技术，研究出新型黏结剂，并生产出符合国家标准的建筑用砖。以赤泥、粉煤灰、煤矸石为原料经烧结制成烧结砖，可大量消耗固体废物，按年产 8000 万块标砖计算，年可创利润 500 万元以上。

③ 用赤泥生产流态自硬砂硬化剂。其硬度较其他硬化剂大，一般 8h 强度可达 $8kg/cm^2$，赤泥配入量占 4%～6%。生产工艺较简单，自然风干后的赤泥经回转干燥器烘干，控制料温在 300～800℃，干料应制细度为 170 目<10%，即为成品。

④ 炼钢用赤泥保护渣。它要求有较低熔点，较好绝缘性能，而且熔体流动性好，粒度小，见表 6-11。

表 6-11 炼钢用赤泥保护渣性质

名称	水分/%	细度(+120 目)/%	安息角/(°)	软化点/℃	熔点/℃	容重/(kg/L)
物理性能	0.3	5.0	45	1140	1180	0.26
名称	SiO_2	Fe_2O_3	Al_2O_3	CaO	MgO	CaO/SiO_2
化学组成/%	33.3	5.32	9.82	23.76	0.93	0.71

山铝的赤泥保护渣制造工艺简单，如同赤泥硬化剂加工过程，再加入珍珠岩和石墨应制而成。在首钢试用中获得理想的效果，超过国产“柳毛”保护渣，与日本的产品水平相当。

该技术以赤泥为主要原料生产炼钢铸锭保护渣。其生产方法是以工业废料赤泥为主要原料，并辅以各种辅助原料，经粉碎、烘干、配料、球磨、包装等工序配制而成。该保护渣具有良好的覆盖性，能有效地改善钢锭的表面质量，减少缩夹废品率及钢锭增碳量，并具有利用工业废料、减少环境污染、生产成本低、适应范围广的优点，是一种理想的钢锭保护渣。

⑤ 赤泥硅钙肥。赤泥的主要矿物组成为 $P\text{-}C_2S$ 约占 50%以上，这是赤泥硅钙肥的有效组成，经田地试验表明在酸性、中性和微碱性土壤中均可作基肥用，能促进作物生长，对农作物生理效能和抗逆性能，提高抗病能力，提高作物产量，降低土壤酸性，改良土壤等有着不可忽视的作用。在江西的试验中水稻可增产 12%～16%；在山东等地试验中水稻、玉米、地瓜、花生等农作物均有增产效果，一般增产 8%～10%，对酸性土壤较适宜。

⑥ 赤泥生产塑料。赤泥作塑料填料的研究已进行多年，近年来随着塑料加工及表面处理剂的不断改进，赤泥在塑料行业的应用取得了新的进展。赤泥对 PVC（聚氯乙烯）具有显著的热稳定作用、优良的抗老化性能和阻燃性，可用于生产建筑型材。赤泥填充聚氯乙烯塑料是 PVC 与赤泥构成的新型复合材料，可用于制作管材、工业和日用板材、建筑材料和地板砖等硬制品，也可用于制作鞋料、人造革和沼气发酵贮料袋等软制品。

⑦ 用赤泥生产泡沫砖、釉面砖、普通砖等建筑材料。赤泥生产泡沫砖加工过程为：物料称重-混料-加水拌合-成型-脱模-养护-成品。配料比为赤泥：煤灰：水泥：铝粉＝60：10：30：0.12，砖强度大于 $110kg/cm^2$，相对密度为 0.7。

6.2 化工废物循环利用

化学工业是一个生产行业多、产品庞杂、既有基础原料工业又有加工工业的重要生产部门，在化肥、农药、染料、感光材料、氯碱、纯碱、橡胶、染料、无机盐及其他化工原料的加工过程中，不可避免地会产生各种废物。这些废物包括：化工生产中不合格产品（包括中间产品和副产品）、失效催化剂、废溶剂、生产残渣、废添加剂以及产品精制、分离、洗涤时排出的粉尘、过滤渣、处理污泥等工艺废物。部分化工固体废物的单位产生量见表 6-12。

表 6-12　部分化工固体废物的单位产生量

行业名称及产品		生产方法	固体废物名称	产生量/(t/t)
无机盐工业	重铬酸钠	氧化烘烧法	铬渣	1.8～3
	氰化钠	氨钠法	氰渣	0.057
	黄磷	电炉法	电炉炉渣,富磷渣	8～12,0.1～0.15
氯碱工业	烧碱	水银法,隔膜法	含汞盐泥,盐泥	0.04～0.05
	聚氯乙烯	电石乙炔法	电石渣	1～2
化肥工业	黄磷	电炉法	电炉炉渣	8～12
	磷酸	湿法	磷石膏	3～4
	合成氨	煤造气	炉渣	0.7～0.9
纯碱工业	纯碱	氨碱法	蒸馏废液	9～11 m^3/t
硫酸工业	硫酸	硫铁矿制酸	硫铁矿烧渣	0.7～1
有机原料及合成材料工业	季戊四醇	低温缩合法	高浓度废母液	2～3
	环氧乙烷	乙烯氯化(钙法)	皂化废液	3
	聚甲醛	聚合法	烯醛液	3～4
	聚四氟乙烯	高温裂解法	蒸馏高沸残液	0.1～0.15
	氯丁橡胶	电石乙炔	电石渣	3.2
	钛白粉	硫酸法	废硫酸亚铁	3.8
化学矿山	硫铁粉	选矿	尾矿	0.6～1.1

6.2.1 电石渣

电石渣是电石（CaC_2）制取乙炔时产生的浅灰色细粒废渣。生产 1t 聚氯乙烯要排出电石渣 2t 多。电石渣的成分与性质与消化石灰相似，$Ca(OH)_2$ 含量通常达 60%～80%（干基）。我国多采用湿法工艺制取乙炔，电石渣的含水率很高，需经沉淀浓缩才能利用。电石渣的主要循环利用途径：一是代替石灰石做水泥原料，锦西化工总厂水泥厂利用电石渣生产水泥已获成功；二是代替石灰硅酸盐砌块、蒸养粉煤灰砖、炉渣砖、灰渣砖的钙质原料，长期使用的企业很少；三是代替石灰配制石灰砂浆，但由于有气味，在民用建筑中很少使用；四是代替石灰用做铺路，但受使用运输半径的限制，应用并不广泛。

生产的工艺过程是：电石渣用泥泵送至水泥厂后先筛去杂质，然后送浓缩池浓缩至含水60%左右，浓缩后的电石渣送入储库。电石渣在储库内沉降24h左右后，含水率降至55%左右，黏土、河沙和铁粉在储库内分别制成浆状，电石渣浆、黏土浆、河沙浆和铁粉浆分别从库底按一定比例放入生料库，并用压缩空气搅拌均匀；含水55%～58%的生料浆用泵送回转窑的勺式喂料机，生料在窑内经干燥、预热、分解、放热反应和冷却烧成熟料；经磨碎的熟料、煤矸石混合材和石膏分别按81%～87%、10%～15%、3%～4%的比例喂入水泥磨中进行粉磨，粉磨后经筛选、包装入库。电石渣还常用来生产漂白液及氯酸钾等（图6-6、图6-7）。

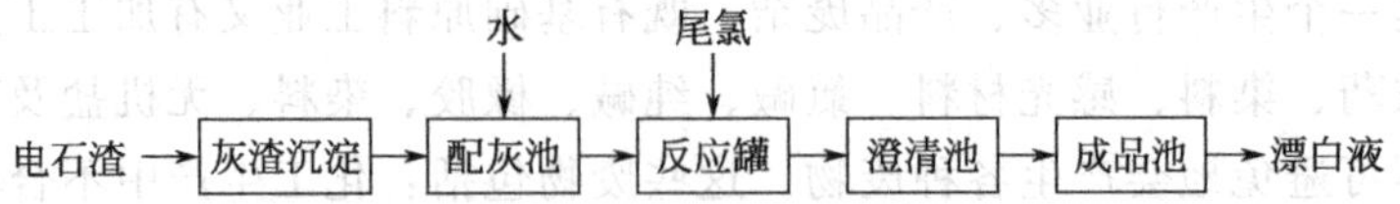

图6-6 电石渣生产漂白液工艺流程

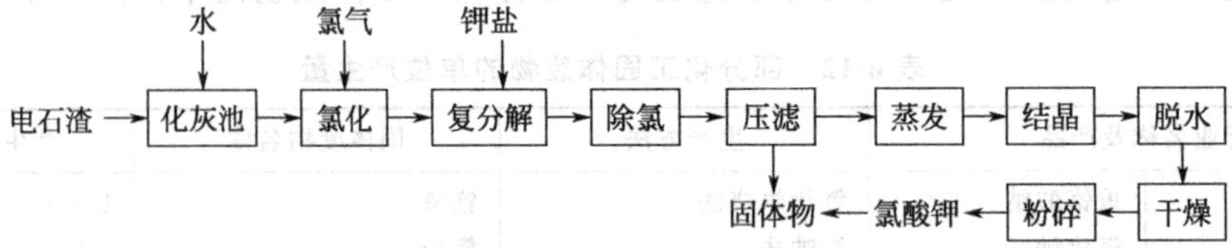

图6-7 利用电石渣代替石灰生产氯酸钾工艺流程

6.2.2 磷石膏

磷石膏是生产磷肥、磷酸时排放出的固体废物，每生产1t磷酸产生4.5～5t磷石膏。磷石膏分为二水石膏（$CaSO_4 \cdot 2H_2O$）和半水石膏（$CaSO_4 \cdot 1/2H_2O$），以二水石膏居多。磷石膏除主成分硫酸钙外还含有少量磷酸、硅、镁、铁、铝、有机杂质等。目前，世界湿法磷酸年总产量约2.6亿吨（以P_2O_5计），副产磷石膏约1.5亿吨，利用率仅4.3%～4.6%。预计中国到2015年磷肥（P_2O_5）需求量将达1.3亿吨，届时磷石膏年排放量将超过2000万吨，而目前利用率仅为2%～3%。堆放磷石膏不仅占用了大量土地，而且造成环境污染，因此有必要寻求磷石膏的合理利用途径，以实现磷肥工业的可持续发展和磷石膏的高度利用。磷石膏的循环利用不外乎以下几个方面。

（1）作水泥缓凝剂 水泥生产中一般采用天然石膏作缓凝剂。由于磷石膏中含有P_2O_5及有机杂质等，不能直接代替天然石膏，一般需经预处理才能用作水泥缓凝剂。日本的水泥缓凝剂有75%来源于磷石膏，要求可溶性P_2O_5质量分数<0.3%、可溶性氟质量分数<0.05%。与使用天然石膏比较，掺用磷石膏时水泥强度可提高10%，综合成本降低10%～20%。用磷石膏代替天然石膏作为调凝剂掺入，还可促进水泥的凝结，提高水泥的早期强度和后期强度。在水泥生产过程中磷石膏掺入质量分数仅为3%～5%，制成的水泥产品性能可满足环保要求。

（2）作石膏建材 用磷石膏生产建筑石膏是目前磷石膏应用中较为成熟的方法。将磷石膏净化处理，除去其中的磷酸盐、氟化物、有机物和可溶性盐，使其符合建筑材料的要求。

净化后的磷石膏经干燥、煅烧脱去游离水和结晶水，再经陈化即可制成半水石膏（即建筑石膏）。以它为原料可生产纤维石膏板、纸面石膏板、石膏砌块或空心条板、粉刷石膏等，其中以纸面石膏板的市场需求最大。鉴于中国已在 160 个大中城市禁止使用黏土砖，不少企业已开始考虑用磷石膏生产环保型墙体材料。例如，铜陵化工集团与澳大利亚博罗公司合资建设了中国首套 40 万吨/年精制磷石膏装置，净化后的磷石膏供给博罗公司上海纸面石膏板厂生产粉刷石膏和纸面石膏板。另外，中国学者也在尝试以磷石膏为原料生产加压磷石膏板、砌块、砖等，取得了不少前期研究成果。

磷石膏用于生产石膏胶凝材料主要有 α 型和 β 型半水石膏。二者都是二水石膏在一定的条件下脱去 1.5 个结晶水而形成。由磷石膏制取半水石膏的工艺流程大体上分为两类：一类是利用高压釜法将二水石膏转换成 α 型半水石膏，即磷石膏废渣→浮选除杂→水热转化→真空固液分离→成型。如德国的居利尼公司（Gebr，Giulini），将二水石膏水洗后再用高温高压蒸汽处理，将其转化成 α 型半水石膏；英国 ICI 公司则先加水将磷石膏制成料浆，洗涤后送入高压釜中转化；南京化学工业公司磷肥厂与上海建筑科学研究所合作制取的 α 型半水石膏，其抗拉强度达 40MPa。南京大厂镇建材厂利用南京化学工业公司磷肥厂的副产物磷石膏生产 α 型半水石膏，产品质量超过二级建筑石膏标准。另一类是利用烘烤法使二水石膏脱水成 β 型半水石膏，即磷石膏废渣→浮选除杂→固液分离→干燥→煅烧→粉磨→成品。法国罗纳-普朗克（Rhone-Poulenc）公司将磷石膏初洗，过滤除杂，再加入石灰中和或浮选除杂，于沸腾炉或煅烧窑内煅烧生产 β 型半水石膏。β 路线存在电耗大、粉尘/废气较多、产品含杂较多等缺点，故国内外多用 α 型半水石膏流程。发展中国家石膏胶凝材料占水泥产量的 6%～26%，而目前中国石膏胶凝材料占三大胶凝材料的比重仅为 0.14%，因此，利用磷石膏开发石膏胶凝材料发展潜力极大。

（3）制硫酸联产水泥　磷石膏可作为硫资源用于制硫酸并联产水泥，缺乏硫资源的国家和地区对此技术尤其重视。改性后的磷石膏经烘干脱水成为无水或半水石膏，与焦炭、黏土等混合、粉磨后加入回转窑焙烧，生成水泥熟料，再与石膏、高炉矿渣等混合制成水泥。含 SO_2 体积分数为 8%～9% 的窑炉气经净化、干燥后，在钒催化剂催化氧化下制得 SO_3，再用质量分数 98% 的浓硫酸二次吸收 SO_3 制得 H_2SO_4。德国的科斯菲克（Cosvic）公司、奥地利的林兹化学（Chemie Linz）公司和南非的法拉博瓦（Phalaborwa）公司均采用此法生产。

（4）作土壤改良剂　磷石膏呈酸性，pH 值为 1～4.5，可作盐碱土的改良剂。前苏联将磷石膏用于改造盐碱地，获得了增产维持 8～10 年的效果。磷石膏中的硫是速效的，对缺硫土壤有明显的作用。磷石膏中的钙离子可置换土壤中的钠离子，生成的硫酸钠随灌溉水排走，从而降低了土壤的碱度、改善了土壤的渗透性。

多年来，国内一大批农科院所不断进行了磷石膏改良土壤的试验研究。从江苏盐城市的试验结果可以看出，用磷石膏改良土壤取得了肥田增产的明显效果。二水石膏和尿素在高湿度下混合，再经加热干燥，可制得吸湿性小而肥效比尿素还高的尿素石膏 $[CaSO_4 \cdot 4CO(NH_2)]_2$。

（5）制硫酸铵　利用磷石膏制备硫酸铵工艺流程如图 6-8 所示。

该工艺操作简单，母液中加氯化钾可制氮磷钾复合肥料，英国、奥地利、日本和印度均有成功应用案例。不足之处是硫酸铵中的氮含量低，其单位养分的费用高于尿素和硝酸铵。

（6）詹氏新工艺　詹氏新工艺是美国人詹姆斯发明的一种处理由烟道气脱硫或其他来源

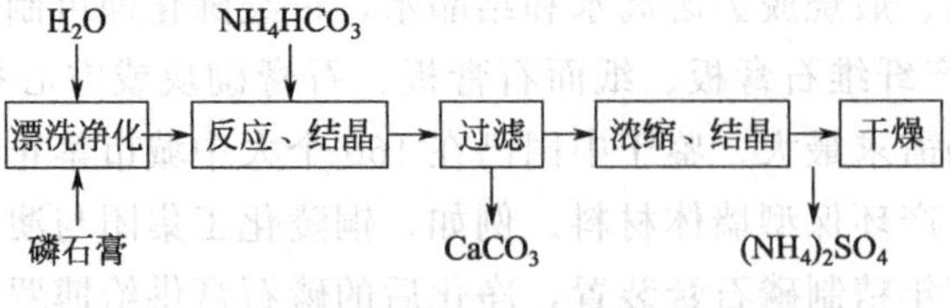

图 6-8 磷石膏制备硫酸铵工艺流程示意图

产生的含硫物质的方法。该方法用转窑还原石膏制硫化钙，用硫化氢浸取硫化钙可得 20% 硫氢化钙浓溶液，再将此浓溶液碳化得到硫化氢和碳酸钙，最后常规回收钙硫。这项新工艺目前正在我国巨化集团试用，试验结果令人满意，但由于缺乏中试资金因而其经济可行性有待证明。若投资 1 亿 2 千万元，可将鲁北集团 1 万吨/年 磷石膏处理装置的处理能力扩大到 10 万吨/年。詹氏不仅提出向中方提供优越的转让条件，而且还提供生产各种规格（包括纳米级）碳酸钙的技术。目前，该新工艺在我国实现产业化迫切要解决的问题是资金来源与中美双方的知识产权保护。

（7）制硫酸钾 用磷石膏生产无氯钾肥-硫酸钾的方法分为一步法和两步法。一步法是以氨为催化剂，用磷石膏与氯化钾反应制得硫酸钾和氯化钙。该法工艺简单，流程短，所用设备简单，且氯化钾转化率可达到 94%以上，但副产氯化钙难以处理，要求氨水质量分数大于 35%，且在加压或低温条件下操作，工业放大有一定困难。二步法生产硫酸钾的基本原理是磷石膏与碳酸氢铵反应生成硫酸铵和碳酸钙：

$$CaSO_4 \cdot 2H_2O + 2NH_4HCO_3 \longrightarrow CaCO_3 \downarrow + (NH_4)_2SO_4 + CO_2 \uparrow + 3H_2O$$

再将分离出碳酸钙后的硫酸铵母液与氯化钾进行复分解反应：

$$(NH_4)_2SO_4 + 2KCl \longrightarrow K_2SO_4 + 2NH_4Cl$$

具体工艺过程：磷石膏先经漂洗去除部分杂质，使 $CaSO_4 \cdot 2H_2O$ 质量分数从 87%左右提高至 92%～94%。在低温条件下将磷石膏与碳酸氢铵混合，生成硫酸铵、碳酸钙并排出 CO_2。低温条件下氨挥发较少，CO_2气较纯，可用于制液体 CO_2。反应后的料浆分离碳酸钙后，得到硫酸铵溶液，再与氯化钾反应生成硫酸钾和氯化铵。经分离、洗涤、干燥得硫酸钾产品；滤液经蒸发、分离副产氯化铵。采用此法时，磷石膏利用率达 65%～70%，产品可作为优质硫酸钾肥料使用。副产品氯化铵、碳酸钙也可做肥料和水泥原料。二步法特点是主要原料（碳酸氢铵）价廉易得，且无需加压或冷冻，条件温和，投资少，产值高，无环境污染。

6.2.3 废催化剂

现代科技的飞速发展需要各种高新材料的支持，而这些材料的生产又与催化剂密切相关。据统计化学工业中约有 80%的反应离不开相应的催化剂。此外，石油炼制过程和环境污染物的控制及治理也都需要催化剂。据资料统计，按质量计，全世界每年消费的催化剂数量约为 80 万吨（不包括烷基化用的硫酸与氢氟酸催化剂），其中炼油催化剂约 41.5 万吨（占 52%），化工催化剂 33.5 万吨（占 42%），环保催化剂 4.7 万吨（占 6%）。我国工业催化剂年耗量约 7 万多吨，其中化肥催化剂接近 3 万吨。

随着催化剂使用时间的增长，催化剂发生热老化，因过热而导致活性组分晶粒的长大甚至发生烧结而使催化活性下降；也会因遭受某些毒物的毒害而部分或全部丧失活性；亦会因一些污染物诸如油污、焦炭等积累在催化剂活性表面上或堵塞催化剂孔道而降低活性；或因催化剂抗破碎强度欠佳，使用一段时间后颗粒破碎引起系统阻力上升而无法继续使用，最终不得不更换新的催化剂，于是产生了大量废催化剂。但废催化剂通常含有数量不低的有色金属，如铜、镍、钴、铬等有用物质，有的还含有贵金属铂、钯、钌等。

目前，日本、美国均已建立催化剂回收公司，如日本的三井公司等。随着工业的发展，我国废催化剂的数量也逐年增加，其回收工作也引起了一定的重视。

(1) 废催化剂再生　废催化剂再生处理流程：熔烧→酸浸→水洗→活化→干燥。其中熔烧是烧去催化剂表面上的积炭，恢复内孔；酸浸是除去 Ni、V 的重要步骤；活化是恢复催化剂的活性；水洗是将黏附在催化剂上的重金属可溶盐冲洗下来；干燥是去除水分。废催化剂再生后 Ni 含量可去除 73.8%，活性可恢复 95.7%，催化剂表面得到明显的改善；再生后催化剂的性能达到平衡催化剂的要求，可以返回系统代替 54%的新催化利使用。

国外一些炼油厂已基本实现了废加氢精制催化剂的再生，通过物理化学方法去处催化剂上的结焦，回收沉积金属，再对催化剂进行化学修饰，恢复其催化性能。这种方法在国外已推行多年，取得了较好的效果，不仅避免了污染，同时也有较大的经济效益。但我国的加氢精制催化剂的失活机理与国外不同，不能使用国外的再生工艺。山东大学对某厂催化剂的再生进行了初步研究，采用先焙烧，再按体积比为 1∶1 加入溶剂，剧烈振荡，去除催化剂上沉积的 Ni、V 和 Fe 等金属，再对经熔剂机处理过的催化剂进行化学修饰，恢复其催化性能（见表 6-13）。再生催化剂的脱疏活性比新鲜催化剂还高。废催化剂再生过程中，基本上没有废气和废水产生。

表 6-13　催化剂再生前后重金属含量和反应活性对比

样品	w(沉积金属 Ni)/%	w(沉积金属 Fe)/%	w(沉积金属 V)/%	活性/%
新鲜催化剂				100
废催化剂	0.95	5.13	0.56	68.6
再生催化剂	0.12	0.94	0.02	106

注：w 为质量分数的符号。

(2) 有价金属的回收　目前国内从废催化剂回收有价金属的工艺可归纳为高温挥发法、载体溶解法、选择性溶解法、全溶法、火法熔炼、燃烧法等，这些方法均采用与矿石冶炼相似的技术，基本以酸碱法为主。废催化剂中所含金属组分是否回收利用，这取决于它所含有用金属元素的多寡及其价值，因而贵金属、镍系催化剂以及钼、钒、钴等是优先考虑回收的。

65# 丙烯腈是丙烯转化中使用的变换催化剂，以 Al_2O_3 和 SiO_2 为载体，钼、铋、钴、镍等为活性组分。催化剂使用一段时间后因其化学组成和表面状态发生变化而失活。西北矿冶研究院的刘秀庆等采用先酸浸镍、钴、铋再碱浸钼的工艺流程，有效实现了钼与镍、钴、铋的分离。在弱碱条件下浸钼，有效抑制了载体三氧化二铝及二氧化硅的溶出，钼的浸出率为 93%，产品钼酸铵品质好，经实践证明该产品用于制造新催化剂效果良好：钴、镍的浸出率分别达 90%以上，经硫化沉淀富集的硫化渣含钴 5.61%、镍 9.60%，可直接作为精矿处理，铋渣含铋 48.3%。该工艺应用于实践证明：工艺先进，有价金属相互分离程度高，产品质量稳定，取得了良好的经济效益和社会效益。

镍催化剂失效成为工业废品后，若不及时处理，会污染环境。同时，镍是较贵重且稀有的金属，广泛应用于制造不锈钢、磁性钢等。梁敏等提出用电沉积法回收废催化剂中的镍，并通过实验寻求最佳回收工艺条件为：电沉积液中废催化剂的浓度100～350g/L，pH值为6，硼酸加入量为20～40g/L，H_2O_2加入量为1～3mL/L，活性炭加入量为6.5～7.5g/L，电解电压为30V。该法回收废催化剂镍，回收率可达93.2%，该方法设备投资少，操作简单，处理效果好，减少了污染，是一种较理想的处理工业废催化剂镍的新方法。

（3）废催化剂精制石蜡　含蜡馏分油经酮苯脱蜡脱油后所得粗蜡仍含有少量胶质、沥青质等极性物质，这些极性物质的存在会使石蜡发黄，安定性变差，贮存后颜色变深，在生产商品石蜡时，需要进行脱色精制，目前仍有一些炼油厂用活性白土作吸附剂对蜡膏进行精制。经化验分析，发现废催化剂有大量微孔和比表面积，这和白土的结构有相似之处，因此废催化剂可与白土一样起到吸附作用。

南阳炼油厂开展了在白土中掺加废催化剂作吸附剂精制石蜡的研究，实验结果表明：当白土中掺入45%（对白土）以下的废催化剂时，所得精制石蜡样品与用纯白土精制出来的蜡样在光安定性、色度等多项指标上基本一致，收率在97%以上。该厂在不改变生产工艺条件下，在白土中掺入40%的废催化剂，在生产装置上进行了58号半精炼蜡试生产，所得产品指标全都达到了58号半精炼蜡的质量指标要求，并且减少了滤饼中的含蜡量，提高了过滤速度。

（4）精制催化裂化柴油　柴油颜色变深、胶质增多等不安定性大多源于其中的一些极性较高的物质，而FCC催化剂对极性化合物的吸附能力较强，可以用于吸附柴油中的不安定组分。

石油大学炼制系用废催化剂对济南炼油厂FCC柴油进行吸附精制，在剂油比为20g/500mL时，吸附物中氮与FCC柴油中的氮之比为19：2；精制油中染色能力较强的胶质含量下降约1%，精制油的酸度和碱性氮质量浓度与FCC柴油相比各下降约50%和72%，碘值也有所下降。同时，在回收被吸附剂所吸附的油的情况下，精制油的收率可达99.55%，即使不回收，也可达到97.96%，且其质量达到了优级轻柴油的指标要求。

洛阳石化公司炼制研究所采用溶剂洗涤与FCC废催化剂吸附相结合的方法精制FCC柴油，取得了较好结果，柴油贮存一个月后的颜色仍达到了优级品柴油的标准。溶剂的用量为1%～5%，吸附剂的用量为3%～10%，精制油的收率为98%以上，吸附剂可以间歇地送到催化再生器上再生。

6.2.4 铬渣

6.2.4.1 铬渣的组成

铬渣为有毒废渣，具有致癌性，其外观有黄、黑、赭等颜色，铬渣的组成随原料和生产工艺的不同而改变。铬渣中常含有镁、钙、铁、铝等氧化物，三氧化二铬，水溶性铬酸钠，酸溶性铬酸钙等。国内铬渣生产工艺大体相同，其成分也近似，见表6-14和表6-15。

6.2.4.2 铬渣的危害与对环境的影响

铬的毒性与存在状态有极大关系，金属铬不会引起中毒，六价铬比三价铬的毒性高出100倍，且毒性与化合物结构有关。六价铬化合物在高浓度时，具有明显的局部刺激作用和腐蚀作用，低浓度时是常见的致敏物质，体征检查主要以鼻咽黏膜和皮肤损伤以及血相变化为主，还可造成鼻中隔穿孔和耳膜穿孔而影响嗅觉、听觉，出现口角糜烂和铬疮、腹泻等症状。

表6-14 铬渣组成

组成	Cr_2O_3	CaO	MgO	Al_2O_3	Fe_2O_3	SiO_3	水溶性 Cr^{6+}	酸溶性 Cr^{6+}
质量分数/%	2.5～4	29～36	20～33	5～8	7～11	8～11	0.28～1.34	0.9～1.49

表6-15 铬渣物相组成（以干基计）

物相	分子式	质量分数/%	以 Cr_2O_3 计质量分数/%	水溶性
氧化镁	MgO	约20		
四水铬酸钠	$Na_2CrO_4 \cdot 4H_2O$	2～3	1.11	易溶
正铬酸钠	α-$CaCrO_4$	5～10	0.63	
铬尖晶石	$(Mg \cdot Fe)Cr_2O_4$	5～10	0.63	稍溶
铬酸钙	β-$CaCrO_4$	1	0.63	
硅酸二钙固溶体	$2CaO \cdot SiO_2$-$CaCrO_4$		0.43	难溶
铁铝酸钙固溶体	$4CaO \cdot Al_2O_3 \cdot Fe_2O_3$-$CaCrO_4$		0.13	难溶
铬铝酸钙	$4CaO \cdot Al_2O_3 \cdot CrO_4 \cdot 12H_2O$	1～3	0.34	
碱式铬酸铁	$Fe(OH)CrO_4$	0.5	0.34	微溶
化学吸附 CrO_4			0.34	
碳酸钙	$CaCO_3$	2～3		
水相铝酸钙	$CaO \cdot Al_2O_3 \cdot 6H_2O$	约1		
硅酸二钙	$2CaO \cdot SiO_2$	约25		
铁铝酸钙	$4CaO \cdot Al_2O_3 \cdot Fe_2O_3$	约25	2.69	

铬渣本身不具有放射性，但当采用的铬矿石伴生放射性元素时例外。

从表6-15可知，铬渣中铬化物以四水铬酸钠、铬铝酸钙、碱式铬酸铁和铬酸钙为主，铬渣中水溶性六价铬为0.28%～1.34%，酸溶性六价铬为0.90%～1.46%，它是铬渣主要污染物，是一种有毒有害的废渣。其对环境的影响主要表现在以下几方面。

(1) 对大气环境影响 铬渣对大气的影响主要表现在大风使铬渣扬尘，全国每年排放含铬粉尘约2400t，其中大部分为生产过程排放，少部分为铬渣扬尘。

(2) 对土壤和水环境影响 如果铬渣堆场没有可靠的防渗漏设施，遇雨水冲刷，含铬污水四处溢流、下渗，造成周围土壤、地下水、河道的污染。如锦州铁合金厂周围土壤和地下水污染范围长达12.5km、宽1km，有9个自然村受六价铬不同程度的污染；吉林某厂铬渣堆场经雨水冲刷渗漏造成十多华里树木一片枯黄。

(3) 对农作物影响 德国医生普非尔就提出铬有致癌性，现有临床资料证明，接触铬盐的工人发生肺癌的危险比一般人高3～30倍，空气中六价铬浓度过大可导致肺癌。动物试验证明，可溶性三价铬也有致癌作用，铬致癌潜伏期可长达20～30年。六价铬对鱼的致死浓度为5～177mg/L。

铬是广泛存在于自然界的元素之一，也是人体不可缺少的微量元素，但只有三价铬才具有生理意义。铬缺乏会对机体产生许多不良影响，铬可激活胰岛素，是构成“葡萄糖耐量因子”的一个有效成分，并可间接地影响蛋白质的合成．与脂类代谢之间也有关系。但大量三价铬亦可使人中毒，成人每天摄入的三价铬在2～2.5mg的范围内为宜。

6.2.4.3 铬渣的解毒技术

铬渣的解毒技术，又称为无害化处理技术，常包括湿法还原法和干法还原法。湿法还原法是用硫化钠、硫酸亚铁等类还原物质，将铬渣中六价铬还原成三价格；干法还原是将铬渣与煤粉等按一定的比例混合，于高温下焙烧，在还原状态下，铬渣中六价铬被还原成三价铬。

(1) 酸性还原法 用酸将碱性的铬渣调成酸性，加还原剂，如硫酸亚铁、亚硫酸钠、重亚硫酸钠、硫代硫酸钠、醇等使六价铬还原成三价铬。此法要将铬渣磨碎成 0.246～0.147mm，并在液相中进行，需耗大量酸，每吨铬渣约用硫酸 0.5t 以上，因此仅适用于在有废酸的企业中应用。

(2) 碱性还原法 碱性还原法有硫化物还原、硫黄还原和有机磷废液还原等。

① 硫化物还原。在碱性铬渣中加入硫化物、硫氢化物（如硫化钠、硫化钾、硫氢化钠、硫氢化钾等）将六价铬离子还原成三价铬离子。硫化钠湿法解毒是一种有代表性的办法，此法工艺过程是将铬渣磨碎成 0.147mm，加入硫化物水溶液，并将其加热至 100℃。在此条件下，固液相中进行反应，六价铬离子基本还原成三价铬离子状态，渣中六价铬小于 0.1×10^{6}。为了防止硫化物过量产生二次污染，在反应过程中需加入适量硫酸亚铁，使过量的硫化物生成稳定的铁硫化物。

② 硫黄还原。将含水 10%左右的铬渣，粗碎至 0.833～0.542mm，加入 0.8%～1.2%的硫黄粉，使之均匀混合，混合物连续加入外热式回转窑中，窑温 300℃，在不接触空气条件下，六价铬酸盐与硫黄反应，被还原成三价铬，副反应产生一些二氧化硫、硫代硫酸盐和少量硫化氢。经处理的铬渣，六价铬离子含量由 3000mg/kg 降低到 0 ～50mg/kg。

③ 有机磷废液还原。用有机磷农药废水（农药乐果产生的废水）与铬渣按铬、磷比为 1：6混合后并湿磨成 0.074mm 浆状物，然后用泥浆泵将浆状物打入温度 120～140℃、压力为 39.2～59kPa 的反应釜中进行 0.5h 反应，六价铬全部被还原，经过滤即为无毒铬渣。有机磷废液浓度高于 330mg/L 才能较好地去除六价铬，分离后滤液中含有不等量的有机磷，此污水尚需作进一步处理。

(3) 碳还原法 在还原剂存在和还原气氛下，用中温焙烧，使铬渣中六价铬还原成三价铬。方法是将小于 6mm 的铬渣与无烟煤粉按一定比例混合（比例为铬渣：煤粉＝100：13)，在回转窑炉内在低氧气氛中加热到 800～900℃进行还原焙烧，出窑后的热渣，加入 H_2SO_4 或 Fe_2SO_4 的溶液水淬骤冷，确保解毒效果稳定，使六价铬还原成三价铬。据日本资料介绍，用锯末、谷壳、活性炭粉、纸浆废液等还原剂与铬渣混合，在外热式回转窑内间接加热到 700℃左右时，基本上可达到无害化的目的。

加入硫酸和硫酸亚铁是为了确保六价铬的高度还原。国外一些学者认为用碳还原晶体铬酸钠时会生成一些三价铬，如（10%～15%）亚铬酸钠，而此种形式的三价铬在空气中有强碱存在条件下，会缓慢氧化成六价铬；其次难溶的铬化合物，如铬铝酸钙、碱式铬酸铁等也会缓慢碱解，生成水溶性六价铬；第三是杂质相（硅酸钙、铁铝酸钙）与铬酸钙生成的固溶体及杂质相水合物在长期存放中受空气中二氧化碳及水分作用，缓慢水解，随着晶体破坏，将晶格中以及吸附的六价铬逐渐释放出来，这都是解毒渣在堆存中水溶六价格“回升”的原因。加入硫酸中和部分强碱以阻止上述氧化和碱解反应的进行，实践证明，对防止水溶六价铬“回升”现象是有效的。另外，加入了硫酸和硫酸亚铁，使反应深入进行，残存的六价铬得以彻底还原。

（4）烧结还原法 铬渣中加入适量的硅质助熔剂和辅助性还原剂，使之在高温下焙烧熔融，然后急骤冷却为微晶玻璃或玻璃体，这样大部分六价铬还原成三价铬，连同未分解的铬酸盐被包在晶体或玻璃体中，从而达到无害化目的。如我国某化工厂将铬渣和硅砂按50：50、60：40、65：35的量配比，在1400℃以上的池窑中焙烧，六价铬可由1500～1950mg/kg下降到1mg/kg以下。

（5）胶结固化法 胶结固化法中，又可分为水泥固化法、石灰砂浆固化法和蒸养砖固化法等方法。

① 水泥固化法。它是将铬渣粉碎，并加入一定量的无机盐、硫酸亚铁、氧化钡等，再加入相当数量的水泥作为胶结料，然后加水混合、搅拌、成型、静置。制成的水泥固化物，可用于填海造地或垫道。

② 石灰砂浆固化法。该法是将铬渣进行解毒处理，把解毒后的铬渣经粉碎、磨细，可部分代替石灰膏用于石灰砂浆的配制。也可在适量掺加水泥的情况下完全代替石灰膏配制成水泥石灰砂浆。石灰砂浆凝结硬化后，铬化合物被固结和封存在硬化块内。

③ 蒸养砖固化法。以铬渣、硅锰水淬渣、石灰、石膏和还原剂等为原料，经配料、破碎、加水消解、成型、蒸汽养护后，即得蒸养砖产品。为了防止铬渣流失和铬污染扩大，可采取渣堆地面防渗井加盖防水的堆贮方法。这种方法对暂时控制铬污染有一定效果，但必须经常维护，做到上盖不漏雨水，底部不渗，渣中附液和淋浸液不外溢，这样才能达到防止铬污染的效果。采用单一堆贮法表面看似乎铬污染问题得到了解决，其实这只是权宜之计，但从长远考虑，铬渣应消除铬害后再堆贮，或者采用合并堆贮的方法使铬渣与具有还原性的物质发生长时间的物理化学作用，使铬渣中的有害物质浓度衰减。

6.2.4.4 铬渣的资源化

（1）铬渣在冶炼中的应用

① 铬硫两渣高炉炼铁技术。国内很多单位用铬渣代替白云石、石灰石作为生铁冶炼过程的添加剂，进行工业化试验，并获得了肯定的结论：铬渣中的CaO、MgO的含量与炼铁使用的白云石、石灰行相近、可以替代；在高炉冶炼过程中，镕渣中的六价铬可完全还原，脱除率达97%以上；同时使用铬渣炼铁，还原后的金属铬进入生铁中，使铁中铬含量增加，使机械性能、硬度、耐磨性、耐腐蚀性能提高。每炼1t生铁耗用600kg铬渣，用铬渣作冶金工业的添加剂，是比较理想的铬渣循环利用途径。

济南格兴化工总厂、长清磷肥厂与冶金部钢铁研究总院合作，以根治和循环利用镕渣及硫酸烧渣为目的，进行了铬硫两渣的炼铁试验。试验表明，采用铬硫两渣能够生产出高、中、低碱度的烧结矿，质量基本合格；采用烧结工艺可将六价铬脱除97%以上；通过高炉高温还原冶炼两渣烧结矿，进一步消除六价铬，回收金属铬和铁，制成合格的含铬生铁。

铬硫两渣炼铁的最大特点是能够消耗处理大量的废渣，每炼1t含铬生铁可以彻底处理铬渣3.55t，硫酸烧渣2t，铬铁回收率80%～90%、铬铁含铬10%～12%，具有很大的经济效益、环境效益和社会效益，值得进一步研究推广应用。

以铬渣和硫酸烧渣为原料，采用烧结工艺可以将铬渣中的六价铬脱除97%以上，而后通过高炉高温还原冶炼，进一步彻底消除六价铬，回收铬、铁元素，生成含铬生铁，实现铬渣和硫酸烧渣两种废渣资源化。该法处理量大，排出的渣可作为水泥混合材料，解毒后高炉渣完全满足建材工业需要。

② 做自熔性烧结矿并冶炼含铬生铁。以铬浸出渣为碱性熔剂及含铬原料，配入含铁原

料铁精矿粉、富矿粉等和燃料，经烧结制成含铬的自熔性烧结矿；以该烧结矿为主要原料，经高炉冶炼，制成含铬合金生铁（2.5%～4.0%Cr）；将该种含铬合金生铁进一步深加工，铸造成各种耐磨铸体如球磨机的磨球、衬板等。

③ 旋风炉处理合格废渣技术。作为动力设备的旋风炉热强度高、应用煤质广，可用劣质煤；可用较小空气过剩系数进行操作，炉内形成一定的高温还原区。炉温高、热损失小、效率高；旋风炉采用液态排渣，渣膜黏结力强，排渣率高，处理铬渣就是利用旋风炉这些特点，用优质煤掺和适当比例的铬渣，在炉内进行消化。利用其热强度高、还原动力足和空气过剩系数小形成的还原区，将六价铬还原成三价铬。处于高温还原区内的铬渣可以被一氧化碳还原，也可能被炭直接还原，被还原的六价铬以低毒的三氯化二铬形式熔于炉渣重排出炉外。

利用旋风炉处理铬渣的优点是：铬渣中六价铬还原彻底，处理铬渣量大。对于35t/h的旋风炉，当煤渣掺比为100∶25时，日处理铬渣25t，相当于年产2500t红钒钠装置排出的铬渣。此外每年发电量0.32亿千瓦时，按每千瓦时盈利0.01元计，年创利税32万元。尽管旋风炉捕渣率较高，但仍有20%的飞灰捕集不到。这部分飞灰，经由尾部旋风分离器捕集下来，其中含有一定量的铬渣粉，六价铬未被还原，经分析，飞灰中六价铬含量为20～50mg/kg，有时高达150mg/kg，超过国家排放标准几十倍。这部分飞灰，采用尾灰复熔或用硫酸亚铁溶液湿法还原处理。

(2) 铬渣在农肥中的应用

① 高炉法生产钙镁磷肥。高炉法生产钙镁磷肥，是将磷矿石与蛇纹石等助熔剂在高温下熔融，经水骤冷、干燥、磨细等工艺过程而制得产品。对比铬渣和蛇纹石化学成分可以看出，铬渣可以代替蛇纹石，作为钙镁磷肥的助熔剂。我国有些工厂，将铬渣和磷灰石一起加到熔矿炉或高炉中熔炼，生产钙镁磷肥。铬渣中含有55%～60%的MgO和CaO，可以代替白云石、蛇纹石作为助熔剂使用。熔炼过程中，六价铬被还原成三价铬，达到了解毒的目的。

采用高炉法生产钙镁磷肥，不但生产能力大而且造价低，同时利用炉内过量碳和一氧化碳气氛可作良好的还原介质，对还原高价铬离子最有利。

铬渣作为熔剂生产钙镁磷肥的试验研究工作，先后有天津同生化工厂、长沙铬盐厂、重庆东风化工厂、青岛红星化工厂等单位进行了工业性试验，并取得可喜成果。

铬渣代替蛇纹石、白云石生产钙镁磷肥，可为铬盐厂的铬渣利用找到一条广阔而经济的出路，减轻了铬渣对环境的污染，又减少高炉氟化氢的排放量。无论从经济角度还是从环保角度看，此法值得推广。

② 电炉法生产钙镁磷肥。湖南铁合金厂采用电炉法生产钙镁磷肥，其生产流程是把铬渣、磷矿、硅石、焦粉经配料混合后送入电炉，经高温熔融，熔融体定时从出肥口放出并立即水淬，与水一起进入沉淀池，即成粗肥，再经沥水、烘干、球磨、包装，即成产品。生产钙镁磷肥用的配比是磷矿∶铬渣∶硅石∶焦粉＝200∶90∶10∶（5～10）。所获得的钙镁磷肥的化学成分（质量分数）：TP_2O_5为15.4%，CP_2O_5为15.2%，SiO_2为21.5%，Al_2O_3为2.88%，Fe_2O_3为5.20%，CaO为33.87%，MgO为12.0%，Cr_2O_3为0.86%，Cr^{6+}为0.0002%。以上各项指标均符合部颁标准。

(3) 铬渣在建筑材料中的应用

① 利用铬渣烧制彩釉玻化砖。利用铬渣烧制彩釉玻化砖为铬渣的治理创出一条新的途

径。所烧制彩釉玻化砖外形美观，装饰方法多，产品质量好，售价低，竞争力强，销售前景广阔。铬渣彩釉玻化砖的原料粒径为0.246mm、0.147mm和0.124mm；将陶瓷原料页岩、叶蜡石、石英、长石、紫木节、章村土、大同土、红憨土和熔剂类料按一定比例配制好，用一般陶瓷生产方法制成粉料（基料）。将铬渣与基料按一定比例充分混合，喷入雾化水，陈腐后造粒，用压机成型，干燥后素烧，然后上釉再干燥，最后入窑烧成。

采用半干压成型上艺，整个生产过程不会出现污水。砖坯干燥时蒸发水不会带出六价铬，没有二次污染；采用干料混磨法混料，由于粒径小，混料均匀，反应完全，玻化量大，解毒效果好；经试生产与陶瓷质量监督检测部门按标准测定，可烧制出各项指标符合国家标准的彩釉玻化砖制品，生产工艺可行。原料来源广泛，市场销路好，经济效益显著。

② 利用铬渣制水泥早强剂。该法使用造纸废液（酸法或碱法造纸液）及化学工业副产品硫酸亚铁与铬盐生产中排放出来的含有六价铬的废渣，经络合反应，生成改性铁铬盐，使铬渣达到无毒化。同时利用处理后的铬渣研制混凝土早强减水剂，应用于建筑工程中。

该复合剂不仅有早强和减水作用，还有节约水泥的作用。一般情况下按水泥重量掺入4%～5%，可节约水泥10%。后期强度没有损失，早期强度还有一定的提高。在相同的坍落度的情况下，早期强度可提高40%左右。通过锈蚀试验，对钢筋无锈蚀作用，在混凝土的工地评价是：改善了混凝土的和易性，减少了泌水现象，提高了混凝土的早期强度，对施工现场缩短施工周期、加快模板周转速度、降低工程造价有较大的意义。

③ 利用铬渣做玻璃着色剂。用铬渣代替铬矿粉做绿色玻璃的着色剂在我国已实现工业化生产，质量完全符合要求。在高温熔融状态下，铬渣中的六价铬离子与玻璃原料中的酸性氧化物、二氧化硅作用，转化为三价铬离子而分散在玻璃体中，达到解毒和消除污染的目的，同时铬渣中的氧化镁、氧化钙等组分可代替玻璃配料中的白云石和石灰石原料，大大地降低了玻璃制品生产的原材料消耗和生产成本。此外，用铬渣作玻璃着色剂，物料混合搅拌均匀，工艺简单，操作容易。用铬渣代替铬矿粉作为玻璃着色剂原料，生产的玻璃制品色泽鲜艳，质量也有所提高。

④ 其他利用途径

a. 铬渣做人工骨料。渣中铬在高温下的存在状态，主要取决于炉渣碱度。当炉渣碱度很高时，高温下渣中三价铬将转变成六价铬。相反，渣中碱度小于1的情况下六价格将转变成三价铬。按照此原理，铬渣和黏土或煤灰渣以及火山灰等按一定比例混合、制粒，在1100～1350℃高温下煅烧，使六价铬转变成三价铬。骨料中六价铬含量视配料情况和煅烧情况不同而有所变化，一般为0.1～3mg/L。煅烧所得的人工骨料是黑色坚硬的熔块，其矿相有玻璃体和多种矿相，它们的膨胀系数不同，在空气中冷却时，容易在内部产生裂缝。此种骨料易于破碎，但其硬度与强度仍然是很大的。经过用X射线分析，其主要矿相为透辉石和玻璃体等。如在配料中加入发气剂，可烧成多孔的铬渣轻骨料。这些骨料可配制成混凝土，用于工业构筑物中，等于起到了水泥固化作用，防止了余毒的扩散，比较彻底地解决了铬渣的毒害。

b. 铬渣制砖。含六价铬的废渣的制砖方法有两大类：其一是烧制青砖，其二是生产红砖，方法都是用煤矸石和铬渣做原料。生产青砖的工艺大致如下：将约0.833mm的铬渣和约0.175mm的煤矸石，按3∶7的比例混合，然后成型。经过960℃以上的高温熔烧，可以得到80号青砖。煤矸石中的碳将六价铬还原成三价铬使砖中水溶性铬含量小于0.05mg/L，达到了解毒的目的。生产红砖的方法是用铬渣、熟土、煤粉和硫酸氢钠制成，其配比为铬渣

10%～20%，硫酸氢钠5%～7%，配料充分混匀，制坯后，置隧道窑中于1000℃下烧制成红砖。

c. 铬渣生产铸石。将铬渣、硅砂和铸炉灰等按辉绿岩铸石成分进行配料，在1500℃的窑中熔融，然后在1300℃下浇注成型并退火冷却，即得铸石制品。该法解毒效果好。另外，用铬渣可做铸石的结晶剂、催化剂、燃煤固硫剂和生产耐火材料等。

d. 铬渣制彩色水泥。用铬渣、石灰石、黏土、矿化剂和着色剂等按一定比例混合送入窑炉焙烧，然后冷却、粉碎、过筛，最后获得产品。该生产工艺简单，解毒彻底，彩色水泥色泽鲜艳，不易退色，抗冻性好，其性能符合矿渣硅酸盐水泥标准。

6.3 煤系废弃物循环利用

6.3.1 粉煤灰循环利用

粉煤灰是煤粉经高温燃烧后形成的一种似火山灰质混合材料，是冶炼、化工、燃煤电厂等排出的固体废物，是工业同体废物中的“老大”。现我国每年粉煤灰排放量已超过8000万吨，利用率约为30%。每年约有5000多万吨要堆放在灰场里。粉煤灰再资源化已成为我国亟待解决的问题。粉煤灰是一种复杂的细分散相固体物质。在其形成过程中，由于表面张力的作用，部分呈球形，表面光滑，微孔较小；小部分因在熔融状态下互相碰撞而粘连，成为表面粗糙、棱角较多的集合颗粒。粉煤灰的活性也叫“火山灰活性”，是指粉煤灰在和水、石灰混合后所显示的凝结硬化性能。具有化学活性的粉煤灰本身无水硬性，在潮湿条件下才能发挥出来。粉煤灰是高温燃烧的产物，具有活性。形成过程与活性炭的制作过程有相似之处，同样具有较大的比表面积，其比表面积达2700～3500cm^2/g。另外，粉煤灰中含有Al_2O_3和Fe_2O_3，在酸性的条件下，其中的铝和铁离解成为无机混凝剂，它与污水混合时，铝和铁离子将污水中的悬浮粒子絮凝，相互捕获而共同沉降下来，可完成污染物、悬浮物与水的分离，得到的水质清澈透明。

粉煤灰收集包括烟尘收集和底灰收集，排放方式分干法和湿法。目前，我国大多数电厂采用湿排，湿排是通过管道和灰浆泵，利用高压水力把粉煤灰送到贮灰场或填埋场，粉煤灰的化学成分是评价粉煤灰质量优劣的重要技术参数。

粉煤灰的化学组成类似黏土的化学组成，主要包括SiO_2（40%～60%）、Al_2O_3（15%～35%）、Fe_2O_3（2%～15%）、CaO（1%～10%）和未燃尽炭以及有害元素和微量元素。成分受煤的产地、煤种、燃烧方式和燃烧程度等影响。粉煤灰的化学成分被认为是评价粉煤灰质量高低的重要技术参数。CaO＞20%称为高钙灰，我国多为低钙灰。

粉煤灰的矿物组分十分复杂，主要有无定形相和结晶相两大类。无定形相主要为玻璃体，占粉煤灰总量的50%～80%，此外，未燃尽的炭粒也属于无定形相。结晶相主要有石英、莫来石、云母、长石、赤铁矿等。粉煤灰中单独存在的结晶体极为少见，单独从粉煤灰中提纯结晶相极为困难。

从20世纪20年代就有人开始研究粉煤灰的再资源化问题，现已有了很大发展。当前一些国家已将它作为一种新的资源来利用，如美国已将灰渣列为矿物资源中的第七位。我国从20世纪50年代开始研究利用粉煤灰，并不断有新工艺、新技术涌现，但离资源化的高度尚有很大距离。主要存在以下问题：

（1）总体利用水平尚不高 全国循环利用率为30%。

（2）粉煤灰品质波动太大，资源化程度低 表现在烧失量和细度两个指标上。较大的火力发电厂的粉煤灰质量相对比较稳定，但时常也难以达到级灰的要求；采用烟煤的粉煤灰烧失量虽然较低（粉煤灰的烧失量可以反映锅炉燃烧状况，烧失量越高，粉煤灰的质量越差），但活性也比较差。

（3）粉煤灰价格偏高，用户难以接受 虽然国家标准规定如使用单位从排灰口直接取灰，电厂只能收取少量的管理费，但很多电厂很少容许使用单位直接从排灰口取灰，而采取分装的办法来提高粉煤灰的使用费用，粉煤灰的价格高的达到100元/t，一般情况也在60元/t左右。

（4）低水平使用 粉煤灰除作为水泥掺和料以及混凝土掺和料外，很多情况下只是起填充、代替黏土或取代细集料之用，1t粉煤灰经济效益在20元上下，如若资源化程度较高，1t粉煤灰产生经济效益将达到100元以上。

（5）利用水平极不平衡 华东、华中及四川三地较好，利用率达50%以上，而有的地区却低于20%，其中内蒙与海南两地粉煤灰利用率在5%以下。

从总体情况看，我国粉煤灰利用尚处在初级阶段。由于排放量大，质量控制困难，加之灰渣产品开发投资大，销路不稳，循环利用产业与国民经济各部门之间的关系尚待完善。因此，每年仍有（5000～7000）$\times 10^4$t灰渣排入灰场，占用大量土地，并有少量排入江河，造成环境污染。

6.3.1.1 回收有用物质

粉煤灰含有氧化硅、氧化铝、氧化钙、氧化铁、未燃尽炭、微珠等，此外还可能富集许多稀散元素，如Ge、Ga、Ni、V等；粉煤灰的主要矿物有石英、莫来石、玻璃体、铁矿石及碳粒等，是一种潜在的矿物资源。从粉煤灰中回收金属矿物，既可节省开矿费用，保存矿物资源，同时又达到防治污染、保护环境的目的。因此，各国都很重视粉煤灰金属矿物资源利用技术研究。目前，较常用的方法主要有电磁选、水浮选、化学选矿等。

（1）铁、铝化合物的回收 粉煤灰中的铁可用矿选法回收。辽宁电厂磁选车间，应用磁场强度1000O_e左右的磁选机，从含铁量5%的粉煤灰从中得到含铁50%以上的铁精矿，铁的回收率大于40%。化学法回收铁、铝等物质的方法，主要有热酸淋洗、高温熔融、气-固反应及直接溶解法等。盐酸直接淋洗提取铁、铝，是将粉煤灰在100℃左右的盐酸中溶解2h，溶解的氯化物通过一系列离子交换提纯，氧化铝的溶出率仅约20%；用氯化物助熔法，能增强粉煤灰中的Al_2O_3活性，酸溶出率可达36%～50%。粉煤灰同石灰烧结，盐酸溶出，铁、铝的浸出率大于99%，同时制得的白炭黑能达到通用级产品质量标准。粉煤灰与石灰石混合加水成型，常压蒸汽养护，然后低温煅烧脱水和低温液相反应，最后用纯碱溶液提取氧化铝，氧化铝的溶出率85%～92%，Al_2O_3达一级品标准，见图6-9。

（2）锗、镓、硼的回收 粉煤灰中的硼可用稀硫酸提取，控制最终溶液的pH在7.0，硼的溶出率在72%左右。浸出的硼溶液通过螯合树脂富集，并用2-乙基-1,3-己二醇萃取剂分离杂质，得到纯硼产品。粉煤灰压成片状、并在一定的温度和气氛下加热分离锗和镓，其中镓的回收率80%左右，粉煤灰中的锗可用稀硫酸浸出，过滤，滤液中加锌粉置换，料液经过滤回收锌粒后，滤液蒸发，粉碎，燃烧，过筛，加盐酸蒸馏，然后经水解过滤，得到GeO_2，最后用氢气还原，即得到金属锗。

（3）空心微珠的回收 粉煤灰中含有50%～80%的空心玻璃微珠。空心微珠具有多种

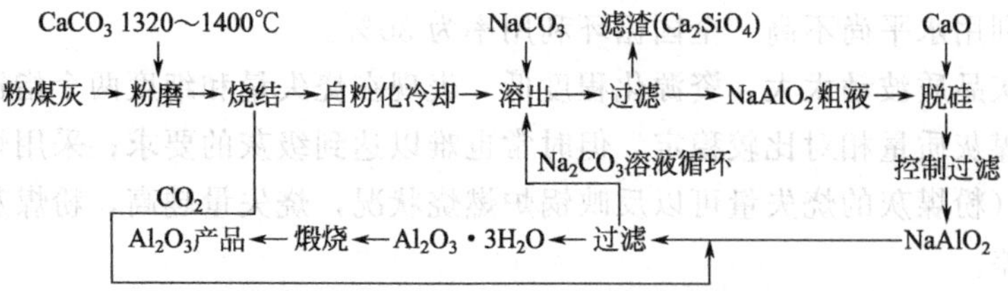

图 6-9 石灰石烧结法提取粉煤灰中氧化铝的工艺流程

优异性能。

① 具耐热、隔热、阻燃的特点，是新型保温、低温制冷绝热材料与超轻质耐火原料，利用它可生产多种保温、绝（隔）热、耐火产品。

② 是塑料尤其是耐高温塑料的理想填料，其用于聚氯乙烯制品，可以提高软化点 10℃以上，并提高硬度和抗压强度，改善流动性。用环氧树脂作黏结剂，聚氯乙烯掺合空心微珠材料可制成复合泡沫材料。用它作聚乙烯、苯乙烯的填充材料，不仅可提高其光泽、弹性、耐磨性，而且具有吸声、减振和耐磨效果。

③ 空心微珠表面多微孔，可作石油化工的裂化催化剂和化学工业的化学反应催化剂，也可用作化工、医药、酿造、水工业等行业的无机球状填充剂、吸附剂、过滤剂，它由于硬度大、耐磨性能好，常被作为染料工业的研磨介质，作墙面地板的装饰材料，利用厚壁微珠还可生产耐磨涂料。在军工领域，它被用作航天航空设备的表面复合材料和防热系统材料，并常被用于坦克刹车。

④ 空心微珠比电阻高，且随温度升高而升高，是电瓷和轻型电器绝缘材料的极好原料，利用它可制成绝缘陶瓷和渣绒绝缘物。

粉煤灰中空心微珠的分选流程见图 6-10。

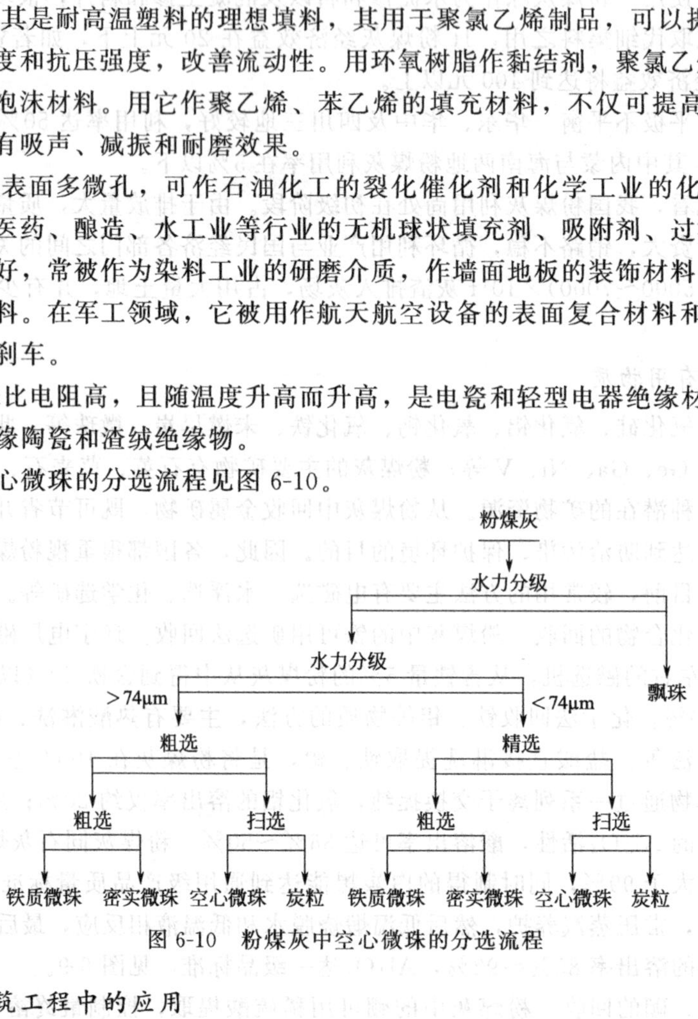

图 6-10 粉煤灰中空心微珠的分选流程

6.3.1.2 在建筑工程中的应用

粉煤灰作建筑材料，是我国粉煤灰主要利用途径之一，包括配制水泥、混凝土、砖、蒸养砖、砌砖与陶粒等。

(1) 以活性混合材形式生产粉煤灰特种水泥

① 粉煤灰砌筑水泥。砌筑水泥是用于砌筑砂浆或抹面砂浆的一种低标号水泥。生产的砌筑水泥一般称为粉煤灰砌筑水泥。采用砌筑水泥配制砂浆不仅技术上易于掌握，在达到良好的和易性和要求标号的情况下，有可能不掺加石灰膏或微末剂来配制混合砂浆，简化了操

作。由于砌筑水泥的价格大大低于 325 号或 425 号普通水泥和矿渣水泥，因此在经济上也是合理的。

② 粉煤灰低热水泥。中国建材研究院研制成功的粉煤灰低热水泥是用粉煤灰、矿渣和少量硅酸盐水泥熟料、硬石膏配制的。这种水泥的特点是熟料用量少，粉煤灰掺量多。水泥组成为粉煤灰 36%～52%，矿渣 20%～36%，熟料 18%～20%，硬石膏 10%，外加糖蜜 0.15%，水泥比表面积控制在 400～550m^2/kg。水泥标号可达 325～425 号，且具有水化热较低、微膨胀等特性。3d 水化热小于 146J/g，7d 水化热小于 178J/g，放热速度比较慢，水化热高峰延缓出现。其中加入糖蜜的目的是为了养护该水泥硬化浆体的总孔隙率和改善孔径分布。

(2) 用粉煤灰配烧水泥熟料生产特种水泥

① 低温合成早强粉煤灰水泥。低温合成早强粉煤灰水泥是将粉煤灰、磨细生石灰及晶种混合，加水消解后，经轮碾、成型、蒸汽养护 7～8h 后，通过 700～850℃的低温煅烧，最后再加入 5%～7%石膏，共同粉磨成水泥。在混合料中加入晶种，是为了在蒸养过程中促进水化物生成和改变水化物的生成条件，对提高水泥的强度有一定作用；晶种可采用蒸养硅酸盐碎砖或低温合成粉煤灰水泥生产过程中的蒸养料，加入量为 2%左右。

② 粉煤灰彩色水泥。粉煤灰彩色水泥是以低温合成粉煤灰水泥为基料，再掺加颜料而成。这种水泥是以 75%左右的粉煤灰掺入少量激发剂，以水热合成、低温煅烧成熟料，加入适量石膏，共同粉磨而成的新品种水泥。由于采用了一定的制作工艺，低温合成粉煤灰水泥具有一定白度，所以加入颜料后可制成彩色水泥。彩色粉煤灰水泥是物美价廉的中、低档墙面装饰材料，是循环利用粉煤灰的一种有效途径。

(3) 粉煤灰作砂浆或混凝土的掺合料　粉煤灰是一种很理想的砂浆和混凝土的掺合料。在混凝土中掺加粉煤灰代替部分水泥或细骨料，不仅能降低成本，而且能提高混凝土的和易性、提高不透水性、不透气性、抗硫酸盐性能和耐化学侵蚀性能、降低水化热、改善混凝土的耐高温性能、减轻颗粒分离和析水现象、减少混凝土的收缩和开裂以及抑制杂散电流对混凝土中钢筋的腐蚀。随着对粉煤灰性质的深入了解和电吸尘工艺的出现，粉煤灰在泵送混凝土、商品混凝土以及压浆、灌缝混凝土中也广泛掺用起来。国外在修造隧洞、地下铁道等工程中，广泛采用掺粉煤灰的混凝土。我国在混凝土和砂浆中掺加粉煤灰的技术也已大量推广。三门峡、刘家峡、亭下水库等水力工程，秦山核电站、北京亚运会工程等，国内一些大的地下、水上及铁路的隧道工程均大量掺用了粉煤灰，不仅节约了大量水泥，而且提高了工程质量。

6.3.1.3　在建材制品中的应用

(1) 粉煤灰硅酸盐砌块　粉煤灰硅酸盐砌块是以粉煤灰、石灰、石膏作胶结料与骨料（可用炉渣、矿渣或其他骨料）按比例配合，加水搅拌，振动成型，常压蒸汽养护制成的一种以硅酸盐为主要成分的墙体材料（图 6-11）。

粉煤灰空心砌块与黏土砖相比，重量轻、强度高、耐久性好。在施工过程中，与砖相比其优点为：砌筑速度快，提高工效一倍以上，缩短工期，降低工程造价。这正符合当今墙体材料改革向轻质、高强、大块发展的方向。

① 原材料

a. 粉煤灰：质量应符合《硅酸盐建筑制品用粉煤灰》(JC/T 409—2001) 标准。含水率在 30%左右。

b. 石灰：有效 CaO 含量不低于 50%，MgO 含量小于 5%，消化温度不低于 50℃，消化时间在 30min 以内。

c. 石膏：可采用二水石膏、半水石膏或天然石膏，也可采用工业废石膏（磷石膏、氟石膏、工业模型废石膏等）。采用磷石膏时，其中 P_2O_5 含量不得大于 3%。

d. 骨料：用煤渣做骨料时，烧失量不大于 20%，安定性试验合格，不含垃圾及有机杂质。

② 配合比

a. 石灰掺量。石灰中的有效 CaO 与粉煤灰中的活性 SiO_2 和活性 Al_2O_3 作用生成水化硅酸钙和水化铝酸钙。当有石膏时还有水化硫铝酸钙产生。试验与生产实践证明，当砌块混合料中胶凝材料的有效 CaO 含量在 15%～25%时，水化产物量较多，强度较高。

b. 石膏。在胶结材中含量应在 2%～5%。

c. 骨料。以胶骨比（1∶1）～(1∶1.5) 为宜。

d. 用水量。指料浆中水占干物的百分数。

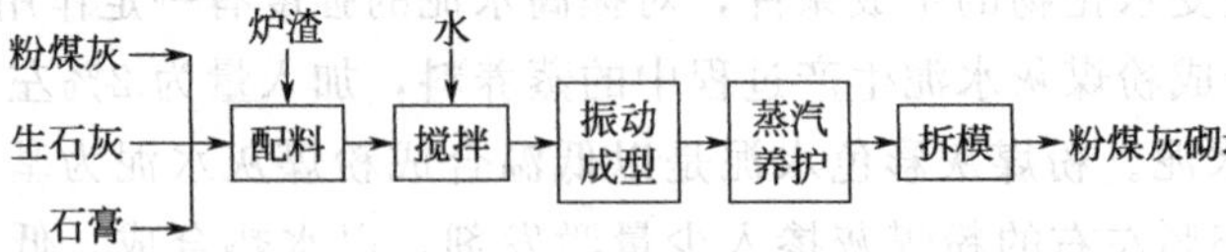

图 6-11 粉煤灰硅酸盐砌块生产工艺流程

(2) 粉煤灰加气混凝土砌块 粉煤灰加气混凝土砌块是以粉煤灰、水泥、石灰为主要原料，用铝粉作发气剂，经配材、搅拌、浇注、发气、切割、蒸汽养护等工艺制成的多孔轻质建筑材料（图 6-12）。按养护压力的不同，可分为常压养护和高压养护两种。

① 原材料

a. 粉煤灰：应符合《硅酸盐建筑制品用粉煤灰》(JC/T 409—2001) 标准中的Ⅰ、Ⅱ粉煤灰的要求。细度小于 8%～15%（80μm 方孔筛筛余）。

b. 生石灰：A-CaO（有效氧化钙）50%～65%，MgO＜8%，消化速度 10～30min，消解温度 50～70℃，细度＜15%（80μm 方孔筛筛余）。

c. 水泥：宜用硅酸盐水泥和普通硅酸盐水泥。

d. 石膏：细度＜17%（80μm 方孔筛筛余）。

e. 铝粉：有带脂干铝粉和膏状铝粉两种，其质量以活性铝含量、盖水面积、发气曲线来衡量，使用带脂干铝粉时，还需使用脱脂剂来去掉铝粉表面油脂，一般使用高级脂肪酸环氧乙烷、丁二萘磺酸钠、合成洗涤剂等表面活性剂来脱脂。

f. 气泡稳定剂：常用的有皂荚粉、氧化石蜡皂等。

g. 其他调节剂：为了提高发气速度可使用烧碱、碳酸氢钠等调节剂；避免发气过快，可使用水玻璃调节剂等。

② 配合比。蒸压粉煤灰加气混凝土砌块配合比：粉煤灰∶石灰∶水泥＝70 左右∶(10～20)∶(10～20)。

a. 石膏：外加 3%～5%。

b. 铝粉：为干料量的 0.06%～0.08%。

c. 水料比：0.6～0.7。

(3) 粉煤灰陶粒 粉煤灰陶粒是用物煤灰作主要原料，掺入少量黏结剂和固体燃料，经

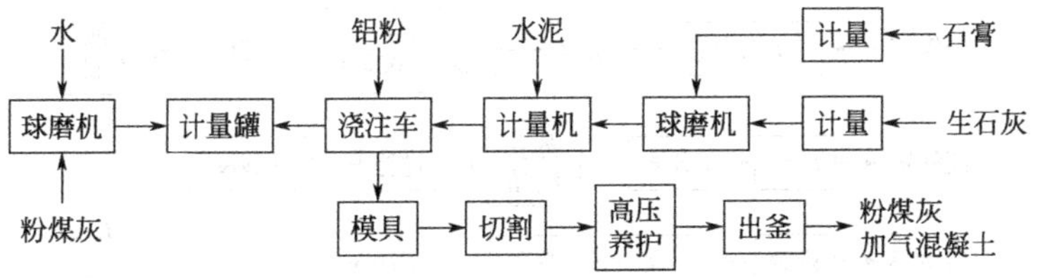

图 6-12 粉煤灰加气混凝土砌块生产工艺流程

混合、成球、高温焙烧而制得的一种人造轻质骨料。粉煤灰陶粒的生产一般包括原材料处理、配料及混合、生料球制备、焙烧、成品处理等工艺过程。采用半干灰成球盘制备生料球，烧结机焙烧陶粒的生产工艺流程如图 6-13 所示。

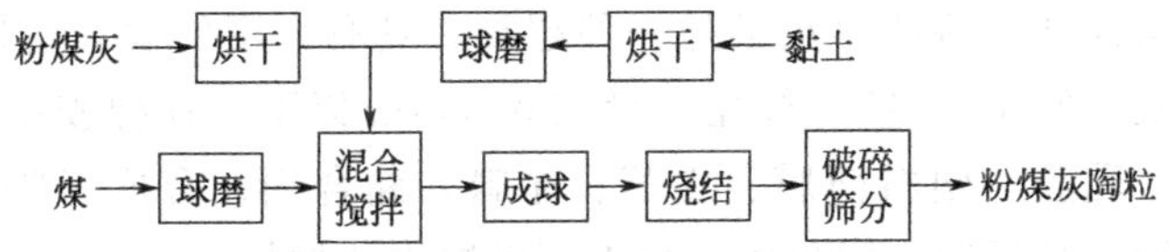

图 6-13 粉煤灰陶粒生产工艺流程

据估计，每生产 1t 粉煤灰陶粒需用干粉煤灰 800～850kg（湿粉煤灰 1100～1200kg）。一个年产 10 万立方米的粉煤灰陶粒厂，每年可处理干粉煤灰 6 万吨左右（湿粉煤灰 10 万吨左右）。

生产粉煤灰陶粒的主要原料是粉煤灰，辅助原料是黏结剂和少量固体燃料。由于纯粉煤灰成球较困难，制成的生料球性能较差，掺加少量黏结剂可改善混合料的塑性，提高生料球的机械强度和稳定性。黏结剂一般可采用黏土、页岩、煤矸石、纸浆废液等。我国多数采用黏土作联结剂，掺入量一般为 10%～17%。

固体燃料可采用无烟煤、焦炭下脚料、炭质矸石、含炭量大于 20%的炉渣等。我国多数厂家采用无烟煤作补充燃料。在实际生产中配合料的总含炭量控制在 4%～6%。配好的配合料需搅拌均匀。常用的搅拌设备有混合筒、双轴搅拌机、砂浆搅拌机等。混合料质量控制为：含炭量 4%～6%、水分小于 20%。制备粉煤灰陶粒生料球的设备比较多，主要有挤压成球机、成球筒、对辊压球机、成球盘等。目前国内普遍采用成球盘成球。生料成球后即可焙烧，国内焙烧粉煤灰陶粒的设备主要有烧结机、回转窑、机械化立窑和普通立窑。

粉煤灰陶粒的主要特点是质量小、强度高、热导率低、耐火度高、化学稳定性好等，比天然石料具有更为优良的物理力学性能。粉煤灰陶粒可用于配制各种用途的高强度轻质混凝土，应用于工业与民用建筑、桥梁等许多方面。

6.3.1.4 在其他行业中的应用

(1) 粉煤灰在化学工业中的应用　粉煤灰中 SiO_2 和 Al_2O_3 含量较高，可用于生产化工产品，如絮凝剂、分子筛、白炭黑（沉淀 SiO_2）、水玻璃、无水氯化铝、硫酸铝等。粉煤灰循环利用工艺流程见图 6-14。

① 粉煤灰生产填充剂。在有机材料制品中为了降低制品的成本和提高制品的某些性能，常常加入一定量的填充剂。对填充剂的一般要求为价格低廉、密度小、易加工，与底材的混合性能好，填充量大，能赋予制品特殊功效等。

粉煤灰基本具备以上这些功效。由于粉煤灰含有大量玻璃微珠，无毛刺和棱角，有滚动轴承作用，对成型设备、模具磨损小，可提高生产效率和延长机器的使用寿命、降低产品成本，具有填充料的功能和特性。

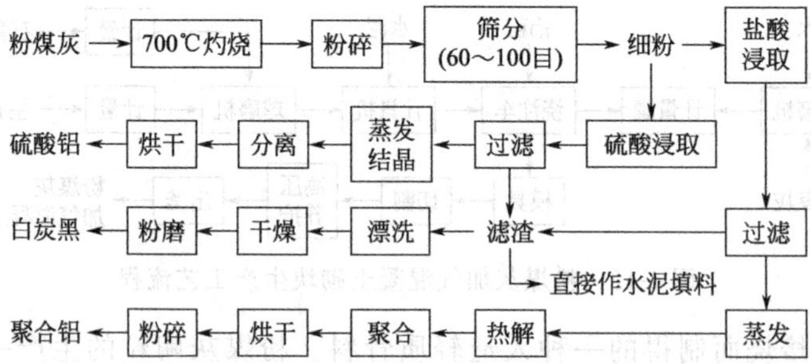

图 6-14 粉煤灰循环利用工艺流程

由粉煤灰可制备活性白炭黑和沉淀白炭黑。活性白炭黑的化学组成与沉淀白炭黑相同，但性能较沉淀白炭黑优越，活性白炭黑是一种超细、具有高度的表面活性的 SiO_2 微粉，其比表面积为沉淀白炭黑的 4～5 倍，粒径一般在 0.05μm 以下。在橡胶中有透明性和半透明性，广泛用于橡胶、乳胶、塑料薄膜、皮革、涂料、黏合剂、合成树脂、造纸、农药、炸药、日用化工等领域，是透明和彩色胶制品中不可缺少的材料。

而沉淀白炭黑，外观为白色无定形微细粉末，其真相对密度为 2.0～2.6，熔点 1750℃，折光率 1.46。粒径一般为 10～25μm，含水率小于 2%。广泛用于橡胶和塑料工业，是一种较理想的补强填充剂。在塑料工业中，能赋予制品以低的吸水性和良好的介电性能。

② 粉煤灰用于制备吸附材料。粉煤灰玻璃体的外观呈蜂窝状，空穴较多，内部具有较为丰富的孔隙，且比表面积大，具有一定的吸附能力。但原状粉煤灰吸附效果不理想，通过改性可提高粉煤灰的吸附性能。通过火法改性可制得硅胶，湿法改性可获得分子筛。

分子筛是用碱、铝、硅酸钠等人工合成的一种泡沸石晶体，其中含有大量的水。当把它加热到一定的温度时，水分被脱去而形成一定大小的孔洞。它具有很强的吸附能力，能把小于孔洞的分子吸进孔内，而把大于孔洞的分子挡在孔外，这样就可把大小不同的分子进行筛分。

(2) 粉煤灰在农牧渔业中的应用

① 粉煤灰直接用于造地。粉煤灰对洼地、塌陷地、山谷及烧砖毁田造成的坑洼地都可以填充造地，累计覆土造地 400 余亩。这些"再造地"经大城山园林处播种育苗，已绿化成林，树木成活率达 90%，使昔日千疮百孔的大城山重新披上了绿装，并建成了大城山公园。

在贮回场上覆土造田或直接种植是解决贮灰场环境污染的一条经济有效的途径。试验表明，在贮灰场上覆土造田的覆土厚度以 20cm 为好，有利于农作物根系的正常生长发育。但由于覆土量大，在人力、物力、财力上投入较大。因此推广贮灰场覆土造田往往有一定的难度。

② 粉煤灰作土壤改良剂和农业肥料。粉煤灰具有良好的物理化学性质，能广泛应用于改造重黏土、生土、酸性土和盐碱土，弥补其酸、碱、板、黏的缺陷。其主要作用机理包括以下五个方面：第一是改善土壤的可耕性。粉煤灰施入土壤后，可使土壤颗粒组成发生变化。黏质土壤掺入粉煤灰，可变得疏松，黏粒减少，砂粒增加。第二是改善酸性土和盐碱土。对于盐碱地试验表明，春耕前土壤容积密度平均为 $1260kg/m^3$，秋后每亩施灰 20t，土壤容积密度降为 $1010kg/m^3$，达到了肥沃土壤的指标。土壤容积密度的降低，表明土壤的空隙率增加，一般土壤施用粉煤灰后空隙率可增加 6%～22%，因而改善了土壤的透水透气性，促进了土壤的水、热、气的交换。粉煤灰中由于含大量 CaO、MgO、Al_2O_3 等有用组

分，用于酸碱土能有效改变其酸碱性。第三是提高土壤温度。粉煤灰呈现黑色，吸热性能好，施入土壤后，一般可使土层温度提高1～2℃。有关研究表明，亩施灰1.25t，地面温度16℃，亩施灰5t，地面温度17℃，亩施灰7.5t，地下5～10cm处的土层增温0.7～2.4℃。地温提高对土壤养分的转化、微生物的活动、种子萌芽和作物生长发育都有促进作用。用它覆盖小麦和水稻育苗，可使秧苗发芽快、长得壮、抗低温，利于作物早熟和丰产。第四是提高土壤保水能力。作为植物生长的土壤富有一定的空隙率，粉煤灰中的硅酸盐矿物与炭粒具有多孔性，因此，将粉煤灰施入土壤，能进一步改善土壤的空隙率和溶液在土壤中的扩散情况，从而调节了土壤的含水量，有利于植物正常生长。第五是增加土壤的有效成分、提高土壤肥力。粉煤灰除含有氮、磷、钾之外，还含有锰、铁、钠、硅、钙等元素，故可视为复合微量元素肥料，对农作物的生长有良好的促进作用。

粉煤灰含有大量枸溶性硅、钙、镁、磷等农作物所必需的营养元素。当其含有大量枸溶性硅时，可作硅钙肥；当含有较高枸溶性钙、镁时，可作改良土壤酸性的钙镁肥；当含有一定磷、钾及微量组分时，可用于制造各种复合肥。粉煤灰中含有大量SiO_2和CaO，形成了枸溶性硅酸钙，经干化后球磨，便制成了水稻生长必需的硅钙肥。

磁化粉煤灰是以土壤磁学和生物磁学为依据，将粉煤灰通过强磁场进行磁化处理而制成磁化粉煤灰肥，将这种带有剩磁的灰肥施入土壤后，可以起到肥料的作用，每亩施150～250kg，便可收到较好的改土与促使作物增产的效果，而且易于使用和推广。

经过多年试验研究后，在湖北一些地区的水稻、小麦、油菜开始施入磁化粉煤灰肥，其作物的增产效果明显。而后，又分别在武昌县和大冶县做了亩施磁化粉煤灰肥200～250kg的2170亩大田示范，经选择小区对比试验及代表田的单打单收，得到平均亩产增产效果为：武昌县小麦增产15%，油菜增产25%；大冶县小麦增产12%，油菜增产15%。

③ 粉煤灰制作人工渔礁。为了降低渔礁造价，解决钢筋锈蚀问题，从所选材料看，主要有以下两种体系。

a. 粉煤灰树脂混凝土体系：树脂为胶结料，粉煤灰为树脂的填充料，集料为石子，胶集比为1∶3，密度为$2g/cm^3$，抗压强度达20MPa以上。

b. 新硬化体人工渔礁体系：所用材料及配比为粉煤灰65%～75%，石灰15%～25%，石膏5%～15%，水灰比0.45。新硬化体又分一次硬化体和二次硬化体。一次硬化体简称自然养护体。其生产工艺为材料按配比称重后经混合搅拌、成型、室温潮湿养护4～7 d即得成品，类似于我国的自然养护粉煤灰硅酸盐制品。二次硬化体，即常压蒸汽养护体系，其生产工艺为材料按配比称量后经混合搅拌、成型、常压蒸汽（温度95～97℃）养护5～15 h即得成品，类似于我国的常压蒸汽养护粉煤灰硅酸盐制品。性能比一次硬化体好，配比为粉煤灰70%，消石灰20%，半水石膏10%，水灰比为0.45。经97℃蒸养15h的二次硬化体的密度为$1.75g/cm^3$，抗压强度达38MPa，吸水率为17%。

④ 粉煤灰用于废水的处理。现在许多企业正致力于研究利用粉煤灰处理生产所产生的各种废水。

a. 处理含油废水。石油炼制行业的含油废水多采用“隔油、浮选、生化”老三套处理工艺，经处理后的含油废水其出水水质总达标率通常在75%左右，特别是COD、油类物质达标率更低。为提高达标率，目前国内外对这类经生化处理后的低浓度的含油废水多采用活性炭吸附-过滤的处理工艺，该法投资大，运行费用高，一般企业都无法承受。采用粉煤灰处理含油废水，技术简单可靠，经济实惠，处理后各项水质指标均达到或低于国家排放标准，既解决了环境水体污染，也为粉煤灰、炉渣的循环利用开辟了一条新途径。

b. 处理含氟废水。采用粉煤灰进行含氟溶液的吸附试验，试验结果表明，粉煤灰对氟的吸附主要表现为化学吸附，游离的 F^- 被吸附在粉煤灰中活性 Al_2O_3 表面，当酸度增加时，含氟溶液中的氟以分子态氟化氢形式存在的比例增加，部分地抑制了吸附过程的进行，使氟的吸附去除率降低。溶液处于中性或偏碱性时，粉煤灰对氟均表现出良好的吸附能力。当含氟溶液质量浓度为10～2000mg/L，粉煤灰与氟之比为10：1时，溶液中氟离子的吸附去除率达90%以上。

c. 处理含重金属离子废水。一般含有 Cr^{3+}、Hg^{2+}、Pb^{2+} 等重金属离子废水，也可以用粉煤灰处理，例如电镀废水经粉煤灰处理后，Cr^{3+} 去除98.8%、Zn^{2+} 去除98.3%，Cu^{3+} 去除90%。

d. 处理造纸废水。加拿大 Albert Saskatchewan 省建立一个中试厂处理造纸染色废水，运行结果表明，粉煤灰脱色率稳定在90%。TOC去除率为56%，BOD去除率为18%，最优运行pH值在4.6～5.0之间。

用粉煤灰代替絮凝剂对某造纸厂的废水进行一级处理后，透光率可达到与三氯化铝、聚合铝和聚合铁处理废水一样的结果。且粉煤灰处理后的废水无色无臭。用粉煤灰和聚铁处理COD<3300mg/L，SS<1100mg/L的废水，效果很好，COD去除率为69%，SS去除率为93%，出水呈极淡的黄色，清澈透明。

6.3.2 煤矸石循环利用

煤矸石是指在煤矿建设、煤炭开采和加工过程中排放出的废弃岩石，主要有掘进井巷时排出的煤矸石、选煤排出的煤矸石和露天采煤产生的剥离矸石。一般认为，煤矸石综合排放量占原煤产量的15%～20%，全国每年除循环利用约6000万吨外，其余部分作为工业固体废物混杂堆积。煤矸石是目前我国最大的固体废物源，占全国工业固体废料的20%以上。据资料统计，全国累计堆存煤矸石已达30亿吨，形成了1500座矸石山，而且还以每年约1.3亿吨的速度增加，造成了煤矿周边地区或流域的环境问题，影响了煤矿的可持续发展。

化学组成是评价某一矿物性质，并决定其工业用途的一项重要指标。作为天然固态岩石集合体，煤矸石是由无机质和少量有机质组成的混合物，主要是 SiO_2（含量波动在37%～68%），其次是 Al_2O_3（含量平均波动在11%～36%），其他依次为，Fe_2O_3 2%～10%，CaO 1%～4%，MgO 1%～3%，Na_2O 和 K_2O 分别为1%～2%，SO_3 和 P_2O_5 分别为0.5%～1%，还有少量N和H等。此外，也常含有极少量的钡、锰、铍、钴、铜、镓、钼、镍、铅等金属元素，煤矸石的化学成分不稳定，不同地区的煤矸石成分变化较大。

一般而言，煤矸石中含有多种岩石，其基质大都由黏土矿物组成，夹杂着数量不等的碎屑矿物和炭质，因此，可以将煤矸石看成是一种硬质黏土矿物，其中杂质主要是铁钛氧化物。煤矸石中最常见的黏土矿物种类有高岭石类、水云母类、蒙脱石类、绿泥石类，其中地质条件不同，煤矸石有的以高岭石为主，有的则以水云母为主，有的试样中还含有少量的绢云母。据有关资料介绍，我国的煤矸石以高岭石为主的约占2/3，以水云母为主的约占1/3。煤矸石中的黏土矿物成分，经过适当温度煅烧，便可获得与石灰化合成新的水化物的能力，所以，煤矸石又可视为一种火山灰活性混合材料，其活性大小的衡量标准是黏土矿物含量。由于炭质页岩、泥质页岩和部分岩石占煤矸石的绝大部分，因此，在利用煤矸石时，要对这三种岩石分别进行研究。

煤矸石大量堆积，不仅压占大量土地，而且严重污染矿区及周围环境。其中所含的硫化物散发后会污染大气和水源，造成严重的危害。煤矸石中所含的黄铁矿易被空气氧化，放出的热量可以促使煤矸石中所含煤炭风化以致自燃。煤矸石燃烧散发出的气味和有害的烟雾，使附近居民慢性气管炎和气喘病患者增多，周围树木落叶，庄稼减产。煤矸石受雨水冲刷，常使附近河流的河床淤积，河水受到污染。

为推动煤矸石资源化利用，广开煤矸石资源化利用途径，加强对煤矸石的基础及应用研究，对煤矸石的主要成分组成、基本特性、循环利用及合理分类等方面进行更深入的研究具有十分重要的理论和实际意义。

6.3.2.1 发电和造气

在煤巷掘进排出的矸石和煤炭洗选后的矸石中，常常会混入发热量较高的煤、煤矸石连生体和碳质岩等。这些矸石虽属劣质燃料，但具有相对较高的热值。一般利用热值大于3768.12J/kg的中碳至高碳煤矸石作燃料，通过沸炉带动背压式汽轮机发电机发电。我国已有一批煤矸石电站在运转之中。我国自行设计施工的第一座大型煤炭矿井——山东省协庄煤矿便是一例。平煤集团矸石电厂也是利用洗选后的矸石作为主要燃料的小型火电厂。

造气用的煤矸石一般要求炭为70%～80%，发热量为4186.80～5024.16J/kg。煤矸石煤气炉造气原理与一般煤气发生炉基本相同。

6.3.2.2 在建筑工程中的应用

(1) 煤矸石制烧结砖　目前，厂家所生产的墙体材料中95%为实心黏土砖，每年耗土量相当于110万亩土地，实际毁田数十万亩，对环境造成了持续性的破坏。目前，我国利用煤矸石制砖的厂家约有11万个，矸石砖年产量已达200亿块，年循环利用煤矸石约5000万吨。

利用煤矸石生产烧结砖，一般采用全内燃焙烧技术，即用煤矸石自身的发热量提供热能来完成干燥和焙烧，不需外投燃料。实践表明，我国年产200亿块矸石烧结砖，每年则可节省224万吨标煤。泥质和碳质矸石质软、易粉碎成型，是生产矸石砖的理想原料。适用制烧结砖的煤矸石化学成分有一定的要求，实际生产中所用矸石具有的化学成分和工艺性要求见表6-16、表6-17。

表6-16　制砖所用矸石化学成分

指标名称	化学成分/%					
	SiO_2	Al_2O_3	Fe_2O_3	CaO	MgO	SO_3
要求	55～70	15～25	<5	<2.5	<1	<1

表6-17　制砖所用矸石工艺性质指标

指标名称	工艺性质				
	电厂入厂、入炉煤热差值/(MJ/kg)	塑性指数	矸石粒度/mm	熔点/℃	收缩率/%
要求	39.77～50.23	7～17	<3	<1250	<4

煤矸石烧结砖是用煤矸石代替黏土作原料经粉碎、成型、干燥、焙烧、控制等工序加工而成。

原料粉碎工艺：与黏土制砖工艺相比，粉碎工艺是煤矸石制砖所特有，其消耗约占总成本的1/4～1/3。粉碎工艺的确定及其设备的选型，对企业的经济效益有重大影响。因此，一定要遵循技术可行、经济上合理的原则进行。

由于煤矸石块度大小不一，破碎机的破碎比又有一定限度，故一般需要采用二级或三级破碎工艺，通常选用颚式破碎机、锤式破碎机和球磨机作为粗、中、细粉碎的设备。在煤矸石块度大（一般直径0.5～1m以上）、硬度高的特殊情况下，则可采用自磨机一级粉碎工艺。对于以泥质页岩为主的煤矸石，由于其硬度系数较小（<3），可以采用一级颚式破碎、二级锤式破碎和三级锤式破碎工艺。

砖坯的焙烧：煤矸石成分比黏土复杂，煤矸石砖往往又是多种原料配合使用，因此，砖坯在焙烧过程中发生的物理化学变化比较复杂，随着温度升高，水分逐渐被排除，可燃物被焚化。温度到达900℃左右时，砖坯内的硅、铝、铁、镁等氧化物发生物理化学反应，生成新的硅酸盐类物质。此时，有些颗粒熔化，形成熔融玻璃类物质，把未熔化的固体颗粒黏结起来，这一变化过程称为烧结，是使砖坯形成坚硬整体和具有一定性能的重要阶段。此阶段温度的高低和时间延续的长短，直接影响砖的质量。一般烧结温度控制在950～1100℃之间，烧结时间6～8h。

(2) 煤矸石制空心砖　煤矸石制空心砖是以煤矸石胶结料和煤矸石粗细骨料制成。煤矸石胶结料是以人工煅烧或自然煤矸石为骨料，加入少量石灰、石膏配成。采用这种胶结料，并选用生矸石作粗、细骨料，可以生产煤矸石空心砖，或经振动成型、蒸汽养护而制成墙体材料。其生产工艺比较简单。技术较成熟，产品性能稳定，使用效果较好。

煤矸石生产微孔吸声砖的工艺流程见图6-15。

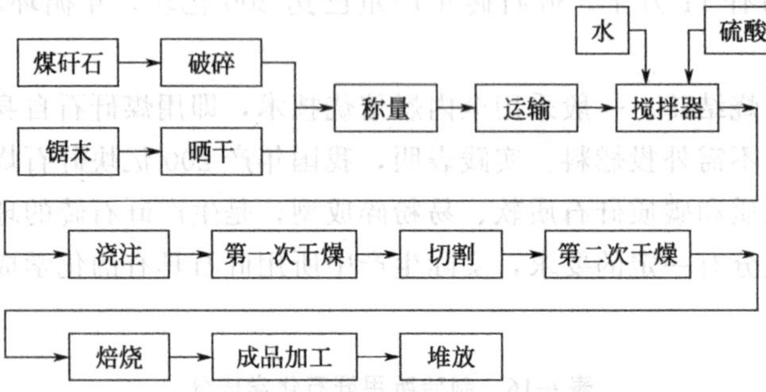

图6-15　煤矸石生产微孔吸音砖的工艺流程

(3) 煤矸石生产水泥　利用煤矸石生产水泥成本低，矸石利用量大。煤矸石中含有可燃物C、SiO_2、Al_2O_3和Fe_2O_3等物质，具有一定的热值，这样不仅解决了生产水泥所需要的燃料问题，还可以把煤矸石作为水泥生料中Si、Al等元素的来源。利用煤矸石生产的水泥主要有硅酸盐水泥、火山灰水泥、少熟料水泥等。同济大学设计将煤矸石、硅酸盐水泥熟料、激发剂、石膏调凝剂、矿物掺和料按适当的重量配比经一定的工艺混合制成大掺量煤矸石复合水泥，这种复合水泥具有高强度、优异耐久性、低环境负荷的特征，适用于制造各种混凝土构筑物，特别适用于大体积混凝土构筑物。

① 生产普通硅酸盐水泥。生产煤矸石普通硅酸盐水泥的主要原料是石灰石、煤矸石、铁粉混合磨成生料，与煤混拌均匀加水制成生料球，在1400～1450℃的温度下得到以硅酸三钙为主要成分的熟料，然后将烧成的熟料与石膏一起磨细制成。利用煤矸石生产普通硅酸盐水泥熟料的参考配比为：石灰石69%～82%，煤矸石13%～15%，铁粉3%～5%，煤

13%左右，水16%～18%。利用煤矸石配料时，主要应根据煤矸石二氧化二铝含量的高低以及石灰质等原料的质量品位来选择合理的配料方案。为便于使用，一般将煤矸石按三氧化二铝含量多少分为低佀（约20%）、中铝（约30%）和高铝（约40%）三类。用于生产普通硅酸盐水泥的煤矸石含三氧化二铝量一般为7%～10%，属低铝煤矸石，其生产同黏土，但应注意对煤矸石应进行预均化处理。所谓预均化是指对煤矸石在采掘、运输、储存过程中，采取适当的措施进行预均化处理，使其成分波动在一定范围内，以满足生产工艺的要求。较适用的措施有尽量定点供应、采用平铺竖取方法和采用多库储存进行机械倒库均化措施。用煤矸石生产的普通硅酸盐水泥熟料，硅酸三钙含量在50%以上，硅酸二钙含量在10%以上，铝酸三钙含量在5%以上，铁铝酸钙含量在20%以上。

② 生产特种水泥。利用煤矸石含三氧化二铝高的特点，应用中、高铝煤矸石代替黏土和部分矾土，可以为水泥熟料提供足够的三氧化二铝，制造出具有不同凝结时间、快硬、早强的特种水泥以及普通水泥的早强掺合料和膨胀剂。生产煤矸石速凝早强水泥的主要原料是石灰石、煤矸石、褐煤、白煤、萤石和石膏，我国某厂生产的煤矸石速凝早强水泥原料配比为石灰石67%、煤矸石16.7%、褐煤5.4%、白煤5.4%、萤石2.0%、石膏3.5%。其熟料化学成分的控制范围为：CaO 62%～64%，$SiO_2$18%～21%，$Al_2O_3$6.5%～8%，Fe_2O_3 1.5%～2.5%，$SO_3$2%～4%，$CaF_2$1.5%～2.5%，MgO含量小于4.5%。这种速凝早强特种水泥28天抗压强度可达49～69MPa，并具有微膨胀特性和良好的抗渗性能，在土建工程上应用能够缩短施工周期，提高水泥制品生产效率，尤其可以有效地用于地下铁道、隧道、井巷工程，作为墙面喷复材料及抢修工程等。

③ 生产无熟料水泥。煤矸石无熟料水泥是以自然煤矸石经过800℃温度煅烧的煤矸石为主要原料，与石灰、石膏共同混合磨细制成的，亦可加入少量的硅酸盐水泥熟料或高炉水渣。煤矸石无熟料水泥的原料参考配比为煤矸石60%～80%、生石灰15%～25%、石膏3%～8%，若加入高炉水渣，各种原料的参考配比为煤矸石30%～34%、高炉水渣25%～35%、生石灰20%～30%、无水石膏10%～13%。这种水泥不需生料磨细和熟料煅烧，而是直接将活性材料和激发剂按比例配合，混合磨细。生石灰是将煤矸石无熟料水泥中的碱性激发剂，生石灰中的有效氧化钙与煤矸石中的活性氧化硅、氧化铝在湿热条件下进行反应生成水化硅酸钙和水化铝酸钙，使水泥强度增加；石膏是无熟料水泥中的硫酸盐激发剂，它与煤矸石中的活性氧化铝反应生成硫铝酸钙，同时调节水泥的凝结时间，以利于水泥的硬化。煤矸石无熟料水泥的抗压强度为20～40MPa，这种水泥的水化热较低，适宜作各种建筑砌块、大型板材及其预制构件的胶凝材料。

（4）作筑路和填充材料　煤矸石具有很好的抗风雨侵蚀性能，国外已广泛利用自燃煤矸石作为筑路材料。有研究表明，煤矸石混合料作道路基层材料，其强度、冻稳性和抗温缩防裂性，均能满足多种等级公路的规范要求，而且有些混合料的性能还优于常用的基层材料。因此，用煤矸石作道路基层材料具有广泛的推广价值。

利用煤矸石作塌陷区腹地的充填材料，既可使采煤破坏的土地得到恢复，又可减少煤矸石占地和对环境的污染。在这方面我国部分煤矿已积累了很好的经验。

6.3.2.3 在建材工业中的应用

（1）煤矸石生产轻骨料　轻骨料和用轻骨料配制的混凝土是一种轻质、保温性能较好的新型建筑材料，可用于建造大跨度桥梁和高层建筑。用煤矸石烧制轻骨料有两种方法，即成球法和非成球法。成球法是将煤矸石破碎、粉磨后制成球状颗粒，然后焙烧。将球状颗粒送入回转窑，预热后进入脱碳段，料球内的碳开始燃烧，继之进入膨胀段，此后经冷却、筛分出厂。其松散容重一般在1000kg/m^3。非成球法是把煤矸石破碎到一定粒度直接焙烧。将煤矸石破碎到5～10mm，铺在烧结机炉排上，当煤矸石点燃后，料层中部温度可达1200℃，底层温度小于350℃。未燃的煤矸石经筛分分离再返回重新烧结，烧结好的轻骨料经喷水冷却、破碎、筛分出厂。其容重一般在800kg/m^{3}左右。煤矸石轻骨料的质量主要取决于煤矸石的性质和成分，适宜烧制轻骨料的煤矸石主要是碳质页岩和选煤厂排出的洗矸，矸石中的含碳量不要过大，以低于13%为宜。

目前国内生产煤矸石轻骨料还处于试验阶段，多采用回转窑法，煤矸石陶粒的生产工艺包括破碎、磨细、加水搅拌、选粒成球、干燥、焙烧、冷却等工序，其生产工艺流程如图6-16所示。

煤矸石陶粒所用原料为煤矸石和绿页岩。绿页岩是露天矿剥离出来的废石。磨细后塑性较大，煤矸石陶粒主要用它作为球胶结料。其原料配比是绿页岩：煤矸石等于2：1。生料球在回转窖内焙烧，焙烧温度为1200～11300℃。

用煤矸石生产的轻骨料性能良好，煤矸石陶粒成品的松散密度为480～590kg/m^3，颗粒密度为850～950kg/m^3，筒压强度为1.27～2.5MPa，1h吸水率为5.7%～8.2%。用该种轻骨料可配制200～300号混凝土，用煤矸石生产的轻骨料所配制的轻质混凝土具有密度小、强度高、吸水率低的特点，适宜制作各种建筑的预制件，煤矸石陶粒是大有发展前途的轻骨料，它不仅为处理煤炭工业废料、减少环境污染找到了新途径，还为发展优质、轻质建筑材料提供了新资源，是煤矸石循环利用的一条重要途径。

(2) 煤矸石烧结砖　煤矸石烧结砖以煤矸石为主要原料，一般占坯料质量的80%以上，有的甚至全部以煤矸石为原料，有的外掺少量黏土，其各种原料的参考配比为：煤矸石70%～80%，黏土10%～15%，砂10%～15%。有的利用纯煤矸石。适用于制烧结砖的煤矸石化学成分有一定的要求。一般要求二氧化硅含量在50%～70%，三氧化二铁含量在2%～80%，氧化镁含量在3%以下，硫含量在1%以下，钾、钠等的主要物理性能也应满足适当的要求，塑性指数一般为7%～15%，发热量一般为3.8～5MJ/kg。

煤矸石烧结砖是用煤矸石代替黏土作原料，经过破碎、成型、干燥、焙烧等工序加工而成。其生产工艺流程见图6-17。

煤矸石烧结砖质量较好，颜色均匀，密度一般为1400～1700kg/m^3，抗压强度一般为9.8～14.7MPa，抗折强度为2.5～5MPa，抗冻、耐火、耐酸、耐碱等性能均较好，可用来代替黏土砖。利用煤矸石代替黏土制砖可化害为利，变废为宝，节约能源，节省土地，改善环境，创造利润，具有一定的环保、经济和社会效益。这种砖比一般单靠外部燃料焙烧的砖可节约用煤50%～60%，但有时会出现“黑心”、“压抑”的弊病，严重影响煤矸石砖的质量。

(3) 煤矸石生产煤矸石棉　煤矸石棉是利用煤矸石和石灰为原料，经高温融化、喷吹而成的一种建筑材料。其原料配比为：煤矸石60%、石灰石40%，或煤矸石60%、石灰石30%、萤石6%～10%。煤矸石的熔化设备可采用以焦炭为燃料的冲天炉；焦炭与原料的配比为1：(2.3～5)。生产煤矸石棉的具体工艺过程为：先将炉底部的流出口关好，用焦炭末和锯木屑的混合物锤紧，直到喷嘴的高度为止，然后在上面铺一层木柴作引火燃料。最后铺一层焦炭、一层煤矸石和石灰石的混合料，每次装料150kg左右。料装好后，将木柴点燃

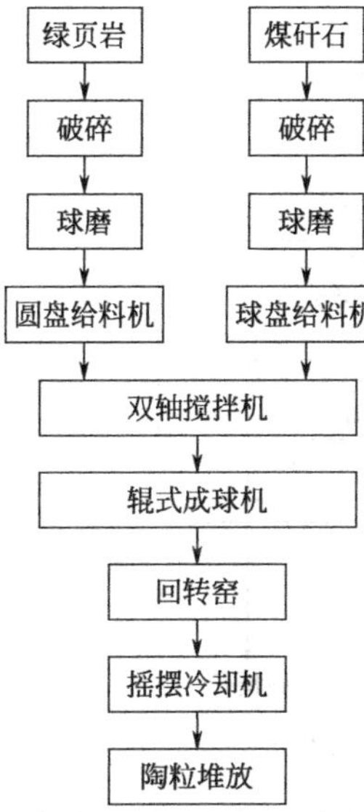

图 6-16　煤矸石陶粒生产工艺流程

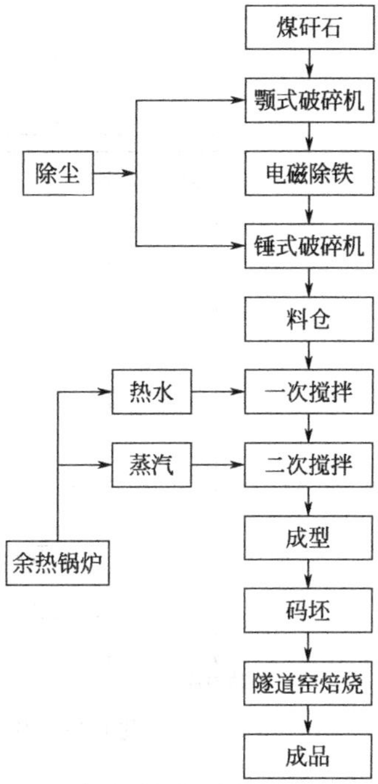

图 6-17　煤矸石烧结砖生产工艺流程

以引着焦炭，炉内燃烧温度可达 1200～1400℃，燥矸石全部熔融后，熔融状态的液体从喷嘴流出，并用风机以 10°角将融浆吹入密封室中，即为煤矸石棉。

6.3.2.4　黄铁矿的回收

我国硫铁矿资源丰富，存在形式是与煤共生或伴生。从煤矸石中回收硫铁矿可减少硫黄进口，满足国内急需，经济效益十分明显。硫铁矿在原煤分选过程中富集于洗矸内。对于洗矸中含硫量大于 6%的高硫矸石可考虑从中回收硫铁矿。

煤、矸石和硫铁矿的分选用重选法是有效的。但采用何种分选工艺，主要取决于硫铁矿在矸石中的嵌布特性。我国煤炭硫铁矿多数结构复杂，和煤、矸石及围岩常呈结合体、包裹体或连生体状态。硫铁矿的回收原则一般是从粗到细，把硫化铁破碎成单体解离，先分离、再回收，多段破碎、多段回收。可以利用分层开采、手选、浮选及机械分选等办法进行回收。

开滦唐家庄选煤厂，洗矸含硫量为 3.98%，由于矸石中黄铁矿主要集中在结核状和块状集合体中，嵌布粒度较粗，破碎到小于 6mm 后，部分黄铁矿已单体解离，跳汰分选可选出粗粒高品位硫精矿和动力煤及部分尾矿，体现了“能收早收，能丢早丢”的原则。跳汰机中的矿磨到小于 200 目的占 45%～50%后，入摇床分选，可得到细粒硫精矿，这种粗细阶段分选流程适应洗矸中黄铁矿的嵌布特性，其工艺流程见图 6-18 。

6.3.2.5　提取稀有金属

(1) 提取镓　从煤矸石中提取镓。是从含有金属镓大于 30g/t 的煤矸石中提取，对于含镓达到 60g/t 的煤矸石，应以提镓为中心，同时兼顾提取煤矸石其他有用成分（铝和硅等）。在煤矿床及煤层顶、底板和夹矸中也常有镓富集（如平顶山煤矿中）。通常从煤矸石中回收镓的方法如下。

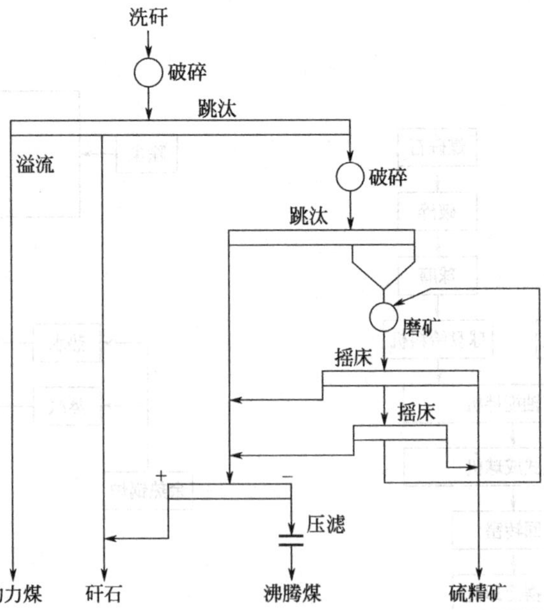

图 6-18 唐家庄选煤厂选硫工艺流程

① 富集金属镓。采用简单的选矿方法（如手选）从煤矸石中选出镓含量达工业品位的矸石。当煤矸石含煤量大于 20%时，进行再洗经济上是合理的，为提高质量，洗选是必需的。如为富集镓而采取煅烧的方法，这时煤矸石作为燃料，则镓不易分离。

② 富镓煤矸石的浸出。煤矸石中镓的浸出可采取两种工艺：一是高温煅烧浸出，其方法是把煤矸石破碎到粒径小于 1mm，然后在 500～1000℃下煅烧，再后用硫酸、盐酸或多种混合酸浸出，使铝和镓进入溶液，硅进入滤渣；二是低温酸性浸出，是在 80～300℃下浸数小时，在含镓的母液中回收镓。富镓煤矸石的酸性浸出，是利用酸与镓、铝和硅的氧化物反应生成镓、铝盐和硅渣。

(2) 提取钛　在煤系地层中，煤层顶、底板和夹矸中有时会出现钛相对富集的现象，TiO_2的含量可达工业品位，即不小于 1.5%。对平顶山矿区煤矸石及煤系伴生矿产的研究结果表明：一些矿的主要可采煤层顶、底板和夹矸的 TiO_2 含量超过工业品位，具有综合回收价值。

从煤矸石中提取钛的具体方法与提取镓的方法相似。当盐酸浸取反应结束，固液分离之后，钛以 $TiCl_4$形式富集于滤液中，这时在滤液中加入氢氟酸，Ti^{4+} 和 F^- 形成氟化物沉淀，然后过滤分离，从而综合回收钛。

6.3.2.6 制备化工产品

(1) 制备铝系产品　结晶三氯化铝是以煤矸石和化工工业副产盐酸为主要原料，经过破碎、焙烧、磨碎、酸浸、沉淀、浓缩结晶和脱水等生产工艺而制成。结晶三氯化铝外观为浅黄色结晶颗粒，易溶于水，是一种新型净水剂，制取结晶三氯化铝的煤矸石要求含铝量较高，含铁量较低，其生产工艺流程如图 6-19 所示。

煤矸石在酸浸前须经焙烧，脱掉附着水和结晶水，改变晶体结构使之活化，以利酸浸。焙烧的方法是将煤矸石经破碎至粒度小于 8mm 后送入沸腾炉，使其在 (700±50)℃下焙烧 0.5～1h。将焙烧后的煤矸石渣排到凉渣场自然冷却后，选入球磨机磨碎，将磨细到小于

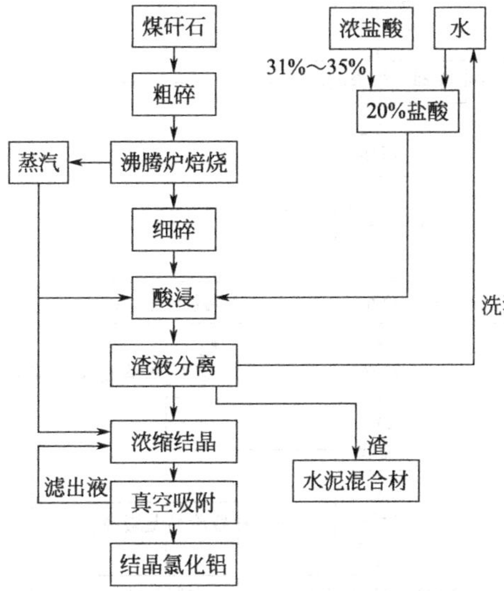

图 6-19　制结晶三氯化铝生产工艺流程

0.246mm 的粉料与溶剂盐酸进行反应，生成三氯化铝转入溶液中。这一工序就是结晶氯化铝的浸出反应。经沉淀和过滤，就得到含三氯化铝的浸出液。铝渣排入渣坑，作生产水泥的混合材，以提高水泥标号的稳定性。酸浸后，大量煤矸石粉渣因颗粒很细而悬浮在浸出液中，形成浆状。可采用自然沉降法使渣液分离。为加速沉降，可在悬浮液中加入一定量的絮凝剂，如聚丙烯酰胺等。经渣液分离后的三氯化铝浸出液，进入浓缩罐内进行浓缩结晶，温度为 120～130℃的蒸汽通入浓缩罐的夹套内，其内蒸汽压力保持在 0.3～0.4MPa。为加快浓缩结晶速度，可采用负压浓缩方式，真空度控制在 0.067MPa 以上。浸出液经浓缩后即有结晶出现，当液固比达到 1∶1 左右时，即可出料放入冷却罐冷却到 50～60℃。晶粒进一步增长，浓缩液再经真空过滤即可得到产品结晶三氯化铝。用该方法生产 1t 氯化铝的总成本为 741.45 元，税金为 135 元，而市场售价可达 1350 元，即每吨产品利润可达 473.55 元。结晶三氯化铝是一种理想的净水剂，同时也是精密铸造型壳硬化剂和新型的造纸施胶沉淀剂，可广泛应用于石油、冶金、造纸、铸造、印染、医药等工业。

提取煤矸石中富含的氧化铝，可采用化学方法浸取，获得纯净的氧化铝，其工艺流程如图 6-20 所示。

煤矸石和石灰石按一定比例配料并混合磨至粒度小于 0.053mm，然后适当加水混炼并压制成块烧结，温度为 1000～1050℃。烧结物料粉碎至小于 0.053mm 后，用 Na_2CO_3 溶液浸取，液固分离使得到 $Na_2O \cdot Al_2O_3$ 溶液和残渣，残渣适当干燥后直接经高温煅烧成硅酸盐水泥，而 $Na_2O \cdot Al_2O_3$ 溶液经去杂和碳化分解即生成氢氧化铝的沉淀，煅烧后即获得氧化铝产品。生产工艺过程产生的 CO_2 和 Na_2CO_3 废液都被循环利用，整个过程是一个封闭系统。

(2) 制备水玻璃　煤矸石制水玻璃的工艺流程如图 6-21 所示。

(3) 生产硫酸铵　煤矸石内的硫化铁在高温下生成二氧化硫，再氧化而生成三氧化硫，三氧化硫遇水生成硫酸，并与氨的化合物生成硫酸铵。经过实验这种硫酸铵是一种很好的肥料。用煤矸石生产硫酸铵的生产工艺包括焙烧、选料和粉碎、浸泡和过滤、中和、浓缩结晶、干煤包装和成品，其工艺流程简述如下：未经自燃的煤矸石要经焙烧，即将煤矸石堆成

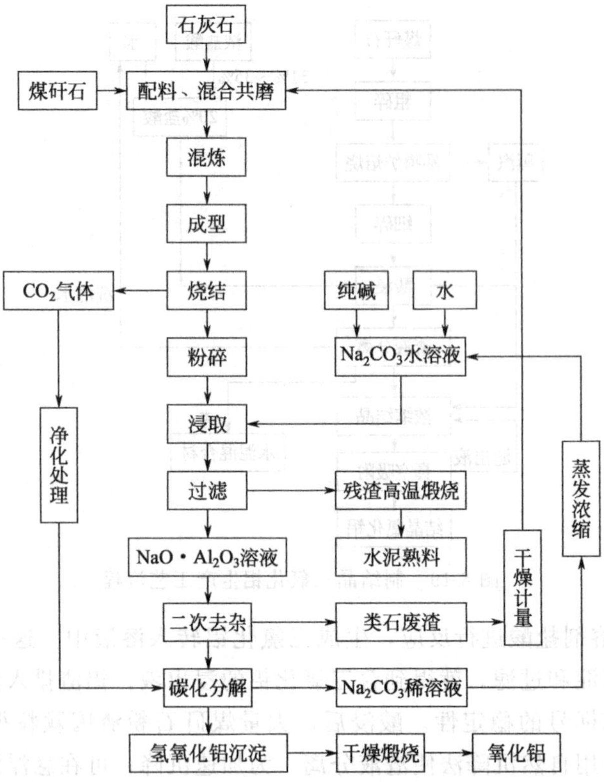

图 6-20 煤矸石提取氧化铝的工艺流程

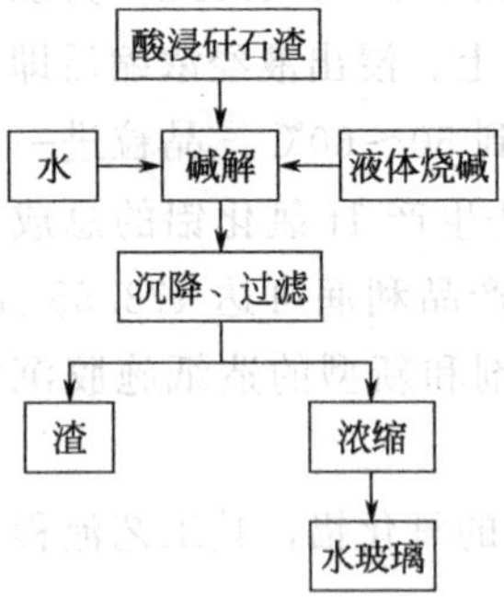

图 6-21 煤矸石制水玻璃的工艺流程

5～10t一堆，堆中放入木柴和煤，点燃后闷烧10～20d。并定期向堆表面喷水以保持一定的潮湿层，待堆表面出现白色结晶时，焙烧完成即可取料应用。将未燃烧的煤矸石及烧透的煤矸石都选出不用，而只选用那些已燃烧过但未烧透的、表面呈黑色的煤矸石。其烧结层间和表面凝结了白色的硫酸铵结晶，为了提高浸泡率，需将选出的原料在浸泡前破碎到25mm以下。将粉碎物料在水池内进行浸泡，料水比为2∶1，浸泡时间4～8h，为了充分利用原料中的有用成分，可采取多次循环浸泡法。为了减少浸泡液中的杂质，必须经过过滤，并且浸泡液还要在沉淀池中澄清5～10h。向浓缩前的浸泡液中加入氨水或磷矿物进行中和，调节溶液的pH值达到6～7为止，以中和浸泡液中一定量的酸避免破坏土壤结构和腐蚀工具。将浸泡澄清液进行蒸发、浓缩，将浓缩后的溶液倒入结晶池内，任其自然冷却结晶，再经过滤，可得硫酸铵结晶。再经自然晾干或人工烘干后，即得成品硫酸铵。

(4) 用煤矸石生产氨水　氨水是含氨的水溶液，是液体氮肥的一种，一般含氨17%～20%；氨水具有挥发性和碱性，所以一般在农用氨水中都通入二氧化碳，故又称为碳化氨水。有的地方以煤矸石为原料，用土法生产农用的氨水，具体工艺流程如下：选取带黑色的煤矸石，此种矸石含氮量多，制取氨水浓度高，一般要求含氮量为0.2%以上。发热量为4.18～6.28MJ/kg，如果矸石块过大，可粉碎成粒径为50～100mm大小的颗粒；煤矸石在400～600℃条件下干馏得氨气体，造气的装置用造气炉；气体在脱焦除尘器中减速，并吸收一部分煤焦油，除去一部分灰尘，脱焦除尘器用砖砌成，其内有砖砌成丁字形或置焦炭块，便于气体在内迂回减速，去焦油和灰尘，脱焦除尘器后接一输气管与冷凝器连接；水蒸气在冷凝器中变为液体，氨气被水吸收变为氨水，未被冷却的废气由尾气管排出，接收器收集氨水。其工艺流程如图 6-22 所示。

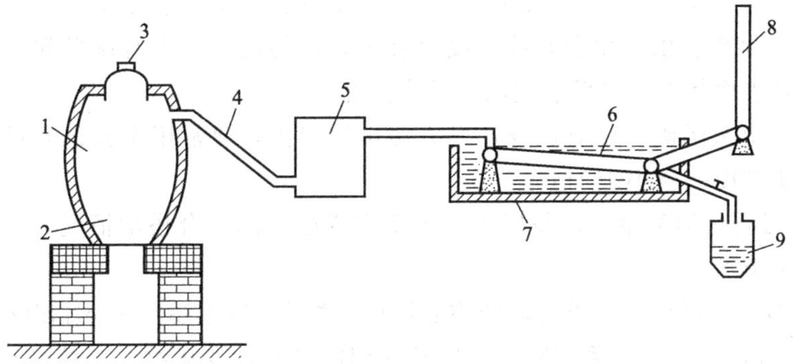

图 6-22　煤矸石制氨水的工艺流程

1—造气炉；2—炉桥；3—炉盖；4—输气管；5—脱焦除尘器；6—冷却水；7—冷凝器；8—尾气管；9—接收器

6.4　尾矿循环利用

6.4.1　尾矿组成及环境污染

（1）尾矿的定义　尾矿，是固体工业废料的主要组成部分，是选矿厂在特定经济技术条件下，将矿石磨细、选取“有用组分”后所排放的废弃物，也就是矿石经选别出精矿后剩余的固体废料。一般是由选矿厂排放的尾矿矿浆经自然脱水后所形成的固体矿业废料。其中含有一定数量的有用金属和矿物，可视为一种“复合”的硅酸盐、碳酸盐等矿物材料，其具有粒度细、数量大、成本低、可利用性大的特点。通常尾矿作为固体废料排入河沟或抛置于矿山附近筑有堤坝的尾矿库中。因此，尾矿是矿业开发特别是金属矿业开发造成环境污染的重要来源，同时，因受选矿技术水平、生产设备的制约，也是矿业开发造成资源损失的常见途径。换言之，尾矿具有二次资源与环境污染的双重特性。

（2）尾矿的分类

① 尾矿的选矿工艺类型　不同种类和不同结构构造的矿石需要不同的选矿工艺流程，而不同的选矿工艺流程所产生的尾矿，在工艺性质上，尤其在颗粒形态和颗粒级配上，往往存在一定的差异，因此按照选矿工艺流程，尾矿可分为如下类型。

a. 手选尾矿。因为手选主要适合于结构致密、品值高、与脉石界限明显的金属或非金属矿石，因此，尾矿一般呈大块的废石状。根据对原矿石的加工程度不同，又可进一步分为矿块状尾矿和碎石状尾矿，前者粒度差别较大，但多在 100～500mm 之间，后者多在 20～100mm 之间。

b. 重选尾矿。因为重选是利用有用矿物与脉石矿物的密度差和粒度差选别矿石，一股采用多段磨矿工艺，致使尾矿的粒度组成范围比较宽。分别存放时，可得到单粒级尾矿，混合贮存时，可得到符合一定级配要求的连续粒级尾矿。按照作用原理及选矿机械的类型不同，可进一步分为跳汰选矿尾矿、重介质选矿尾矿、摇床选矿尾矿、溜槽选矿尾矿等，其中，前两种尾矿粒级较粗，一般大于2mm；后两种尾矿粒级较细，一般小于2mm。

c. 磁选尾矿。磁选主要用于选别磁性较强的铁锰矿石，尾矿一般为含有一定量铁质的造岩矿物，粒度范围比较宽，一般从0.05～0.5mm不等。

d. 浮选尾矿。浮选是有色金属矿产的最常用的选矿方法，其尾矿的典型特点是粒级较细，通常在0.5～0.05mm之间，且小于0.074mm的细粒级占绝大部分。

e. 化学选矿尾矿。由于化学药液在浸出有用元素的同时，也对尾矿颗粒产生一定程度的腐蚀或改变其表面状态，一般能提高其反应活性。

f. 电选及光电选尾矿。目前这种选矿方法用得较少，通常用于分选砂矿床或尾矿中的贵重矿物，尾矿粒度一般小于1mm。

② 尾矿的岩石化学类型。按照尾矿中主要组成矿物的组合搭配情况，可将尾矿分为如下8种岩石化学类型。

a. 镁铁硅酸盐型尾矿。该类尾矿的主要组成矿物为$Mg_2[SiO_4]$-$Fe_2[SiO_4]$系列橄榄石和$Mg_2[Si_2O_6]$-$Fe_2[Si_2O_6]$系列辉石，以及它们的含水蚀变矿物——蛇纹石、硅镁石、滑石、镁铁闪石、绿泥石等。一般产于岩浆岩、火山岩，镁铁质变质岩，镁硅卡岩中的矿石，常形成此类尾矿。在外生矿床中，富镁矿物集中时，可形成蒙脱石、凹凸棒石、海泡石型尾矿。其化学组成特点为富镁、富铁，贫铝，且一般镁大于铁，无石英。

b. 钙铝硅酸盐型尾矿。该类尾矿的主要组成矿物为$CaMg[Si_2O_6]$-$CaFe[Si_2O_6]$系列辉石、$Ca_2Mg_5[Si_4O_{11}](OH)_2$-$Ca_2Fe_5[Si_4O_{11}](OH)_2$系列闪石、中基性斜长石，以及它们的蚀变、变质矿物——石榴子石、绿帘石、阳起石、绿泥石、绢云母等。一般产于中基性岩浆岩、火山岩、区域变质岩、钙硅卡岩中的矿石，常形成此类尾矿。与镁铁硅酸盐型尾矿相比，其化学组成特点是：钙、铝进入硅酸盐晶格，含量增高；铁、镁含量降低，石英含量较小。

c. 长英岩型尾矿。该类尾矿主要由钾长石、酸性斜长石、石英及他们的蚀变矿物——白云母、绢云母、绿泥石、高岭石、方解石等构成。产于花岗岩自变型矿床，花岗伟晶岩矿床，与酸性侵入岩和次火山岩有关的高、中、低温热液矿床，酸性火山岩和火山凝灰岩自蚀变型矿床，酸性岩和长石砂岩变质岩型矿床，风化残积型矿床，石英砂及硅质页岩型沉积矿床的矿石，常形成此类尾矿。它们在化学组成上具有高硅、中铝、贫钙、富碱的特点。

d. 碱性硅酸盐型尾矿。这类尾矿在矿物成分上以碱性硅酸盐矿物（如碱性长石、似长石、碱性辉石、碱性角闪石、云母）及它们的蚀变、变质矿物（如绢云母、方钠石、方沸石等）为主。产于碱性岩中的稀有、稀土元素矿床，可产生这类尾矿。

e. 高铝硅酸盐型尾矿。这类尾矿的主要组成成分为云母类、黏土类、蜡石类等层状硅酸盐矿物，并常含有石英。常见于某些蚀变火山凝灰岩型、沉积页岩型以及它们的风化、变质型矿床的矿石中。化学成分上，表现为富铝、富硅、贫钙、贫镁，有时钾、钠含量较高。

f. 高钙硅酸型尾矿。这类尾矿的主要矿物成分为透辉石、透闪石、硅灰石、钙铝榴石、绿帘石、绿泥石、阳起石等无水或含水的硅酸钙岩。多分布于各种钙硅卡岩型矿床和一些区域变质矿床。化学成分上表现为高钙、低碱，SiO_2一般不饱和，铝含量一般较低的特点。

g. 硅质岩型尾矿。这类尾矿的主要矿物成分为石英及其二氧化硅变体。包括石英岩、脉石英、石英砂岩、硅质页岩、石英砂、硅藻土以及二氧化碳含量较高的其他矿物和岩石。自然界中，这类矿物广泛分布于伟品岩型、火山沉积变质型、各种高、中、低温热液型、层控砂（页岩型以及砂矿床型）的矿石中。SiO_2含量一般在90%以上，其他元素含量一般不足 10%。

h. 碳酸盐型尾矿。这类尾矿中，碳酸盐矿物占绝大多数，主要为方解石或白云石，常见于化学或生物-化学沉积岩型矿石中。在一些充填于碳酸盐岩层位中的脉状矿体中，也常将碳酸盐质围岩与矿石一道采出，构成此类尾矿。

(3) 尾矿的成分　尾矿的成分包括化学成分与矿物成分，无论何种类型的尾矿，其主要组成元素，不外乎 O、Si、Al、K、Mn、Mg、Ca、Na、P 等几种，但它们在不同类型的尾矿中含量差别很大，且具有不同的结晶化学行为。

尾矿的矿物成分，一般以各种矿物的质量分数表示，但由于岩矿鉴定多在显微镜下进行，不便于称量，因此，有时也采用镜下统计矿物颗粒数目的办法，间接地推算各矿物的大致含量。根据我国一些典型金属和非金属矿山的资料统计，各类型尾矿化学成分和矿物组成范围见表 6-18，我国几种典型金属矿床尾矿的化学成分见表 6-19。

6.4.2　尾矿循环利用技术

(1) 尾矿的污染现状　随着现代工业化生产的迅速发展和新开矿山数量的陆续增加，尾矿的排放、堆积量也越来越大。目前，仅我国在国民经济中运转的矿物原料约 50 亿吨，世界各国每年采出的金属矿、非金属矿、煤、黏土等在 100 亿吨以上，排出的废石及尾矿量约 50 亿吨。以有色金属矿山累计堆存的尾矿为例，美国达到 80 亿吨。在我国，全国现有大大小小的尾矿库 400 多个，全部金属矿山堆存的尾矿则达到 50 亿吨以上，而且以每年产出 5 亿吨尾矿的速度增加。目前我国铁矿山排出尾矿量约 1.3 亿吨，有色矿山年排出尾矿 1.4 亿吨，黄金矿山每年排出的尾矿量达 2450 万吨，而且随着经济的发展、对矿产品需求大幅度增加，矿业开发规模随之加大，产生的选矿尾矿数量将不断增加；加之许多可利用的金属矿位日益降低，为了满足矿产品日益增长的需求，选矿规模越来越大，因此产生的选矿尾矿数量也将大量增加，而大量堆存的尾矿，给矿业、环境及经济等造成不少的难题。

① 矿产资源浪费严重。由于尾矿中不仅含有可再选的金属矿和非金属矿等有用组分，而且就是不可再选的最终尾矿也有不少用途，因此浪费于尾矿中的有用组分数量是相当可观的。在我国由于大多数矿山的矿石品位低，大多呈多组分共（伴）生，矿物嵌布粒度细，再加上我国选矿设备陈旧、老化现象普遍，自动化水平低、管理水平不高、选矿回收率低，其结果是必然造成资源的严重浪费。特别是老尾矿，由于受到当时条件的限制，损失于尾矿中的有用组分会更大一些。例如云锡老尾矿数量已达 1 亿吨以上，其中平均含锡为 0.15%，损失的金属锡达 20 万吨以上；吉林夹皮沟金矿，老矿区金矿尾矿存量约 30 万吨，含金品位 0.4～0.6g/t（新尾矿库）、1～1.5g/t（老尾矿库），损失的金的金属量约 16t、钼 280t、银 2t、铅 500t；陕西双王金矿，选金尾矿中含有纯度很高的钠长石、储量达数亿吨，成为仅次于湖南衡山的第一大钠长石基地，若加工成半成品钠长石粉，其价值就高达 200 亿元，如只作为金矿回收金时，尾矿中就浪费了相当可观的重要的非金属矿产资源钠长石。

② 堆存尾矿占用大量土地、堆存投资巨大。目前，除了少部分尾矿得到应用外，相当数量的尾矿只有堆存，占用土地数量可观而且随着尾矿数量增加而利用量不大的状况仍然继续，占用土地数量必将继续扩大。据粗略统计，我国 2000 年尾矿废石破坏土地和堆存占地达到 (1.87～2.47) $\times 10^4 km^2$，且每年以 300～400km^2 的速度增加，其中包括大量的农用、林用土地。即使占用的土地目前尚未耕种或暂不宜耕种，但毕竟减少了今后开垦耕种的后备

土地资源，对我国这样一个人口众多、人均耕地面积很少的农业大国显然是严重的威胁，给社会造成的压力和难题将是久远的。

表 6-18 尾矿的化学成分和矿物组成范围一览表

尾矿类型	矿物组成	质量分数/%	主要化学成分/%							
			SiO_2	Al_2O_3	Fe_2O_3	FeO	MgO	CaO	Na_2O	K_2O
镁铁硅酸盐型	镁铁橄榄石（蛇纹石） 辉石(绿泥石) 斜长石(绢云母)	25～75 25～75 ≤15	30.0～45.0	0.5～4.0	0.5～5.0	0.5～8.0	25.0～45.0	0.3～4.5	0.02～0.5	0.01～0.3
钙铝硅酸盐型	橄榄石(蛇纹石) 辉石(绿泥石) 斜长石(绢云母) 角闪石(绿帘石)	0～10 25～50 40～70 15～30	45.0～65.9	12.0～18.0	2.5～5.0	2.0～9.0	4.0～8.0	8.0～15.0	1.50～3.50	1.0～2.5
长英岩型	石英 钾长石(绢云母) 碱斜长石(绢云母) 铁镁矿物(绿泥石)	15～35 15～30 25～40 5～15	65.0～80.0	12.0～18.0	0.5～2.5	1.5～2.5	0.5～1.5	0.5～4.5	3.5～5.0	2.5～5.5
碱性硅酸盐型	霞石(沸石) 钾长石(绢云母) 钠长石(方沸石) 碱性暗色矿物	15～25 30～60 15～30 5～10	50.0～60.0	12.0～23.0	1.5～6.0	0.5～5.0	0.1～3.5	0.5～4.0	5.0～12.0	5.0～10.0
高铝硅酸盐型	高岭土石类黏土矿物 石英或方解石等非黏土矿物 少量有机质、硫化物	≥75 ＜25	45.0～65.0	30.0～40.0	2.0～8.0	0.1～1.0	0.05～0.5	2.0～5.0	0.2～1.5	0.5～2.0
高钙硅酸盐型	大理石(硅灰石) 透辉石(绿帘石) 石榴子石(绿帘石、绿泥石等)	10～30 20～45 30～45	35.0～55.0	5.0～12.0	3.0～5.0	2.0～15.0	5.0～8.5	20.0～30.0	0.5～1.5	0.5～2.5
硅质岩型	石英 非石英矿物	≥75 ≤25	80.0～90.0	2.0～3.0	1.0～4.0	0.2～0.5	0.02～0.2	2.0～5.0	0.01～0.1	0.05～0.5
钙质碳酸盐型	方解石 石英及黏土矿物 白云石	≥75 5～25 ≤5	3.0～8.0	2.0～6.0	0.2～2.0	0.1～0.5	1.0～3.5	45.0～52.0	0.01～0.2	0.02～0.5
镁质碳酸盐型	白云石 方解石 黏土矿物	≥75 10～25 3～5	1.0～5.0	0.5～2.0	0.1～3.0	0～0.5	17.0～24.0	26.0～35.0	微量	微量

表 6-19 我国几种典型金属矿床尾矿的化学成分

尾矿类型	化学成分/%											
	SiO_2	Al_2O_3	Fe_2O_3	TiO_2	MgO	CaO	Na_2O	K_2O	SO_3	P_2O_5	MnO	烧失
鞍山式铁矿	73.27	4.07	11.60	0.16	4.22	3.04	0.41	0.95	0.25	0.19	0.14	2.18
岩浆型铁矿	37.17	10.35	19.16	7.94	8.50	11.11	1.60	0.10	0.56	0.03	0.24	2.74
火山型铁矿	34.86	7.42	29.51	0.64	0.68	8.51	2.15	0.37	12.46	4.58	0.13	5.52

续表

尾矿类型	化学成分/%											
	SiO_2	Al_2O_3	Fe_2O_3	TiO_2	MgO	CaO	Na_2O	K_2O	SO_3	P_2O_5	MnO	烧失
硅卡岩型铁矿	33.07	4.67	12.22	0.16	7.39	23.04	1.44	0.40	1.88	0.09	0.08	13.47
硅卡岩型铁矿	35.66	5.06	16.55	—	0.79	23.95	0.65	0.47	7.18	—	—	6.54
硅卡岩型铝矿	47.51	8.04	8.57	0.55	4.71	19.77	0.55	2.10	1.55	0.10	0.65	6.46
硅卡岩型金矿	47.94	5.78	5.74	0.24	0.97	20.22	0.90	1.78	—	0.17	6.42	—
斑岩型钼矿	65.29	12.13	5.98	0.84	1.34	3.35	0.60	4.62	1.10	0.28	0.17	2.83
斑岩型铜铁矿	72.21	11.19	1.86	0.38	1.14	2.33	2.14	4.65	2.07	0.11	0.03	2.34
斑岩型铜矿	61.99	17.89	4.48	0.74	1.71	1.48	0.13	4.88	—	—	—	5.94
岩浆型镍矿	36.79	3.64	13.83	—	26.91	4.30	—	—	1.65	—	—	11.30
细脉型钨锡矿	61.15	8.50	4.38	0.34	2.01	7.85	0.02	1.98	2.88	0.14	0.26	6.87
石英脉型稀有矿	81.13	8.79	1.73	0.12	0.01	0.12	0.21	3.62	0.16	0.02	0.02	—
长石石英矿	85.86	6.40	0.80	—	0.34	1.38	1.01	2.26	—	—	—	—
碱性岩型稀土矿	41.39	15.25	13.22	0.94	6.70	13.44	2.58	2.98	—	—	—	1.73

另外，修建、维护和维修尾矿库及因建尾矿库征地所需的费用也是相当可观的。尾矿处理设施是结构复杂、投资巨大的综合水工构筑物，其基建投资占整个采选企业费用的 5%～40%，尾矿库的维护和维修更要消耗大量的资金。据统计，我国冶金矿山每吨尾矿需尾矿库基建投资 1～3 元，生产经营管理费用 3～5 元。全国现有的 400 多个尾矿库，每年的营运费用就达 7.5 亿元。

③ 尾矿对自然环境的影响。尾矿对自然生态环境的影响具体表现在：尾矿在选矿过程中经受了破磨，体重减小，表面积较大，堆存时易流动和塌漏，造成植被破坏和伤人事故，尤其在雨季极易引起塌陷和滑坡。而随着尾矿数量的不断增加，尾矿库坝体高度也随之增加，安全隐患日益增大，我国已发生过大小事故数十次，其中 7 次造成人身伤亡。死亡人数近 300 人。

尾矿成分及残留选矿药剂对生态环境的破坏严重，尤其是含重金属的尾矿，其中的硫化物产生酸性水进一步淋浸重金属，其流失将对整个生态环境造成危害，残留于尾矿中的氯化物、氰化物、硫化物、松油、絮凝剂、表面活性剂等有毒有害药剂，在尾矿长期堆存时会受空气、水分、阳光作用和自身相互作用，产生有害气体或酸性水，加剧尾矿中重金属的流失，流入耕地后，破坏农作物生长或使农作物受污染；流入水系则又会使地面水体和地下水源受到污染，毒害水生生物；尾矿流入或排入溪河湖泊，不仅毒害水生生物，而且会造成其他灾害，有时甚至涉及相当长的河流沿线。目前，我国因尾矿造成的直接污染土地面积已达百万亩，间接污染土地 1000 余万亩。

(2) 尾矿的循环利用技术　当前科学技术的进步，尤其是选矿、冶金及非金属材料在各个领域广泛应用，都为尾矿利用奠定了坚实的技术基础。尾矿的循环利用主要包括两方面：一是尾矿作为二次资源再选，再回收有用矿物，精矿作为冶金原料，如铁矿、铜矿、锡矿、铅锌矿等矿的尾矿再选，继续回收铁精矿、铜精矿、锡精矿、铅锌精矿或其他矿物精矿。二是尾矿的直接利用，是指未经过再选的尾矿直接利用，即将尾矿按其成分归类为某一类或几类非金属矿来进行利用，如利用尾矿筑路，制备建筑材料，作采空区填料，作为硅铝质、硅钙质、钙镁质等重要的非金属矿用于生产高新制品。

① 国内外尾矿循环利用现状。在矿冶领域里，世界上工业发达国家已把无废料矿山作为矿山的开发目标，把尾办循环利用的程度作为衡量一个国家科技水平和经济发达程度的标志。其利用目的不仅仅是追求最大经济效果，而且还从资源综合回收利用率、保护生态环境等方面综合加以考虑。随着科技的发展和学科间的相互渗透，尾矿利用的途径越来越广阔。国外尾矿的利用率可达60%以上，欧洲一些小国已向无废物矿山目标发展。保加利亚把从尾矿中间收的石英用作水泥惰性混合料和炼钢熔剂；捷克的一些矿山将浮选尾矿的砂浆、磨细的石灰和重晶石加入颜料压制成彩色灰砂砖。

尾矿的利用问题是一项系统工程，涉及的相关知识较多，如地质、选矿、材料、玻璃、陶瓷、建筑等，需多学科联合攻关才能在短期内出效果。前苏联已建立了从矿物原料、选矿、化学和非金属工艺实验室至实验厂这样的联合体，专门研究处理矿物废料问题。

随着尾矿矿物学及工艺矿物学研究的深入，对许多用矿中可以利用的矿物组分，研究了它们的再选性质，对不可再选或再选技术经济效果较差的尾矿，研究了将它们作为非金属整体应用的性能及适当的分类，为尾矿循环利用开辟了新的前景。在尾矿再选方面，选矿技术有了较全面的完善和提高，为细粒微细粒、品位低下、结构复杂的尾矿研制出了一些再选别的有效方法，如浮选、重选、高梯度磁选，甚至堆浸及选冶联合工艺。对不可再选的尾矿，根据它们的矿物和化学成分、物理和机械性质分别按相近的各类非金属矿应用方法开辟应用途径。

② 尾矿利用的对策与建议。在第二次工业污染防治工作会议上国家强调："循环利用，变废为宝，既保护了国家的资源，又充分利用了国家资源，同时又净化厂环境，可谓一举多得"。报告高度概括了资源循环利用的必要性和迫切性；在面向21世纪新的历史发展阶段，我国有限的资源将承载着超负荷的人口、环境负担。仅靠拼资源、外延扩大再生产的经济增长，是不可能持续的。结合尾矿利用的现状以及大量尾矿所带来的诸多问题，尾矿利用工作应当进一步引起有关部门、矿业企业的高度重视，应从政策、经济、法律以及技术等方面采取切实可行的措施。

a. 进一步转变观念、提高尾矿利用意识。国家有关部门应确定尾矿利用在资源循环利用中的重要地位，矿山企业应当树立长远观念，要把尾矿利用作为实现矿业持续发展的必要措施。

b. 完善法律和政策体系，强化政府引导和政策支持。

c. 加强尾矿资源的调研，加大尾矿利用科技攻关力度。由于我国的尾矿量大、分布广、性质复杂，因此加强对尾矿资源的调研工作，摸清基本情况，找出存在的问题以对症下药，是推进尾矿利用的重要基础。

搞好尾矿循环利用，还有许多技术问题需要解决，因此，必须加大科技攻关的力度，应重点解决尾矿中伴生元素的综合回收技术，经济地生产高附加值以及大宗用量的尾矿产品的实用技术等，开展尾矿矿物工艺学的研究。国家应大力支持尾矿利用科技攻关工作，通过科技攻关及成果的推广，使我国尾矿利用率由目前的7%提高到30%左右，逐步提高我国工业固体废物循环利用的整体水平，缩小与世界先进水平的差距。

6.5 废电池循环利用

由于电池的种类繁多，因此对它们的处理方法有很大的差别：普遍采用的有单类别废电池的综合处理技术及混合废电池综合处理技术两大类；对于单类别的废电池循环利用技术因电池种类不同而不同。

6.5.1 干电池循环利用

废干电池含有大量的重金属、废酸、废碱，直接丢弃不但污染环境，对资源也是极大浪费。废旧电池中首先应考虑循环利用，实现废物的资源化，回收有价元素，对不能资源化的物质实行无害化处置，以避免其对环境的污染和危害；另外，废旧电池中含有汞、镉、锂等，焚烧时产生有害气体或爆炸，因此应尽量避免其与城市垃圾或其他废物混合焚烧处理。

目前，废旧干电池的回收利用技术主要有湿法和火法两种冶金处理方法。

(1) 湿法冶金处理工艺　废旧干电池的湿法冶金回收过程是基于锌、二氧化锰等可溶于酸的原理，使锌-锰干电池中的锌、二氧化锰与酸作用生成可溶性盐而进入溶液，溶液经净化后电积生产金属锌和二氧化锰或生产化工产品（如立德粉、氧化锌）、化肥等。所用的方法有焙烧-浸出法、直接浸出法以及北京科技大学环境工程系研究的物理分选-化学提纯法。

① 焙烧-浸出法。焙烧-浸出法是将废旧电池焙烧，使 NH_4Cl、Hg_2Cl 等挥发进入气相并分别在冷凝装置中回收，高价金属或低价氧化物、焙烧产物用酸浸出，然后从浸出液中用电解法等回收有价金属，此方法的主要流程如图 6-23 所示。

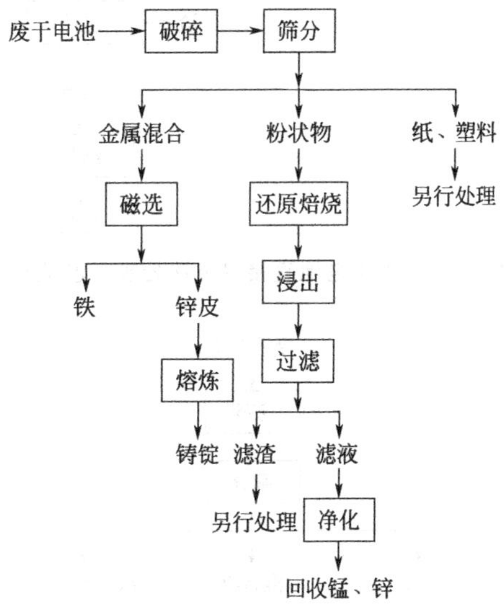

图 6-23　废干电池湿法处理工艺流程

② 直接浸出法。直接浸出法是将废旧干电池破碎、筛分、洗涤后，直接用酸浸出干电池中的锌、锰等有价金属成分，经过滤、滤液净化后，从中提取金属或生产化工产品。

湿法工艺种类较多，不同的工艺流程其产品不同，图 6-24～图 6-26 为制备微肥及硫酸锌与二氧化锰以及锌和电解二氧化锰工艺的流程。湿法处理所得产品的纯度通常比较高，但流程也长。

③ 物理分选-化学提纯法。物理分选法可回收废干电池中 82.50%的有用成分作为最终产物和中间产物。其中锌的总回收率（物理分选＋化学处理）为 83.54%。二氧化锰的总回收率为 81.91%。

经化学分离提纯，可从上述浸出净化液中得到二氧化锰、$ZnSO_4 \cdot 7H_2O$。二氧化锰组成（经酸洗）为 Mn58.37%，Zn＜0.05%，Fe＜0.05%，Cu＜0.05%。$ZnSO_4 \cdot 7H_2O$ 杂含为 Mn＜0.05%，Fe＜0.05%，Cu＜0.05%。其工艺流程如图 6-27 所示。

(2) 火法冶金处理工艺　火法处理废干电池，是在高温下使干电池中的金属及其化合物氧化、还原、分解和挥发及冷凝的过程。火法又分为传统的常压冶金法和真空冶金法两类。

目前，作为处理废干电池的传统的常压冶金法，其方法有二：一是在较低的温度下加热废干电池，先使汞挥发，然后在较高的温度下回收锌和其他重金属；二是将废干电池在高温下焙烧，使其中易挥发的金属及其氧化物挥发，残留物作为冶金中间产物或另行处理。其原则流程见图 6-28。

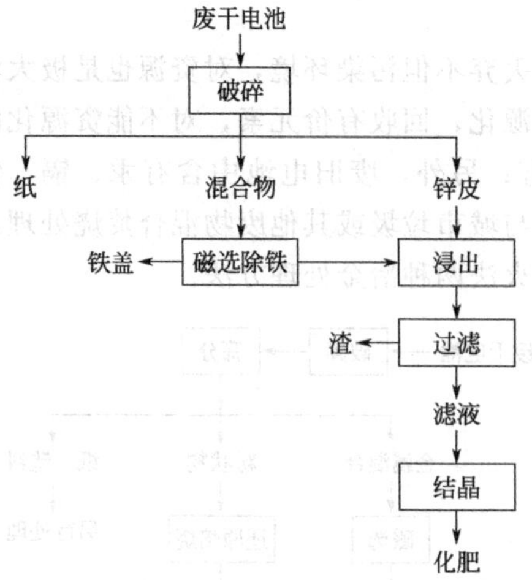

图 6-24　废干电池直接浸出法处理工艺流程

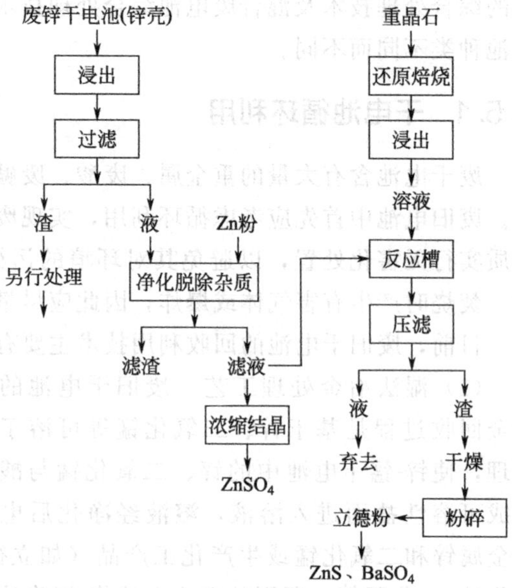

图 6-25　废干电池制备立德粉处理工艺流程

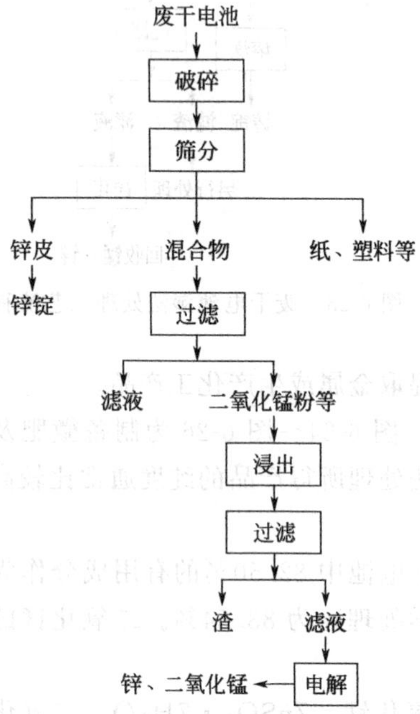

图 6-26　废干电池处理制备锌、二氧化锰处理工艺流程

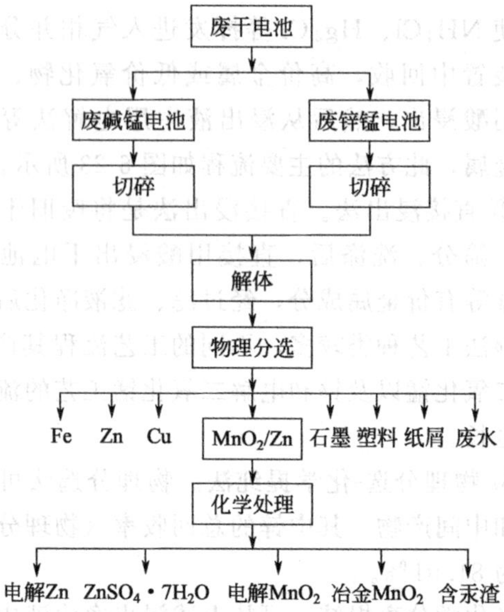

图 6-27　废干电池物理分选-化学提纯法工艺流程

用竖炉处理废干电池时，炉内分为氧化层、还原层和熔融层三部分，用焦炭加热。汞在氧化层被挥发，锌在高温的还原层被还原挥发，然后分别在不同的冷凝装置内回收，大部分的铁、锰在熔融层被还原成锰铁合金。

由于常压冶金法所有作业均在大气中进行，空气参与了作业。与湿法冶金法同样有流程长、污染重、能源和原材料消耗高、生产成本高等缺点。因此，人们又研究了真空法。

真空法是基于组成废旧电池各组分在同一温度下具有不同的蒸气压，在真空中通过蒸发

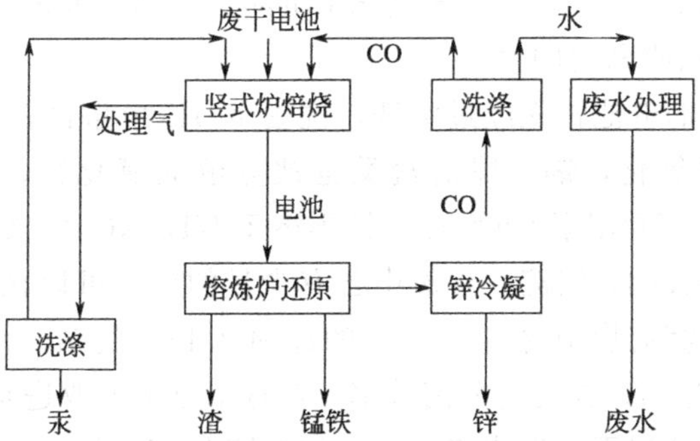

图 6-28 处理废干电池的常压冶金法的原则流程

和冷凝，使其分别在不同的温度下相互分离，从而实现循环利用。蒸发时，蒸气压高的组分进入蒸气，蒸气压低的组分则留在残液或残渣内；冷凝时，蒸气在温度较低处凝结成液体或固体。相比于湿法工艺和常压火法工艺，真空法的流程短，能耗低，对环境的污染小，各有用成分的循环利用率高，具有较大的优越性，值得推广。

6.5.2 镍镉电池循环利用

（1）火法冶金过程 火法冶金处理废弃 Ni-Cd 电池是利用金属镉易挥发的性质，通过高温熔炼，将镉从电池中分离出来，这一过程简单实用，比较容易实现工业化，因而已经被广泛采用。大量的专利详细介绍了回收镉的方法。从各工艺温度条件可知，火法回收镉的温度范围为 900～1000℃。具体到镍的火法回收，有的不作处理，简单的方式是让其熔入铁水，否则要采用较高温度的电炉冶炼，但是火法回收的产品是 Fe-Ni 合金，没有实现镍的分离回收，加热时变成氧化物，故采取火法回收时，要加入碳粉作为还原剂。

虽然 MSasaki 等曾报道在不加入还原剂，也不对废旧密封电池进行拆分的情况下，加热至 900℃以上可以使镉汽化、蒸馏回收，但多数研究者还是首先将电池破碎，并在还原剂存在下蒸馏回收镉。

由 ALMelin、VHSvensson 等发表的专利是在可控气氛下的热解过程，粉碎并干燥的废电池屑首先在氧化气氛下加热至 350～400℃，使其中的有机物等除去。然后，在有还原性保护气体（氢气或氢与氮气的混合气）存在的条件下，大约在达到 900℃时，镉被还原并气化。热解和蒸馏操作可以在同一炉内按照预先设计好的程序连续进行，最终金属镉被冷凝以条状成型。

美国日用电池公司的方法是将原料与还原剂（焦炭）混合，并在炉中充惰性气体（氩气或氮气）加热一定时间，使金属镉挥发出来，挥发的镉导入另一室中，经冷凝后在模具中固化，回收金属镉。剩余物为铁-镍残渣。加热分三个阶段进行，首先将炉温升到 250～300℃，除去水分；再在 500～800℃下，保持一定时间，烧掉非金属如塑料等物质；最后升温至 900～1000℃，使镉从废料中蒸发，并冷凝回收。

也有采用真空还原蒸馏的工艺回收镉，真空度在 10～100Pa 之间。该法工艺简洁，对环境无污染，镉的纯度可达 99.97%，回收率 99.9%。

但火法冶金没有对其他有价值的金属例如镍、钴等进行有效的回收，而且能量消耗很大。因而从经济角度和资源回收角度来看，还有不完善的地方。

（2）湿法冶金过程 湿法冶金过程首先是将废弃 Ni-Cd 电池用硫酸或盐酸溶液浸取，使金属以离子的形式转移到溶液中，然后通过化学沉淀、电化学沉积、溶剂萃取等手段将不同的金属分离出来，达到回收利用的目的。

① 化学沉淀法。废旧电池首先经过清洗，洗去 KOH 电解液，然后在 550～600℃下加热约 1h。其间金属镉被氧化，镉、镍的盐类也被分解成氧化物。灼烧产物用 4mol/L 的 NH_4NO_3在常温下浸取，氧化镉溶解而镍与铁不溶于 NH_4NO_3溶液。浸取液通入 CO_2气体可以使溶解的镉转化为 $CdCO_3$沉淀。溶液中含有少量的镍，可以在加入 HNO_3的情况下萃取回收。回收的 $CdCO_3$沉淀物中含有 0.14%的镍和 0.12%的钴。而且只有约 94% 的镉被浸出，铁和镍彼此也未分离。为提高分离效率，对这个方法的改进是将废弃电池中的镉和镍用 H_2SO_4溶液在加热的情况下提取出来，所得的溶液在 pH 值为 4.5～5 的条件下加入过量的 NH_4HCO_3，选择性地沉淀出碳酸镉，剩余溶液加入 NaOH 和 Na_2CO_3使镍以氢氧化镍的形式回收。此法效果较好，只是碳酸氢铵容易分解，须小心使用。

将粉碎的原料在 600～700℃下灼烧，使其中的金属氧化，并把有机物烧掉。灼烧后的粉末用硫酸浸取，浸出液含有镉、镍、铁等离子。通过加入 MnO_2和调节 pH 值至 4～6，使铁离子沉淀出来。溶液过滤后首先加入 $(NH_4)_2SO_4$使镍离子以 $(NH_4)_2 \cdot Ni(SO_4)_2 \cdot H_2O$ 晶体的形式沉淀出来，然后加入 NH_4HCO_3并调节温度到 70℃和 pH＝6～6.5，此时镉以碳酸镉的形式沉淀出来。

进一步的处理包括将 $(NH_4)_2 \cdot Ni(SO_4)_2 \cdot H_2O$ 晶体溶解并使镍离子以 $Ni(OH)_2$的形式重新沉淀，将 $CdCO_3$沉淀灼烧分解为 $CdO \cdot Ni(OH)_2$和 CdO 可以直接作为电池原料使用。镍的回收率大于 95%，镉的回收率大于 99.66%。在随后的中试实验中，通过电解还原回收镉金属，回收的镉的纯度大于 99.82%，而且可以节省约 10%的化学试剂。

也有研究者尝试采用置换反应回收金属。用 H_2SO_4溶液浸取废弃电池得到含有镍和镉的母液，在其中加入 40～100g/L NaCl，在 25～30℃下调节 pH 值为 2.1～2.5。置换沉淀的第一步是用 Al 粉来置换 Cd。Ni 的置换是在第二步，同样使用 Al 粉，置换条件是 55～60℃、pH＝2.4～2.5 和含有 120～150g/L 的 NaCl。但这种方法很难获得较高纯度的 Cd 和 Ni，而且回收的产品不能直接再次用于制作 Ni-Cd 电池。

② 电化学沉积法。电化学沉积可以从溶液中直接回收金属单质，但由于镉、镍的电极电位较低并且接近，必须在较小的电流密度下操作，故分离效率较低，成本略高。

常用的电化学沉积法首先将镍-镉电池粉碎后筛选出活性物质，用 H_2SO_4溶液溶解。得到的溶液大约含有 40g/L Cd、70g/L Ni 和 7g/L Fe。溶液通过电解在阴极回收镉，回收的镉纯度为 99.5%，剩余电解液中还含有 3g/L Cd。

将剩余电解液浓缩后，形成以 $NiSO_4$为主要成分的残渣。残渣用水溶解后通入空气或氧化剂氧化，再用石灰中和，调节 pH＝6，过滤除去 H_2SO_4和 Fe。溶液冷却后 $NiSO_4$重结晶析出。

使用含 H_2SO_4和 H_2O_2的混合溶液溶解废弃电池活性物质，溶液用 NaOH 和 NH_3水调节 pH＝5 使铁离子沉淀出来，过滤后用于电解还原，在电流密度为 50～80mA/cm^2 的情况下电解回收金属镉。剩余的电解液加入 NaOH 调节 pH＝7，再加入 Na_2CO_3使镍以碳酸镍的形式沉淀出来。工艺流程如图 6-29 所示。

对电解槽的改进可以使回收效率大大提高，采用流化床电解槽电解回收镉镍污泥中的金属镉，回收效果非常好，回收率在 99%以上。镍则以碳酸镍的形式沉淀出来。

③ 溶剂萃取法。一些专利将溶剂萃取法用于从废旧 Ni-Cd 电池中回收金属，使用的萃

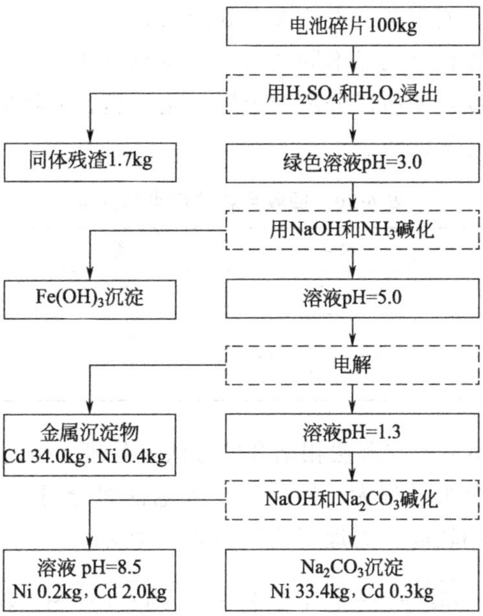

图 6-29　电沉积法回收镉和镍的流程图

取剂包括 TBP（三正丁基膦酸）、Lix64（羟基肟）、Kelex120（羟基喹啉）等。

选择合适的萃取剂是溶剂萃取法的核心问题。CANogueira 等的研究表明，控制适当的 pH 值，DEHPA［二(2-乙基己基）膦酸］可以很好地使镉与镍、钴分离；而 Cyanex272［二（2,4,4-三甲基戊基）膦酸］可以有效地分离钴和镍。另一种萃取剂 Ionquest801［2-乙基己基膦酸单（2-乙基己基）酯］对镉、镍具有更高的分离系数，但镉、钴的分离系数不如 DEHPA 高。不同 pH 值下 DEHPA 和 Cyanex272 的萃取效率见图 6-30。

基于上述结论，研究者确定了一个分离流程：用 H_2SO_4溶液溶解废弃电池后，首先用 DEHPA 作萃取剂，将镉从溶液中分离，随后使用 Cyanex272 将钴和镍分离。这种方式具有较高的选择性和效率，Cd 的回收率高达 99.7%，Co 的回收率为 99.5%。

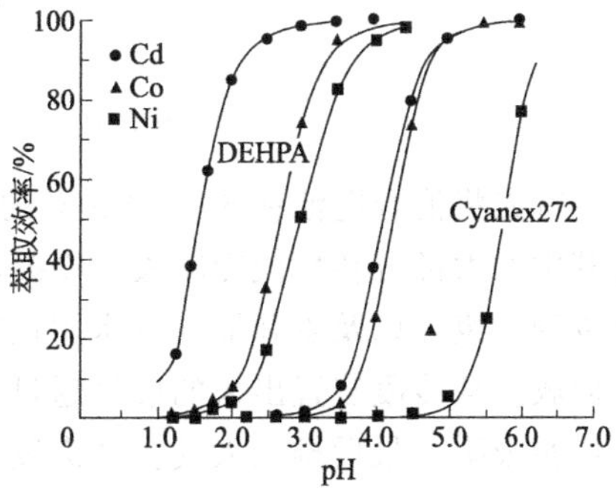

图 6-30　不同 pH 值下 DEHPA 和 Cyanex272 的萃取效率

也可以采用 P507［2-乙基己基膦酸单（2-乙基己基）酯］作萃取剂，将镉、钴同时萃取出来，达到与镍分离的目的。在 pH＝4.0、P507 体积分数 25%、皂化率 60%、相比为 1∶1 的条件下，经一级萃取，镉钴的萃取率达 93.7%，二级萃取的萃取率可达 99.86%以上。

使用螯合剂 Lix64（羟基肟）或 Kelex120（羟基喹啉）可以将镍从其氨配合物的溶液中萃取出来，剩余溶液中将氨驱逐后得到碳酸镉沉淀。再在 100℃下加热溶液，驱逐剩余的氨，钴以氢氧化物的形式沉淀出来。

6.5.3　混合电池循环利用

对于混合型废电池目前采用的主要技术为模块化处理方式，即首先对于所有电池进行破碎、筛分等预处理，然后全部电池按类别分选。国外对于混合废电池的处理技术不尽相同，混合电池的处理也采用火法或湿法、火法混合处理的方式。

废电池中五种主要金属具有明显不同的熔点和沸点（表 6-20），因此，可以通过将废电池准确地加热到一定的温度，使所需分离的金属气化，然后再收集气体冷却。沸点高的金属通过较高的温度在熔融状态下回收。

表 6-20 回收金属的熔点和沸点

金属	熔点/℃	沸点/℃	金属	熔点/℃	沸点/℃
汞	−38	357	镍	1453	2732
镉	321	765	铁	1535	2750
锌	420	907			

瑞士 Recytec 公司利用火法与湿法相结合的方法，处理不分拣的混合电池，并回收其中的各种重金属。据介绍，整个过程无二次污染，废电池组分可达到 95%回收利用，废水和酸闭路循环。但是回收费用较高。处理工艺如图 6-31 所示。

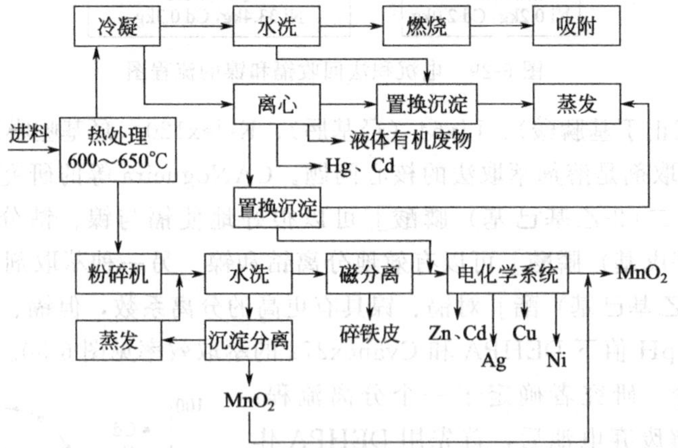

图 6-31 Recytec 公司废电池回收处理流程图

首先将混合电池在 600～650℃的负压条件下进行热处理。热处理产生的废气经过冷凝将其中的大部分转化成冷凝液。冷凝液经过离心分离为三部分，即含有氯化铵的水、液态有机废物、废油以及汞和镉。废水用铝粉进行置换沉淀去除其中含有的微量汞后，通过蒸发进行回收。从冷凝装置出来的废气通过水洗后进行二次燃烧以去除其中的有机成分，然后通过活性炭吸附，最后排入大气。洗涤废水同样进行置换沉淀去除所含微量汞后排放。

热处理剩下的固体物质首先要经过破碎，然后在室温 50℃的温度下水洗。这使得氧化锰在水中形成悬浮物，同时溶解锂盐、钠盐和钾盐。清洗水经过沉淀去除氧化锰（其中含有微量的锌、石墨和铁），然后经过蒸发、部分回收碱金属盐。废水进入其他过程处理，剩余固体通过磁选回收铁。这些固体是混合废电池的富含金属部分，主要有锌、铜、镉、镍以及银等金属，还有微量的铁。在这一系统中，利用氟硼酸进行电解沉积。不同的金属用不同的电解沉积方法回收，每种方法都有自己的运行参数。酸在整个系统中循环使用，沉渣用电化学处理以去除其中的氧化锰。

澳大利亚 VoestAlpine 工程公司处理混合废电池。混合废电池主要包括纽扣电池和柱形电池（碱性电池和非碱性电池、锌碳电池等）。首先进行分选，分别将废电池分为纽扣电池和柱形电池。纽扣电池进入 650℃高温处理，汞被蒸发、冷凝并回收。剩下的残渣被溶解于硝酸，而其中的不锈钢壳等物不溶解，将其分离，将盐酸加入溶液，然后分离出氯化银。氯化银用金属锌还原成金属银。在该过程中产生的废水用固定电解床去除所有微量汞，然后中和排放。

标准电池首先被粉碎、筛分；通过磁选分离筛上物中的含铁碎片，剩下的是塑料和纸片；筛下物中主要含有氧化锰、锌粉和碳，通过热处理去除其中的汞和锌。热处理残渣通过淋溶除去钠和钾，剩下的产物可以用于生产电磁氧化物。所产生的废水同处理纽扣电池产生的废水合并处理。

6.5.4 蓄电池循环利用

铅酸蓄电池是目前世界上各类电池中生产量最大、使用途径最广的一种电池。据统计，在汽车、工业设施和电力、通信以及一些便携式工具中的铅酸蓄电池中所消耗的铅能够达到全球铅总耗量的 80%左右。中国每年约有 30 万吨的废铅酸蓄电池产生，而中国再生铅原料 85%以上来自废铅酸蓄电池，蓄电池消耗的铅，又有 50%为再生铅。所以，从废蓄电池中回收再生铅，在中国铅工业中占有十分重要的地位。世界上许多经济发达国家都十分重视再生铅的回收利用，因此，废铅酸蓄电池循环利用具有较大的经济价值。但是，在废铅酸蓄电池回收利用的过程中会产生很大的环境影响，处理不当，会污染环境，对人体和周围环境都会产生很大危害，如处理得当，则会提取再生铅，使之再利用，变废为宝。

酸蓄电池主要由塑料外壳、铅合金板栅、塑料隔板、铅粉和硫酸组成。通常使用最多的普通铅酸蓄电池平均用铅 12～14kg、塑料 1～1.4kg、硫酸 5kg。大量铅泥沉积在盛硫酸的塑料槽内，并有相当数量的铅粉悬浮在硫酸之中，因此随意抛弃铅酸废蓄电池会对环境造成严重污染。应采取有效的措施，对废铅酸蓄电池实行定点回收，集中处理，循环利用。

(1) 废酸的集中处理

① 将定点集中回收的废酸进行提纯、浓度调整，作为生产蓄电池原料。

② 将集中回收的废酸进行蒸馏以提高浓度，可用于不同用途。

③ 将集中回收的废酸供铁丝厂作除锈用。

④ 将集中回收的废酸供纺织厂中和含碱污水使用。

⑤ 利用集中回收的废酸可生产硫酸铜等化工产品。

(2) 塑料壳体回用　铅酸蓄电池多采用聚烯烃塑料制作隔板和壳体，属热塑性塑料，可以重复使用。完整的壳体经清洗后可继续回用；损坏的壳体清洗后，经破碎可重新加工成壳体，或加工成别的制品。

(3) 再生铅业主要采用火法、湿法及固相电解三种处理技术

① 火法冶金工艺。分为无预处理混炼、无预处理单独冶炼和预处理单独冶炼三种工艺：

a. 无预处理混炼就是将废铅蓄电池经去壳倒酸等简单处理后，进行火法混合冶炼，得到铅锑合金。该工艺金属回收率平均为 85%～90%，废酸、塑料及锑等元素未合理利用，污染严重。

b. 无预处理单独冶炼就是废蓄电池经破碎分选后分出金属部分和铅膏部分，二者分别进行火法冶炼，得到铅锑合金和精铅，该工艺回收率平均水平为 90%～95%，污染控制较第一类工艺有较大改善。

c. 预处理单独冶炼工艺就是废蓄电池经破碎分选后分出金属部分和铅膏部分，铅膏部分脱硫转化，然后二者再分别进行火法冶炼，得到铅锑合金和软铅，该项工艺金属回收率平

均为95%以上。火法处理又可以采取不同的熔炼设备，其中普通反射炉、水套炉、鼓风炉和冲天炉等熔炼的技术落后，金属回收率低，能耗高，污染严重。

② 固相电解还原工艺。固相电解还原是一种新型炼铅工艺方法，过程简单易行，无“三废”污染，操作人员身体不受危害。采用此方法金属铅的回收率比传统火熔炼法高出10%左右，生产规模可视回收量多少决定，可大可小，因此便于推广，对于供电资源丰富的地区，就更容易推广。该工艺机理是把各种铅的化合物放置在阴极上进行电解，正离子型铅离子得到电子被还原为金属铅。其设备采用立式电极电解装置。其工艺流程为：废铅污泥→固相电解→熔化铸锭→金属铅。每生产1t铅耗电约700度，回收率可达95%以上，回收铅的纯度可达99.95%，产品成本大大低于直接利用矿石冶炼铅的成本。近年来我国电力工业有了长足的发展，因此该工艺很值得推广应用。

③ 湿法冶炼工艺。采用湿法冶炼工艺，可使用铅泥、铅尘等生产含铅化工产品，如三盐基硫酸铅、二盐基亚酸铅、红丹、黄丹和硬脂酸铅等，可在化工和加工行业中得到应用。湿法冶炼是在硫酸溶液条件下，加入 $FeSO_4$ 还原 PbO_2，该过程稳定，速度快，能使泥渣中的铅完全转化，并有利于 PbO_2 还原。化学反应方程式为：

$$PbO_2(固)+2FeSO_4(液)+2H_2SO_2(液)=\!=\!=PbSO_4(固)+Fe_2(SO_4)_3(液)+2H_2O$$

$$Pb(固)+Fe_2(SO_4)_3(液)=\!=\!=PbSO_4(固)+2FeSO_4(液)$$

$$Pb(固)+PbO_2(固)+2H_2SO_4(液)=\!=\!=2PbSO_4(固)+2H_2O$$

湿法冶炼中的电解法的目的是借助电的作用，有选择地把铅化合物全部还原成金属铅。其工艺简单，容易操作，没有环境污染，可以取得较好经济效益。工艺流程为铅泥→转化→溶解→沉淀→化学合成→含铅产品，该工艺回收率在95%以上，其废水经处理后含铅小于0.001mg/L，符合排放标准。全湿法处理，产品可以是精铅、铅锑合金、铅化合物等，该类工艺处于半工业化试验或研究阶段，无工业化报道，从研究情况看，该工艺回收率高，完全消除了火法造成的污染，循环利用水平高。

实例：意大利的Ginatta回收厂的生产能力为4.5t/a，工艺中对于工业废铅酸电池进行处理。处理能力为1.175kg/h，生产工艺流程如图6-32所示。

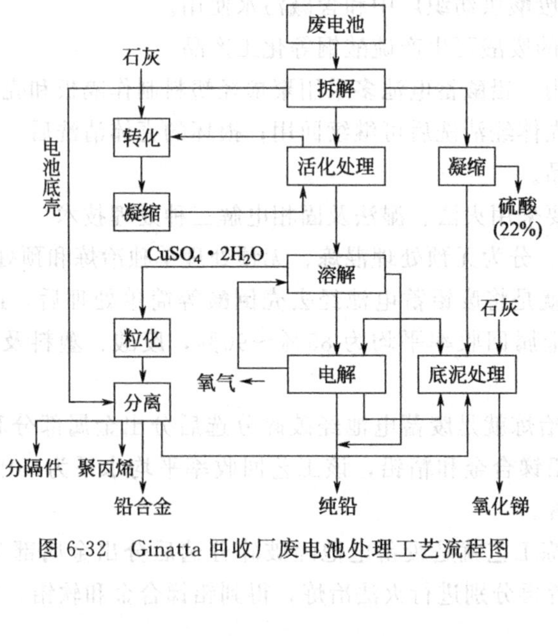

图6-32 Ginatta回收厂废电池处理工艺流程图

该流程处理工艺分为四个阶段。第一阶段中，对废电池进行拆解，电池底壳同主体部分分离；第二阶段中对电池主体进行活化，硫酸铅转化为氧化铅和金属铅；第三阶段，电池深解，转化为纯铅；最后，利用电解池将电解液转化复原。

回收利用工艺过程中的底泥处理工序中，硫酸铅转化为碳酸铅，转化结束后，底泥通过酸性电解液从电解池中浸出。电解液中含铅离子和底泥中的锑得到富集。在底泥富集过程中，氧化铅和金属铅发生作用。

第7章 水资源循环利用

7.1 概述

7.1.1 水资源的含义及特点

7.1.1.1 水资源含义

水是地球上的一种特殊的物质和资源，它具有可循环性和独特的物理化学特性，是任何物质所不能替代的。它是人类生存的基本条件和生产活动最重要的物质基础。与其他资源相比，水虽然容易获得，但又是其他物质不可替代的。因此，水是独一无二的宝贵资源。

水资源是人类可以利用的、逐年可以得到恢复和更新的淡水量，大气降水是它的补给水源。水资源是指一切能用于生产和生活的自然降水、地表水及地下水。其中，地表水是陆地表面的动态水和静态水的总称，主要指冰川、冰盖（帽）、湖泊、水库、河道、沼泽等；地下水指埋藏在地表以下，存在于岩石和土壤中可以流动的水体，如地热水和矿泉水等自然降水。地表水及地下水是自然资源的重要组成部分，与人类的生存和发展关系极大，直接影响和制约着社会和经济的发展，因而叫做水资源。

通常又将水资源分为广义的水资源和狭义的水资源。

广义的水资源，指地球上水的总体。水以固态、液态和气态的形式，存在于地球表面和地球岩石圈、大气圈、生物圈之中。地球水的总储量约13.9亿立方千米，其中，海洋水占96.5%，淡水储量仅为总储量的2.53%，约0.35亿立方千米，淡水储量中绝大部分为冰盖、冰川和深层地下水，与人类关系密切的河川槽储水量约0.212万立方千米，为淡水储量的60%。地球上的水无时无刻不处于运动变化之中，存在着复杂的大体上以年为周期的水循环。水循环中最活跃的要素为大气降水、蒸（散）发、入渗和河川径流等，它们的年动态水量比静储量大得多。水循环中相对不活跃的要素为海洋水、冰盖和深层地下水等，年动态水量只占其巨大静储量的极小部分。

狭义的水资源主要指可恢复和更新的动态淡水量。水资源是人类生存和发展的不可替代的自然资源，又是环境的基本要素。

水资源的“不可替代”性，是由水的物质特性所决定的。水的汽化热和热容量是所有物质中最高的；水的热传导能力在除液体汞外的液体中是最高的；水的表面张力在所有液体中是最大的；水的汽化膨胀系数大；水具有不可压缩性；水是最好的溶剂；水本身是植物光合作用的基本材料；水有极强渗透性。人类及一切生物所需的养分，全靠水来溶解、运输和转移；4℃的水密度最大，水生物才得以越冬生存；生物体中大部分为水，脱水即意味着死亡。可以说水是生命之源。水是循环冷却、供热、蓄热、传递压力的最好介质；由于水的巨大的汽化膨胀，才有蒸汽机、汽轮机。水是国民经济各部门中用途广泛、不可替代的重要生产要素，水资源的状况制约着工农业生产的发展和布局。这些充分说明了水对人类生存和发展的“不可替代”性。

水环境是生态环境的重要方面。水是最好的溶剂，它最容易被污染。但同时又是最好的清污剂；水支撑地壳；水的格局影响了全球的海岸分布、气候变化；水的冲蚀、搬运、淤积作用，改变着地形、地貌，所以说，水又是“环境的基本要素”。

水资源是指“人类可以利用的”水，是指：①水质应符合人类利用的要求。所以，水资源指的是符合人类不同用途相应水质标准的淡水量。②在现代技术经济条件下，通过工程措施或净化处理可能利用的水，才算水资源。深层地下水、净化代价过高的海水，一般均不作为水资源。

水资源含义中的“逐年可以得到恢复利更新的”，是说明水资源可通过水循环得到恢复和更新，是再生性资源。水循环受日地运行规律所制约，具有季节交替和大体以年为周期的特点，所以特别加上“逐年”二字，故水资源量通常指年资源量。

水资源含义强调大气降水是它的补给来源，是说明一个区域（或流域）的水资源在该区域边界内，当地大气降水补给下的产物。本区域当地大气降水补给的地表、地下产水量（动态水量）才是本区域的当地水资源量或区域水资源量。流经本区域、非本区域大气降水补给的地表、地下水量，称作过境水资源量或入境水资源量。当地水资源量和过境（入境）水资源量都是本区域可以开发利用的水资源量。

水是人类赖以生存、社会经济得以发展的重要物质资源，用途十分广泛。不仅用于农业灌溉、工业生产、城乡生活，而且还用于发电、航运、水产养殖、旅游娱乐、改善生态环境等。水在人类生活中占有特殊重要的地位。随着社会生产力的巨大发展，人民文化生活水平的不断提高，人类对水的需求量日益增长，不少地区出现了水源不足的紧张局面。人们逐渐认识到水资源并不是取之不尽、用之不竭的，必须十分重视、珍惜利用。

水资源可以再生，可以重复利用，但受到气候的影响，在时间上、空间上分布不均匀。水量偏多或偏少往往造成洪涝或干旱等自然灾害。为了兴利除害，满足国民经济各部门用水的需要，必须根据天然水资源的时间、空间分布特点，需水的要求，修建必要的蓄水、引水、提水或跨流域调水工程，对天然水资源在时间上、空间上进行合理的再分配。

面对有限供水和不断增长的用水需要，为了使有限的水资源得以充分发挥效益，世界各国都十分重视水资源的调查、评价和合理开发利用。为了提高水资源的利用率，水资源的开发利用已由单一目标发展到多目标综合利用，由地表水或地下水单一水源的开发发展到地表水和地下水等多种水源的联合开发，由水量控制发展到水质控制，由单纯经济观点发展到经济、社会、环境、生态等多因素的综合分析。水资源的供需体系已成了一个复杂的系统。必须用系统分析的方法，综合分析这些复杂的因素，为水资源的统一规划、管理和重大决策提供科学依据。

城市、工业和农业的迅速发展，用水量的急剧增长，使水资源大量消耗，并不断受到污染。水资源利用不充分、不合理，更加剧了水资源供需矛盾。因此，提倡节约用水、合理用水，提高水的有效利用率，对废、污水进行处理和重复利用，海水淡化或利用海水作为冷却水，以及在流域间进行合理调配，是解决水资源不足的有效措施。制定水资源开发、利用、管理、保护的法令和法规，结合必要的经济手段，对水资源统一管理、合理调度、科学分配，能使有限水资源在发展国民经济、提高人民生活水平中，更加有效地发挥作用。

7.1.1.2 水资源特点

水资源是在水循环背景上、随时空变化的动态自然资源，有着许多与其他自然资源不同的特殊性：水资源数量和质量都有动态性、可恢复性。这些特性表现为补给的循环性、变化的复杂性、利用的广泛性和利与害的两重性。

(1) 可恢复性与有限性 地球上存在着复杂的、大体以年为周期的水循环，当年水资源的耗用或流逝，又可为来年的大气降水所补给，形成了资源消耗和补给间的循环性，使得水资源不同于矿产资源，而具有可恢复性，是一种再生性自然资源。

就特定区域一定的时间段（年）而言，年降水量有或大、或小的变化，但总是个有限值。因而就决定了区域年水资源量的有限性。水资源的超量开发消耗，或动用区域地表、地下水的静态储量，必然造成超量部分难以恢复，甚至不可恢复，从而破坏自然生态环境的平衡。就多年均衡意义而言，水资源的平均年耗用量不得超过区域的多年平均资源量。无限的水循环和有限的大气降水补给，规定了区域水资源量的可恢复性和有限性。

(2) 时空变化的不均匀性 由于水循环主要动力为太阳辐射，因而地球运转所引起的四季变化，同一地区所接受的辐射强度是不同的，造成一地区降雨在时间上的差异也是很明显的，主要表现为一年四季的年内水量变化以及年际间水量的变化，对一个地区来说，每年夏季，水循环旺盛，雨量较多，是一年中的丰水期，而每年冬季，水循环减弱，雨水稀少，是每年的枯水期。此外，径流年际变化的随机性也很大。常出现丰枯交替现象，并且丰枯之间水资源且可能相差很大，另外，还会出现连续洪涝或持续干旱的情况，即出现所谓径流年际变化的丰水年组和枯水年组现象。水资源量的时程变化与需水量的时程变化的不一致性，是另一种意义上的时间变化不均匀性。这种径流在时间和空间变化的不均匀性，对水资源利用产生了许多不利因素。

水资源空间变化不均匀性，表现为资源量地区分布上的不均匀性。水资源的补给来源为大气降水，多年平均年降水量的地带性变化，基本上规定了水资源量在地区分布上的不均匀性。由于一个地区水资源数量及其变化受全球水循环影响，那些距海较近，接受输送水汽较为丰富的地区雨量充沛，水资源数量也较为丰富，而那些位居内陆、水汽难以到达的地区，降水稀少，水资源极其匮乏，从沿海到陆地呈现为湿润区到干旱区的变化带。水资源地区分布的不均匀，使得各地区在水资源开发利用条件上存在巨大的差别。水资源的地区分布与人口、土地资源的地区分布的不相一致，是又一种意义上的空间变化不均匀性。

水资源时空变化的不均匀性，使得水资源利用要采取各种工程的和非工程的措施，以满足人类生活、生产的需求。

(3) 水资源开发利用的双重性 "水能载舟，亦能覆舟"，这种水利与水害的双重性，是水有别于其他自然资源的突出特点。全球的大城市，绝大多数是沿着江河发展的，即使是沿海城市，也多位于入海河口，这不仅由于江河提供了航运交通之便，还因为这些江河提供了丰富的淡水资源。但是一个地区水分过多，也会给人类带来灾难，洪水泛滥会冲毁田园村舍，农田积水会造成严重减产；干旱或半干旱地区大水漫灌，地下水位超过临界值会引起土壤次生盐渍化。因此，在进行水资源开发利用时，要全面考虑兴利除害的双重目的。水资源的开发利用不仅在于增加供水量，满足需水要求，而且还有个治理洪涝、旱灾、渍害的问题，即包括兴水利和除水害两个方面。

(4) 利用的广泛性和不可代替性 水资源在工农业各部门和人类生活上使用极为广泛，

可用于灌溉、发电、供水、航运、养殖、旅游、净化水环境等各个方面，水的广泛用途决定了水资源开发利用的多功能特点。从水资源的利用方式来看，可分为消耗性用水和非消耗性用水两种：引水灌溉、生活用水以及在液态产品中作为原料等，都属于消耗性用水，其中可能有一部分回归到河道，但水量已减少，而且水质已发生了变化；另一种水资源使用形式为非消耗性的，如养鱼、航运、水力发电等。水资源这种综合效益是其他任何自然资源都无法替代的。此外，水还有很大的非经济性价值，自然界中河流、湖泊等水体作为环境的重要组成部分，有着巨大的环境效益，不考虑这一点，就不能真正认识水资源的重要性。

7.1.1.3 水资源面临的危机

世界可以利用的淡水资源是很有限的，由于人类的盲目开采，以及肆意浪费和污染，使可以利用的水资源越来越少，从而造成了全球水资源紧缺的严重危机。其中较为突出的有：城市地区水资源短缺、洪涝灾害频繁、水污染加剧等问题。其主要原因如下。

① 用水量迅速增加。目前全球淡水需求量直线上升。在工业、农业和城乡居民生活用水三大淡水用户中，城市工业和居民用水迅速增加。而且，随着各国国民经济的发展，工业用水呈迅速上升趋势。20世纪初全球人口约16亿，目前人口已超过70多亿。与20世纪初相比，全球城市用水量百年之间增加了22倍，造成区域有限水资源的供水能力不足。人口迅速增长和城市的高度集中发展以及用水定额增长是导致城市地区严重缺水的重要原因。所以对水资源需求的压力也在与日俱增。

② 水资源污染严重。人口增加、城市化的发展以及工农业生产的迅速发展，一方面引起水资源消耗量剧增；另一方面又使有限的水资源受到严重污染。目前世界上已很难找到一条完全没有污染的河流。在亚洲，生活废水和工业废水大多不加处理便排入地表水体；在世界上许多地区，人类、社会和土地自身的健康正受到水质退化的严重影响。

③ 洪涝旱灾害频繁。由于城市建设迅速扩展，人为阻塞了行洪的河道，大面积行洪和滞洪区的占用，加剧了洪水危害程度，由于人员财产的高度集中，使洪水灾害损失大大增加。同时世界各地普遍存在的对森林的乱砍滥伐，对水资源也造成了灾难性影响。森林有水土保持和补充地下水的功能，人类乱砍滥伐不仅带来水灾、山崩，同时在雨季会造成土壤的严重侵蚀，旱季又造成严重旱灾。由于乱砍滥伐，造成世界许多地区沙漠化加剧。因此开展水资源合理利用和保护研究是当前世界各国所面临的艰巨任务。

④ 我国城市用水中还存在着用水浪费严重、水资源重复利用率低、使用不合理等现象，地下水超量开采引发了大规模地下水位下降，致使地下水资源枯竭以及地面沉陷等一系列危害。此外，一些地区由于城市迅速扩张，造成局部水土流失严重，加剧了城市水资源危机。

目前在我国城市水资源方面，由于城市水资源短缺、生态退化、水污染加剧等原因，在全国669座城市中有400余座供水不足，其中近110座城市严重缺水，在人口密集的大中城市，缺水状况尤为明显。水资源的紧张已成为严重制约我国社会经济发展的重要因素。目前我国城市水紧张的重要原因是用水管理不善，水资源利用不合理，用水浪费严重，在工业方面与国外同行业和同产品比较，普遍为产品耗水量较高，水的重复利用率低，用水工艺落后，废水处理率低。全国用水量和人均综合用水量迅速增加。防洪安全仍缺乏保障，水资源的紧张与用水的浪费并存，水土资源过度开发，造成对生态环境的破坏，水环境恶化和水质污染迅速发展，已到了极为严重的程度。

7.1.2 水资源循环利用问题与对策

7.1.2.1 水资源循环利用面临的问题

水资源利用和保护中，除面临严峻的挑战外，尚存在一些不适应水资源持续利用的有关问题，其中最主要的有以下几个方面。

（1）认识问题　可持续发展是人类的最佳选择，是社会发展模式的改革，人的思想观念转变或与之相适应是非常重要的。在观念上，人必须与自然和社会和谐共处，主动保护自然，主动谋求自然与社会的协调发展；改变对持续发展不利的传统道德价值观，建立人类“只有一个地球”、“平等发展权力”和“互惠互济”等观念。在资源保护利用上，要改变过分依赖自然资源和能源的投入、不惜浪费资源、牺牲环境质量、单纯追求经济增长的状况；建立人人（包括当代人和后代人）公平享受、利用、保护资源的制度，谋求再生资源、环境与发展永续协调的观念。

（2）妨碍了自然资源的合理配置和高效率的开发利用　要利用市场机制改变对自然资源利用不利的观点、方式和效益低、污染重的弊端。要建立明晰的资源产权制度，培育资源市场，调整资源价格。明确和改进国家部门间和地区间对资源利用和保护的作用与责任，建立和完善有关水资源管理和保护的新的或现行的法律和管理制度。

在资源、环境与经济协调持续发展中，必须将作为自然资本的资源或环境与经济纳入统一的综合核算体系，才能衡量国民经济的状况。目前各国的国民经济衡量指标并不包括经济增长导致的资源、环境代价，更未计及非商品劳动的贡献，反映不出投资的取向。这种不适应持续发展的核算体系将会削弱未来经济增长的基础。为此，需要建立一个综合资源、环境与经济发展的统一核算体系，以便指导、衡量、监控整个国民经济的发展。

（3）没有建立一种政策分析机制　水资源持续利用的可能性，首先取决于国家经济发展与环境保护的政策，而这一政策随着经济与环境因素的变化需要进行动态的调整。因此，建立一种政策分析机制是非常必要的。这样可持久地对现行和未来的资源利用政策进行调整或评价，以利于水资源可持续利用永远处于正确政策的指导之中。资源政策分析的重要手段是可持续发展评价。它能提供现行资源管理政策好坏和调整政策方向的大量信息，以供决策者参考。同时，为有利于资源政策分析或评价，建立资源决策信息支持系统是不可缺少的重要手段。

7.1.2.2 水资源循环利用对策

为了人类的持续发展，迎接水资源匮乏的挑战，我们必须对水资源的保护与利用制定明确的对策，以促进经济社会的持续发展。据此，下列几点措施或对策是具有根本性意义的。

（1）节约用水，建立节水型社会　我国是一个水资源不多、缺水严重的国家，人均占有水量随人口增加逐渐减少，目前只有世界人均的1/4，居世界第109位，被列为世界人均水资源型贫水国家之一。而经济建设、社会发展和人民生活是绝对离不开水的，而且水资源是无法用其他资源替代的。因此，在水资源总量有限的条件下，不实行保护性和持续性的开源节流措施，是无论如何也解决和满足不了供需矛盾和日益增长的需求的。节约用水不是权宜之计，而是根本对策。节约用水不是限制用水，而是当用则用，高效节流，杜绝浪费。要求个人、集体、各行各业和全民都节约用水，从而形成一个节水型的社会。这应成为我国经济建设和社会发展一项长期的基本政策。

节约用水，建立节水型社会不可能自发地形成，需要政府重视并作大量的艰苦工作。这里既有认识问题，也有政策和管理问题，还有科学技术和经费投入等问题，绝不是一蹴而就的。但是，只要有思想引导、政策导向，研究问题，解决问题，我国迟早是要走节水型社会的道路的，并且愈早愈好，因为它是解决水资源供需矛盾和持续利用水资源最根本最重要的途径之一。

(2) 开发水资源，增强供水能力　我国水资源的时空分布和利用情况极不均衡，需要大力增加供水能力的北方缺水地区，当地水资源开发利用程度已经较高，其地表水的利用率已达43%～68%，地下水开发程度达40%～81%。据国外研究经验指出：当地区人均水资源量少于500m^3，水资源开发利用程度达到70%时，如不采取复杂高效的用水措施和生态环境保护措施，必将造成严重的社会与生态问题。目前华北地区人均水资源量500m^3，按水资源开发控制现状已属于水资源超载区。因此，再增加当地供水量是相当困难的。

现在的水资源开发必须与保护水资源、防治水环境污染、改善生态环境和地区经济发展同步规划，有计划地实施，以维持地区人口、资源、环境与发展的协调关系。因此，必须作好综合规划，包括流域或地区的水资源评价、水的承载能力分析，以及从宏观到微观的水资源保护、水污染防治和防洪减灾的全面规划等，以最小的代价取得水资源对持续发展的最大支持和效益。

(3) 保护水环境，防治水污染，改善生态环境　我国当前水环境污染是相当严重的，必须予以正视。要采取各种技术措施保护水环境质量，彻底治理已经污染了的水资源，使污水循环利用。我国制定的经济、城乡和环境建设“三同步”(同步规划、同步实施、同步发展)方针、超标罚款等政策收到了一定成效。但也不可否认，这些方针和政策并未扼制住环境继续恶化的势头。

工业是我国水环境的最大污染源，对工业污染源的治理应作为水污染防治的重点。防止水污染的最好途径是加速建立环境保护产业和推行清洁生产技术。环保产业是指其产品和劳务用于防治环境污染、改善生态环境、保护自然资源等方面的产业部门，其中包括环保机械和环保用品的制造业。清洁生产技术是指将污染尽量消灭于生产过程之中的生产方式与技术。如改革原料路线和产品种类，采用高效低耗的生产工艺及设备，使原料、材料、能源的消耗减至最少，使生产的废物量减至最小，并使废料、废物尽可能地“变废为宝”。

除了积极预防水污染外，对已经污染了的水资源的治理也是不可缺少的。须知预防并不能彻底消灭污染源，例如人类生活产生的废水总是无法避免的，即使采用了清洁生产技术的生产，也不可避免地仍要排放一定量的废水，这些废水都需妥善治理。治理的目的是使废水的水质改善，保护水体环境不受污染，或使污水循环利用而被重新利用。因此，治理和预防是同样积极的措施和不可缺少的。尤其是在许多江河湖泊已经受到严重污染的现实条件下，对水污染的防治就更应受到重视。

要管好保护好水环境，应明确水资源产权，理顺管理机构，由目前条块分割的管理方式逐步过渡到集开发、利用和保护于一体的企业化管理体制。根据水体功能，制定合理的水质目标和相应的地方水环境质量标准、污染物排放标准。推行总量控制和排污许可证制度，有偿使用环境容量。运用市场机制，实行有偿使用，制定合理的水资源价格政策、排放交易政策、配套法规和标准。同时还要加强水资源持续利用的基础和技术研究。

(4) 综合治理洪涝灾害，保障生产与社会安全　为了提高现有防洪能力，尽量减少洪灾损失，需要采取工程与非工程相结合的防洪措施。用工程手段控制一定防洪标准的洪水，用非工程措施（包括行政、法制、经济、管理等）减缓工程措施不能防御的洪水而带来的洪灾损失。洪水是自然系统的一个组成部分，过分控制或万保一失，经济上和技术上未必划算和可能，而且可能影响自然生态平衡和物质循环。因此，需要制定有关防洪政策、防洪法、洪水保险和防洪基金等制度，把工程的和非工程的措施结合起来，共同对付洪水灾害和保障社会发展与安全。

防治减缓水旱灾害损失，还应与水土资源综合开发、保持水土、植树造林等结合起来，共同支持再生资源的恢复能力，促进经济社会的持续发展。总之，防治灾害必须是开发性的防治，开发资源必须是与防治不利影响结合起来，这才符合可持续发展的要求。

(5) 加强水资源曾理，保证水资源持续利用 目前，我国的水资源管理，随着国家经济体制和经济增长方式的转变，正在进行管理体制的改革。但总的来说，还跟不上经济社会发展形势的步伐，显得迟缓和不力。譬如，水资源管理部门要求节约用水、保护水质、减少污染，而各行业的生产部门却为追求产值我行我素，不惜浪费水和污染水体。类似这样的现象，不仅城市有、农村有，个别的水利部门也有。因此，加强管理不但现在要强调、要行动，就是将来随着情况变化、科技进步，管理制度的安排和制度变迁也总是存在的和需要的。

水资源的管理内容繁多。重点要加强水资源产权管理、全国水资源总体开发利用、保护、防治规划和合理配置水资源等管理，研究制定有关水资源政策、法律、协调机制和水资源产业行业管理等。管理的手段，除行政、法律、宣教外，经济和科技手段的结合将会越来越重要。

当前水资源（包括地表水和地下水）的开发利用必须严格执行取水许可、交纳水资源费制度和污水排放许可和限制排水总量的制度，地下水的开发要严格限制超采，规定各地地下水位警戒线和停止抽取界线。要认真贯彻“水法”、“水污染防治法”等各项规定，依法管水、用水和治水。法规的效果如何，一要看规定是否符合实际，二要看执法严格、违法必究的水资源管理队伍；管水、节水和防治水污染，应请人民群众参与，既可提高全民对水资源紧缺的危机感和节水的紧迫感，又可加强人们对水的重要性认识和保护水资源、防治水污染的责任感。

(6) 建立水资源核算体系，提高水资源综合效益 加强水资源开发力度，强化水资源科学管理，是提高水资源供水能力的重要措施，但完全依赖国家资金投入，既有实际困难，也影响国力的全面发展。因此，随着国家经济体制改革的深化，要加强和建立基于市场机制和宏观调控相结合的水资源管理体系，转变水资源产业运行机制，提高水资源的综合效益。

建立水资源核算体系，明确水资源所有者与使用者的权利和义务，并逐渐将水资源核算纳入国民经济核算体系，使水资源的储蓄控制和消耗减少在国民经济核算中得到具体表现和水资源的投入产出关系得到反映。这样就可明晰水资源的盈亏、供水与用水的轻重缓急、节水与浪费水的效益差异，并可指导协调水资源开发利用保护与经济发展之间的关系。

在各流域或各地区建立水资源核算制度条件下，按照不同地区、不同时间水资源供需形势、短缺程度和不同取水、用水性质，制定水资源价格标准和收费标准，并依市场机制，允许水产品的经营者有一定的价格浮动范围。制定和改革水价，既要考虑水的本身价值、水商品价值规律，又要考虑用户的经济承受能力，还要为有使用经营权的水资源生产部门和企业获得一定利润、进一步发展创造条件。这样，可在相当程度上抑制水的浪费、减少水的污染，还可靠激励机制鼓励多开发水源、多供水和节约用水，从而可更好地保护水资源和提高利用率。

依靠市场机制和科学技术优化配置水资源，提高水的利用率，取得高的社会效益和经济效益。同样依靠经济调控和技术手段，还要提高环境效益。优化水资源的配置利用，能达到经济、社会和环境效益的三统一，而只有获得高的综合效益，才是水资源持续利用的基本目的和要求。

7.1.3 水资源可持续利用原则

7.1.3.1 水资源持续利用管理原则与方法

面向可持续发展的水资源持续利用，是实现水资源与环境的持续利用，促进经济与社会的协调、持续发展。因此，水资源持续利用管理的指导思想、理论基础、基本方法和遵循原则与水资源持续利用规划是一致的，即以开发资源、增长经济、保护环境和发展社会的协调性和持续性为管理目标；以生态经济系统的生态、经济规律和理论为管理基础；以系统科学方法为管理的基本方法；遵循公平分配资源、开发利用程度与规模不超过水资源和环境的承载能力、维持生态生物的生命力与多样性和因地制宜地科学管理等原则。此外，为了进一步加强水的管理，还需要遵守下列一些具体原则。

(1) 开发水资源、防治水患和保护环境一体化　开发水资源是为了满足人民和国民经济发展需要，防灾减灾和保护环境是为了支持和维护资源的持续生成和全社会的有序发展，二者间是可持续发展战略的有力支柱，缺一不可。开发、防治和保护水资源的最终目的是维持人类的生存与发展：开发是人类永恒的活动，而防治和保护则是开发利用的必要条件。因此，开发、防治与保护必须结合，而且要实施开发式的防治和保护，变防治和保护的被动性为开发式的主动性。

(2) 全面管理地表水、地下水和水量与水质　地表水和地下水是水资源开发利用的直接对象，且二者具有互补转化和相互影响的关系，包括水量和水质均是如此。因此，开发利用任一部分都会引起水资源量与质的变化和时空的再分配。利用水的流动性和储存条件，联合调度、统一配置和管理地面水与地下水，对保护水资源、环境资源、防治污染和提高水的利用率是非常必要的。由于水源受到的污染日趋严重，可用水量逐渐减少，在制定供水规划和用水计划时，水量与水质应统一考虑，对不同用水户的水质要求，必须按国家规定标准供给，对不同污染源的污水排放标准更需严格管理，确切落实水资源保护。

(3) 开发水资源与节约利用水资源并重　我国人均水资源量较少，只相当世界人均占有水量的 1/4，属于贫水国家；且时空分布不均，大大影响水资源开发与利用的难度。我国北方与南方水源贫缺与丰富不一，但紧张与浪费并存，用水与污染同在，呈现极不协调的现象，严重影响我国水资源利用效率和维持社会持续发展的支撑能力。根据我国人口、环境与发展的特点，实现节水型的社会、提高用水效率、发挥水的多种功能和提高重复利用指数，将是社会发展的必然。只有开发与节水并重，才能不断增强持续发展的支撑能力，保障当代人和后代人的用水需要。

(4) 发挥组织、法制、经济和技术管理的配合作用　根据国家实施可持续发展战略要求，组织社会、社团和公众参与水管理和改革与建立从上至下行之有效的水行政管理机构是非常必要的。我国已有一套从中央到地方的水行政组织机构，应按可持续发展战略要求进行审核，从而改革、健全和完善适应水持续利用要求的管理体制和制度。依法治水和管水的认识已有一定的基础，但还需对群众进行大力的宣传教育。我国的水法已发挥了很好的作用，但还需制定便于操作的各种规章制度以利执行《中华人民共和国水法》中关于水资源产权问题，并没有上下级、部门司责权利的完整规定，应进一步界定。

经济管理是水资源开发、利用、保护、管理的一项重要手段，涉及水资源效益与费用的方方面面，主要是有效利用经济手段和市场机制，为水的可持续利用和全社会持续发展服务，但这需在基于市场机制与国家宏观调控相结合的原则指导下，发挥经济管理手段的作用。科学技术是综合国力的重要体现，也是水资源持续利用的主要基础之一。不断提高和加强技术管理水平，非但可提高经济、社会和环境效益，而且对水的长期持续利用能够提供有利的政策与决策的科学依据。

上述四个方面的结合和综合是非常必要的。如果只偏重某些方面，而削弱另外的方面，都会使整个管理效益下降；相反，全方位的采用和加强，水资源管理水平才会不断提高。

7.1.3.2 管理方法

水资源持续利用管理是在国家实施可持续发展战略方针下的水管理，涉及自然、社会诸多方面，管理措施必须采用多维手段、相互配合、相互支持，才能达到开发资源、保护环境、促进经济与社会的共同持续发展的目的。据此，要采用的手段主要如下。

（1）法律手段　《中华人民共和国水法》是依法开发水、利用水、保护水和治理水及水资源管理依靠的重要措施，今后还会不断加强。水资源产权的明晰界定，可作为从国家到地方、从开发到经营、从防治到保护等一系列管理法规制定的依据；水资源法或水法是综合性法规和专门性法规制定的基础，如水污染防治法、水土保持法、防洪保险法和水利工程管理条例等。通过这些法律和法规，划清各部门的责、权、利关系，从而规范了上下级和各部门之间的行为，是水资源管理绝不可缺少的部分和手段。

（2）行政手段　水资源管理体制是一个递阶组织结构形式，各级有各级的隶属关系和一定的责、权、利关系。通过行政手段可以上情下达和下情上报，维持经常管理工作的运转。由于水的流动性和不确定性，常常出现水灾、旱灾、突发的水污染和公害事件以及水事纠纷等，可利用行政机构权威和与地方政府配合，调动人力、物力、财力救灾、抗灾和协调地区、部门间的水务矛盾，以保证水资源管理目标的实现。行政手段一般带有一定的强制性和准法治性，行政手段既是水资源经常性管理的执行渠道，又是解决突发事件强有力的组织者和指挥者。

（3）经济手段　水利事业是国民经济的一项重要基础产业，必须按国家的经济发展和经济规律办事，既保证水资源自身事业的发展与积累，更要利用市场机制与国家宏观调控相结合的自然资源管理体系管好水资源。商品水的水价确定、水费与水资源费的征收管理、污染和破坏水资源的赔偿和罚款等，都是可以利用市场机制或经济杠杆管好水资源的手段。

（4）科技手段　加强水资源基本资料的观测、调查和水资源持续利用理论方法的研究，是实施国家可持续发展战略的必需和管好水资源的重要手段。一切有关水资源的开发规划、运行管理、政策制定和预测决策，都要借助水科学及多学科理论的提高和现代技术方法实现，特别是水资源和环境的持续利用与经济社会的持续发展，离开技术手段是不能实现的。出此，管好水资源必须以科教兴国战略为指导，依靠科技进步，采用新理论和新方法，从而使水资源持续利用管理日趋完善和发展。

（5）宣教手段　宣传教育群众，使之了解可持续发展战略意义、提高生态环境和水意识以及明了水资源各项法规，使全社会都来珍惜水、保护水，创建节约型社会，为有效持久管好水资源创造良好的社会环境。在水资源管理中，上述五种管理手段并不相互排斥，相反地是要各司其职，互相支持，互相配合，充分发挥各种手段的整体效应。

7.2 污水循环利用

城市污水是水量稳定而且可靠的一种潜在淡水资源。城市污水如不加净化，随意排放，将造成严重污染，使大量优质水退化为劣质水，如能去除其污染物，改善水质后加以利用，则能除害兴利，取得多重效益。积极开展城市污水的净化再生与利用，将城市污水处理厂与再生水厂一元化，将污水的单纯净化转变为以污水为原料的再生水厂，这是一个重大的转变。污水再生利用减少了城市对自然水的需求量，削减了对水环境的污染负荷，减弱了对水自然循环的干扰，是维持健康水循环不可缺少的措施。污水循环利用，是解决水资源短缺和水污染治理的一项良策，也是一种必然趋势。

7.2.1 污水循环利用问题与对策

7.2.1.1 污水循环利用存在的主要问题

① 污水处理率和污水处理程度有待提高，排水管网和各河流的截流管有待完善。应进一步提高污水处理率，完善配套管网建设。

② 没有健全的关于城市污水处理、循环利用及管理方面的法律法规，缺乏必要的鼓励污水循环利用的政策。

③ 缺乏城市污水深度处理及循环利用的总体规划，现有多数专业规划中没有考虑污水处理循环利用的因素。

④ 城市污水收集与处理设施建设严重滞后，目前我国的城市污水管网建设严重滞后于城市发展。

⑤ 目前的水价政策影响污水循环利用。由于水价水平偏低，污水循环利用并没有显示一定的经济性，不利于污水循环利用的实施与推广。

⑥ 由于长期以来对水环境的流域性、全球性认识不足，没有意识到污水处理循环利用对水资源可持续利用及水环境健康循环的重要作用，同时对水资源短缺和水环境恶化的关系研究不足，对于城市缺水的客观事实基本上以境外引水的方式来考虑解决，对于污水循环利用产生消极影响。

7.2.1.2 污水循环利用对策

污水循环利用实施的措施关系到城市水资源的可持续利用，社会经济可持续发展的城市基础设施建设规划，是创建节水型城市、水健康循环型城市的重要措施，是恢复城市良好水环境的必由之路。要实现可持续发展，实现污水循环利用是一项十分紧迫的任务，大力推广中水的使用是城市节水的重要内容。市政府及相关部门应从经济、政治、法律、宣传教育等多方面制定相应的政策、措施保障该规划顺利实施。

(1) 利用经济杠杆的作用建立合理的水价体系　水价是城市水管理的核心环节，探索城市水价管理体制办法，改革现行的水价，是城市供水企业科技化发展的必要手段之一，同时只有形成合理的水价体系，才能促进供水行业良性发展，实现水资源的可持续利用和水环境健康循环。

(2) 将污水循环利用纳入城市规划　结合城市发展更新的各项建设，将中水循环利用建设纳入城市污水循环利用的总体规划中，充分体现和把握集中与分散相结合的原则。世界各大中城市保护水资源环境的近百年的经验归结为一点，就是建设系统的污水收集系统和成规模的污水处理厂，城市污水循环利用与城市污水处理系统应统一规划，为城市污水循环利用提供前提。将城市生活污水和工业废水统一规划处理，各企业排入城市下水道的废水应满足排入下水道的标准，不符合标准的局部除害处理再排，这样才能保证污水处理统一规划和实施，使之健康有序的发展。城市污水处理厂的建设必须合理规划，即污水的集中处理应是城市污水处理厂建设的长期规划，并为污水的深度处理和污水的循环利用提供了前提，保证了再生水厂有充足的水源，并走上产业化、专业化的道路。同时对于应分散处理循环利用的工程，应把中水循环利用列入工程建设内容的审批范畴，必须进行中水循环利用的项目，都要做到中水循环利用。因地制宜，因事而异，切实把中水的推广应用与城市可持续发展结合起来，使污水循环利用落到实处。

（3）完善法规，加大管理力度　政府有关部门应通过必要的立法和行政权力贯彻本规划的实施。法律是一种最有权威的管理手段。在城市污水的治理与循环利用方面，有法可依是其基础，也是其内在要求。目前，循环利用水市场开拓初期，需要国家和地方政府的支持。还缺乏对于污水再生循环利用的一系列相关管理、利用的法律法规，应尽快建立可操作性强的污水再生循环利用的法律法规，必要时，制定强制性的法规，要求城市各项用水中能够使用再生水的工业循环冷却用水、绿化、河流湖泊生态用水及市政杂用水等方面，不应供给自来水，必须使用再生水，暂时无再生水可用的可临时使用其他水源，待具备再生水供水条件后，及时改用再生水，对于具备再生水供水条件的地区，使节水办在核定企事业单位自来水或自备井用水计划时，应扣除可用再生水部分的水量，从而进一步促进污水循环利用的推广和应用。加强改革中水设施的管理体制，鼓励专业管理公司承担中水设施的管理，促进中水管理规范化、专业化，保证处理效果及经济效益。研究中水设施建设和使用的商业化问题，制定积极的经济政策，使投资者、建设管理者、使用者的合理利益得到保障。

（4）加强宣传教育工作，提高全社会的污水循环利用意识　向公众大力宣传水资源短缺的现状，增强公众对水资源的危机感和紧迫感，让公众了解城市水环境恶化的具体现状。同时，通过对再生水的进一步认识，消除公众的疑虑，让公众充分意识到再生水是一种稳定、可靠的第二水源，唯有再生水循环利用才是实现水资源可持续利用的途径。

7.2.2　污水循环利用途径与技术

7.2.2.1　污水循环利用途径

城市污水经处理净化后循环利用于农业、工业、地下水回灌、市政用水等。不但可以弥补水资源的缺乏，而且也减轻了水环境污染。在污水循环利用计划实施过程中，再生水的用途决定了污水需要处理的过程和程度。

（1）农业灌溉　生活污水循环利用于农业灌溉时，通常对其处理程度要求不高，处理后一般仍含有较高的氮、磷、钾等成分。用于灌溉可以给土壤提供水分和肥分，增加农作物产量，同时可以减少化肥用量，而且通过土壤的自净作用能使污水得到进一步的净化。因此，将处理后的污水应用于农业灌溉既可以取得经济效益，又可以保护环境，是一种符合可持续发展的循环利用方式。在英国，一些地方小型处理厂的二级废水被直接灌溉土壤，效果很好。但是必须认真考虑水中存在或者有可能存在的致病生物在公共卫生方面可能造成的影响，以及污水对农作物生产、土壤结构及土壤中金属和其他有毒物质积累等农学方面的影响。就农业物生长而言，对水的化学指标比细菌学指标要求高，主要是对矿物质和盐类成分的含量。

我国农业灌溉用污水，起始于20世纪50年代，那时城市污水处理厂极少，大多数未经处理的污水就进行农灌，发展较早的有辽宁沈抚污水灌渠系统，浇灌了数十万亩农田，但由于城市污水未经处理，长期污灌，造成污染地下水，农作物受污染，尤其是灌溉蔬菜等作物，粮食中有害的物质也有增长的趋势。20世纪70年代我国农业部环境保护科研所进行了行水灌溉水质的调合研究，制定了污水灌溉水质试行标准，这样对发展中国家合理利用城市污水循环利用于农业起到重要作用。美国国家环保署出版的《污水循环利用标准》中涉及了污水循环利用的范围、标准、管理规范和国际上污水循环利用等内容，也可以作为我国推进污水循环利用的参考依据。我国目前有70%以上的城市污水厂采用二级处理，经过二级处理的城市污水水质基本较好，有的甚至超过农灌水质标准、可直接用于灌溉农田。

(2) 工业循环利用　工业循环利用分为厂内处理循环利用和城市污水处理循环利用两部分。在城市用水中，工业用水占80%，而在工业用水中循环水又占60%～80%，循环用水水质要求标准不高。所以污水经过适当处理后，用于循环水是完全可行的，用经过处理的污水来替代自来水是节约水资源的一种有效途径，在技术上和工程上易于实施，而且在规模上是缓解城市供水紧张状况的有力措施，因此供水紧张的城市在制定污水循环利用规划时，应把循环利用工业放在首要地位。经过砂滤或双重介质过滤和杀菌处理的二级废水在工业生产中得到应用，如冷却用水等。污水经处理后循环利用于工业、大部分是用于冷却用水，所以循环利用工业的水质应按照冷却水要求考虑。

(3) 市政用水　城市污水经深度处理后，可作为城市用水。城市用水又分为饮用水和非饮用水。非饮用水（中水）水质指标介于上、下水水质标准之间。通常情况下，将污水处理到非饮用水程度，作为中水循环利用于清洁、绿化、洗车、消防等。中水循环利用是一项投资省、见效快的切实可行的节水技术，可用于园林、绿化等。我国对于城市的工业和居民区建筑群，在新建、扩建时，根据使用对象的水质不同要求进行集中或分散的、大型或小型的污水处理与中水利用，同时还推出了中水工程实施法规和设计规范。

(4) 地下水回灌　将城市污水处理厂二级处理出水经深度处理达到一定水质标准后回灌于地下，水在流经一定距离后同原水源一起作为新的水源开发。这种战略要求污水处理程度高，循环复用的周期长，可提供较高质量的源水乃至饮用水。它既可减少污水量，又可减少原有水资源的开发量，充分体现了“小量化、无害化、资源化”的可持续发展原则。

虽然工业（包括冷却水、工艺用水）和农业是污水循环利用的主要用户，但从持续发展的观点，地下水回灌是扩大污水循环利用最有益的一种方式，它以土壤基质作为生物反应器，使再生的废水借助物理化学和生物作用将其中的有机物和病原体进一步去除，使其水质与天然地下水没有差别。由于不受水文条件制约，将会带来污水循环利用的长远利益。地下水回灌可以水压阻拦海水入渗，扩大地下水资源的存储量，减少或防止地下水位下降，控制或防止地面沉降，保持取水构筑物出水能力，大大加快被污染地下水的稀释和净化过程，使水体的生态得到不同程度恢复、使溶解氧增加，改善水体外观。

为防止地下水污染，提供清洁水源，地下回灌水质必须满足一定的要求，主要控制参数为微生物学质量、总无机物量、重金属、难降解有机物等。地下回灌水质要求因回灌地区水文地质条件、回灌方式、循环利用用途不同而不同，发达和发展中国家由于经济技术条件、公众健康水平及社会政治因素的限制及差异，所制订的循环利用水标准也不尽相同。

7.2.2.2 污水循环利用技术

污水处理后循环利用，是一项系统工程，它包括城市污水的收集系统、污水再生系统、输配水系统、用水技术监测系统等，污水再生系统是污水循环利用的关键所在。污水循环利用的目的不同，水质标准和污水深度处理的工艺也不同。水处理技术按其机理可分为物理法、化学法、物理化学法和生物化学法等。通常污水循环利用技术需要多种工艺的合理组合，即各种水处理工艺结合起来对污水进行深度处理，单一的某种水处理方法很难达到循环利用水水质要求。目前，我国城市污水深度处理及三级处理，已在应用的工艺有：混凝、沉淀、过滤等常规工艺，微絮凝过滤法以及生物接触氧化后纤维球过滤，生物炭过滤、膜生物反应器等方法。国外深度处理方法很多，主要有混凝澄清过滤法、活性炭吸附过滤法、超滤膜法、半透膜法、微絮凝过滤法、接触氧化过滤法、生物快滤池法、流动床生物氧化消化法、离子交换、反渗透等工艺。对于中水循环利用，一般可用能单独收集的清洁杂排水、生活污水或城市污水为原水进行处理。

(1) 典型的污水循环利用处理流程　污水循环利用的目标：①用于农田灌溉；②用于市政部门浇灌绿地、成冲洗厕所等；③用于工业的冷却水、洗涤水、消防用水、工艺用水、锅炉补给水等；④补给地面水源或地下水源，或用于防止地面下沉或海水入侵。

不同的循环利用目标要求不同的水质，如循环利用于工业作冷却水时，主要应控制 pH 值、悬浮物量、碳酸盐、硬度、氮含量、磷含量、含盐量等指标以防止冷却水系统腐蚀、结垢、产生黏膜及堵塞等。循环利用作工艺用水时，水质取决于工艺的性质，如对造纸、纺织等工业，应保证循环利用水的浊度、色度及细菌学质量均满足要求，往往需要较复杂的处理。而当用于农业灌溉时，则一般不需脱氮除磷或进一步去除悬浮物，采用二级处理出水即可。如需将处理水回灌至地下水补给饮用水源，则要求达到饮用水源的水质。为此，在确定废水循环利用方案后，应优先考虑用水量大、水质要求低，又易于输送的用水目标，以便节约处理和布水费用，收到较高的效益。

无论哪种污水其处理工艺首先都应经过预处理和初级处理，其后续处理工艺一般分三类，第一类为先生化后物化再消毒，第二类是只物化和消毒，第三类是物理处理及消毒。决定采用污水循环利用时，应按照循环利用水质的要求来确定污水处理流程。目前应用及正在研究的以废水循环利用为目标的处理流程有以下三种：

① 传统的三级处理（或深度处理）流程。即传统的二级处理加上三级处理所组成的流程。一般，三级处理的任务是进一步降低二级处理出水所含的总固体、COD（BOD_5）、氮、磷、色度、硬度、含盐量及细菌数，使水质满足一定的循环利用要求。三级处理常包括以下装置的一部分或全部：混凝、沉淀（或澄清）、过滤、吸附、离子交换、反渗透、吹脱、氧化、消毒等。

混凝沉淀（或澄清）的主要功能在于进一步降低水中悬浮物及胶体物含量，也可降低 COD、色度及磷的含量。近年来国内外大量研究人员致力于开发研究新型高效絮凝剂，取得了很多成就。如高分子有机絮凝剂、高分子无机絮凝剂及集絮凝、吸附、氧化功能于一体的化学药剂。采用混凝沉淀（或澄清）处理二级生物处理出水虽然行之有效，有较成熟的经验，但其带来的污泥处理及处置问题往往使处理厂工作更加困难。

过滤技术可去除水中呈分散状态的无机和有机杂质，包括各种浮游生物、细菌、滤过性病毒与乳化油等，它在污水循环利用的处理流程中应用最广。由于二级处理出水中的悬浮物主要是生物絮体，易于凝聚成块，因此一般情况下不需加絮凝剂，当对处理后水的浊度要求较高时则应投药。滤料截留的生物絮体在其表面形成生物膜，不易冲洗干净，应采用气冲或气水共同冲洗的反冲洗方法。为了适应废水过滤的特殊性质，开发研究了一些新型滤料和新型构造的滤池。新型滤料有陶粒、炉渣、纤维球等，它们的共同特点是孔隙率大，因此滤池的含污量可以增大，工作周期可以延长，新型构造的滤池有升流式的滤池、双向流的滤池、辐流式的滤池等，设计的指导思想在于提高滤池的纳污能力。

活性炭吸附在三级处理流程中应用也较多，其主要作用是去除难降解性的有机物并降低水的色度，但用活性炭价格昂贵，再生装置造价高、运行困难，在可以用其他方法代替时，最好不要采用。

离子交换与反渗透主要是为了废水的软化和除盐而设置的，这种装置一般设在工厂用水点附近，以避免增加管理费用。

传统的处理流程中利用加碱、吹脱、再中和的方法去除废水中的氨，但工艺较复杂，费用较高。氧化用于需要去除残留的有机物，特别是比较复杂的有机物，常用的氧化剂有 O_3、ClO_2等，这些氧化剂也是有效的消毒剂。

可见，采用传统的二级处理加上三级处理的流程可以有效地去除废水中各种不同性质的杂质，满足不同的循环利用要求。但是，这种三级处理流程的缺点是工艺复杂、构筑物多、基建费和运行费用较高。

② 改进的污水再生处理系统　所谓污水再生处理流程，即以污水循环利用为目标的处理流程。改进的污水再生处理流程的一个特点是利用革新的二级处理技术，使其处理能力提高，处理后出水水质改善，由此使原有的三级处理任务大大减轻，处理流程可相应缩短和简化。

氧化沟工艺、A/O 工艺、AA/O 流程，可以在处理有机物的同时达到脱氮除磷的目的，生物法处理出水的 COD 和悬浮固体较传统法低，因此采用这些工艺代替传统的二级生物处理工艺，后处理往往仅需过滤、消毒就能满足要求。

应用生物处理与物理、化学处理相结合的工艺代替原有的三级处理工艺，是改进的污水再生处理流程的又一特点。例如采用以陶粒或活性炭为填料的生物接触氧化法，既有一定的吸附能力，又可通过截留过滤作用去除污染物，更重要的是在载体表面生长的生物膜，可以分解去除污水中残存的有机物，因此已证明是一种经济有效的污水深度处理工艺，已经在我国推广应用。

不论是改进原有的二级处理工艺还是改进原有的三级处理工艺，都可收到简化流程，提高效率，降低基建费用和运行费用的效果。在污水二级处理尚未得到普遍应用，水资源又十分紧张，污水循环利用具有极大现实意义的我国，这种改进的废水再生处理流程具有十分重要的实用价值，应大力开发研究并推广应用。在设计污水处理厂的同时，考虑废水循环利用的需要及可能，采用以废水循环利用为目标的废水再生处理流程，是规划、设计技术人员及决策人员的责任。

③ 全新的污水再生处理流程　随着制造工艺的提高和市场的发展一度被认为昂贵的膜分离技术变得越来越经济，竞争力也越来越强，膜分离技术在污水深度处理中的应用越来越广泛。膜分离可以有效地脱除地下水的色度，而且可降低 THMs 的潜在能力。膜过滤可除去沉淀不能除去的包括细菌、病毒和寄生生物在内的悬浮物，还可降低水中的磷酸盐含量。反渗透已被用于降低矿化度和去除总溶解固体，而超滤已被用于除去大分子，如腐殖酸和富里酸。用反渗透和超滤处理二级出水不仅能除去总固体和有机物，而且能除去溶解的盐类和

病原菌等得到高级的再生水，可作工业用水、公共用水、灌溉用水、建筑用水等。膜分离方法在这个领域的应用已达到实用阶段。反渗透对二级出水的脱盐率达90%以上，水的回收率75%左右，COD和BOD的去除率85%左右，细菌去除率90%以上。反渗透对含氯化合物、氮化物和磷也有优良的脱除性能。超滤对二级出水的COD和BOD的去除率大于50%。纳米过滤膜具有更强的经济竞争力，可处理低含量的总溶解固体。纳米过滤介于反渗透和超滤之间，综合了二者的优点，使之能阻碍大分子通过又不需较高的操作压力，通常只需在低压（138～827kPa）下操作，产水量也较大，如在827kPa时，达1020L/(m^2·d)，并可阻挡分子量大于200的分子。纳米过滤可直接除去一切病毒、细菌和寄生虫，同时大幅度减低溶解有机物（消毒副产物的前体），它可去除90%～95%的THMs、85%～95%的硬度和大于70%的一价离子（在操作压力为482～689kPa时），在软化水的同时减少总溶解固体。传统处理即使加上软化工艺也不能除去总溶解固体，对溶解的有机物也去除得很少。由于纳米过滤操作压力低而产水量又大，运行费用大为减少。纳米过滤对一价阳离子和分子量低于150的有机物的去除率较低，对二价和高价阳离子及分子量大于200的有机物质的选择性较强，可完全阻挡分子直径为1纳米或更大尺寸的分子。为减少消毒副产物和除去溶解有机碳，纳米过滤比传统处理加臭氧和活性炭更便宜。当水厂水量下降时，膜工艺的费用优点更明显。因此在建造新的小型水厂时，膜分离技术应给予足够的重视与考虑。膜分离技术的发展将对未来的供水产生巨大的影响。

土地渗滤也叫土壤含水层处理，它使水源水通过堤岸过滤或沙层渗透以利用土壤中成长的大量微生物对水中污染物质进行降解去除以净化水质的方法。由于污染物经过表土层时产生一系列的物理、化学和生物作用，许多微生物和化学物质通过吸附、分解、沉积、离子交换、氧化、还原及其他化学反应被去除，这些过程延迟了某些化学物质进入地下水的速率，使一些污染物质降解为无毒无害的组分，一些污染物质由于过滤吸附和沉淀而截留在土壤中，还有一些被植物吸收或合成到微生物体内，使污染物浓度降低。土壤含水层处理系统寿命很长，处理费用相当便宜。它不需地表贮存设施，最终打破了仅在厂内直接循环的管对管的污水处理循环利用系统，使水参与水文循环，缓解了饮用水和其他都市污水循环利用的心理障碍。该方法投资省、处理效果好，对有机物尤其是对有机氮化物和氨氮有较好的去除效果，缺点是占地大，不易管理。

随着人类社会的不断进步，人民生活水平的不断提高，对污水处理的要求也越来越高，在国外一些发达国家，已将一些进一步深度处理的工艺，如微滤、吸附、超滤等用于污水处理循环利用。在国内，我们的污水循环利用还处于相对初级阶段，因此应根据我国国情正确地采用合理的处理工艺来达到多快好省的污水循环利用目的。国内外城市污水循环利用工艺有两个发展趋势：一是沿用二级、一级处理工艺，并向多目标循环利用方向发展；二是发展高效生化处理与臭氧氧化、活性炭吸附、膜技术相结合的二、三级合并处理工艺，出水可达饮用水水平。

(2) 污水循环利用综合处理流程　根据以上所述各种用于深度处理技术的优缺点，可以将进水水质情况与出水水质要求进行合理的组合，以取得预期的效果。

① 物理与化学的处理工艺。最常用的废水深度处理工艺袭用给水处理的工艺：二级出水→混凝沉淀（或澄清）→过滤→循环利用。

② 生物与物理、化学的处理工艺。生物与物理、化学处理相结合工艺：二级出水→生物接触氧化→循环利用。

将以上两种工艺进行技术、经济比较，可以得出，物理化学处理工艺出水浊度低，除色好，磷可小于 1mg/L，但 COD 的去除效率与氨氮去除效率比生物与物化组合工艺低。前一工艺因要投药剂，污泥处理与处置较复杂，而后一工艺不需投加混凝剂，污泥含水率低，较易处理。前一工艺投资较低（澄清池可以建成大容量，而生物接触氧化池因要反冲不能做成大池子），但运行费较后一工艺为高。后一工艺出水需加强消毒灭菌。最好在滤前加氯使微生物得以去除。

③ 其他工艺。当对有机物要求高的工艺用水或补充水源的水，可采用以下工艺：

a. 二级出水→混凝沉淀→过滤→臭氧氧化→活性炭吸附；

b. 二级出水→生物接触氧化→过滤→臭氧氧化→活性炭吸附→循环利用。

以上工艺出水可将 COD 降到 15mg/L 左右，但对无机物的去除不多。工艺中也可在臭氧氧化与活性炭吸附两技术中选用一种，但 COD 值略升高。如仅用臭氧氧化，也可将其置于过滤后，臭氧能改善滤池过滤性能，使水无色，出水浊度降低，使滤池工作用期延长，但不能明显降低 COD 值（因投加臭氧量有限）。

如果深度处理废水循环利用于冷却，需要防止富营养化，可以结合二级处理采用厌氧→缺氧→好氧工艺除磷脱氮后再用前述深度处理工艺。如果城市污水主要是生活污水，二级处理出水水质较好，也可以只通过过滤将 SS 降低，经消毒后供市政杂用或作循环冷却水补充，或作直流冷却水。

7.3 雨水循环利用

7.3.1 雨水循环利用问题与对策

7.3.1.1 目前雨水利用存在的主要问题

我国的雨水利用潜力很大，发展前景广阔，但目前还有以下主要问题。

① 雨水利用还缺乏一定的标准和规范。各地的雨水利用多处于摸索阶段，缺乏充分的科学分析和指导，雨水利用系统的组成、集流面的面积、储水窖的防渗材料选用、水窖水质的净化等，都尚未形成公认的标准和规范。

② 实施庭院雨水收集工程的范围还不够广泛。目前，庭院和屋顶雨水利用工程已在黄土高原地区的山西、甘肃、宁夏等地和华北平原的河北、河南等地广泛开展，在河北省，这一工程也多在太行山区开展，而在河北省低平原地区，也未把庭院和屋顶雨水利用工程作为改善水质的重要措施之一。在很多缺乏淡水的海岛地区，也未实施雨水利用工程。

③ 利用城市雨水回灌地下水的工作处于试验阶段，尚未大范围展开，因而未在缓解和控制地下水超采地区（如华北平原地区）的环境恶化问题方面发挥其应有的作用。

④ 对雨水利用的重要性认识不足。提到解决缺水问题，人们还只是习惯于考虑修水库、打井等地表水和地下水开发措施，或者从外流域调水，而对雨水利用这样的就地开源措施重视不够，未把它作为解决缺水问题的一个重要途径，对雨水利用的环境效益的认识则更加淡薄。

7.3.1.2 雨水利用的对策

实施雨水利用，不仅应积极开展研究，不断推广实施，而且还需要通过政策、法规、经济、管理等相应的配套政策，才能保证雨水利用措施的最终实现。为此，提出以下建议。

(1) 修改现行水资源评价方法　现行水资源评价方法中，只把地表水和地下水作为水资源看待，而忽略了雨水的作用。实际上，降水是流域水资源的唯一来源，而地表水和地下水只是降水的两种赋存形式。对北方（东北和华北）地区而言，降水的绝大部分转化成了土壤水，而土壤水是农业生产最重要的水源，对农业至关重要，灌溉水仅仅是对土壤水的一种补充，因此，应将降水量作为潜在水资源，这样，可以促进雨水利用的积极开展；如在农业区通过农艺措施提高土壤水的转化率，增加农业可利用水资源；通过覆盖措施，减少土壤水的无效蒸发等；通过上述措施，提高水资源利用率，减少农业灌溉用水，缓解工业和城市的缺水矛盾。

(2) 补充和完善《中华人民共和国水法》中的雨水利用实施细则　认真执行国家颁布的《中华人民共和国水法》，进一步补充和完善《中华人民共和国水法》中雨水利用的实施细则，并根据各地的具体情况，制定相应的配合套政策，同时要加强监督，做到令行禁止。只有这样，才能实现国家对水资源的统一管理和依法治水，促进雨水利用的健康发展。

(3) 把雨水利用纳入水资源的统一管理体系之中　雨水利用是就地开源的一项重要措施，同时还兼有防洪、改善水环境、促进地表水与地下水联合利用等多种功能，因此，应把雨水利用作为解决缺水问题的有效途径而纳入到水资源的统一管理体系之中。在流域或区域水资源规划中，充分考虑雨水利用的作用，把地表水及地下水的开发、防洪和改善水环境与雨水利用措施结合起来，统一规划。

(4) 保证雨水利用的资金投入　雨水利用和其他开源措施一样，资金投入是必不可少的，但雨水利用要比其他开源措施投资小，建设省。建议政府将雨水利用投入列入计划，采取政府投资、地方投资和用户投入相结合的方法，多渠道解决雨水利用的资金投入问题；政府的投资也可采取基金和贷款方式，鼓励企业和群众的投入。在实施初期要给予雨水利用一定的资金和政策上的扶持，如采取发放低息或大息贷款、制定相应的减免税政策，以吸引大中型企业的参加和群众的积极参与。运行机制应以市场机制为主，行政管理为辅。

(5) 加强雨水利用的宣传教育与示范　应加强宣传教育，提高人们的思想认识，自觉地参加到雨水利用的活动中去；大力宣传雨水利用的意义，普及雨水利用知识，制定全国雨水利用计划与因地制宜的分区雨水利用模式，有计划地推进全国性的雨水利用行动；建立雨水利用技术示范点，通过雨水利用试点，推动全国雨水利用的开展。

(6) 加强雨水利用的科学研究　我国目前各地的雨水利用还处于摸索阶段，缺乏充分的科学分析和指导，缺乏一些相应的标准和规范。根据不同地区的降雨特点、自然和社会环境的差异，雨水利用系统的组成、集流区的面积、储水窖的防渗材料选用、水窖水质等都应有所差别，雨水利用在全国尚未形成公认的标准和规范。加大科技投入，组织各有关部门的科技力量，超越本部门的目前利益，按关键问题设置科技攻关和攻关专项等重入科技与推广项目。

(7) 积极开展城市雨洪回灌　利用降雨进行城市地下水人工回灌是缓解城市地下水位持续下降的有效途径。雨水利用的实施，还依赖于能够推动和刺激该技术实施的配套政策、法令和管理。首先，在政策上，把雨水利用纳入城市规划之中，应修改现行的行业规范，以适应和推动雨水利用的进行，在城市规划中应增加城市绿地面积，使绿地面积达到城市规划总面积的30%以上，使大量降雨可通过绿地直接补给地下水。其次，在绿地建设中，绿地应低于周围的地面或道路，不仅使绿地上的雨水能入渗，而且还能使周围地面上的雨量产流汇入绿地，补给地下水。研究表明，绿地的周围地面的高度，对绿地雨水利用的数量有很大影响；同时，在城市交通道路网的建设中，要充分考虑增加雨水入渗的问题，尽可能建设透水路面，在不透水的道路两侧，应留出透水的排水沟，使雨水尽可能就地入渗。在城市建设中，还应预留部分土地作为雨水储存用地，如天然洼地、公园的设置等。在雨污合流的城市，应尽快建设雨污分流的地下水管网、使城市雨洪利用成为可能。在城市周围应建设雨洪地下水回灌系统，发展地下调蓄，利用雨洪水和上游水库的汛期弃水进行地下水回灌。在新建的生活小区，应规划安排雨水利用系统的建设，用于小区的绿化和雨水的就地回灌。还可通过修建回灌工程，发展地下调蓄，将汛期洪水转化为地下水，加以调控利用。该项工作尚处于试验阶段，如大范围展开，将在缓解和控制地下水超采地区（如华北平原地区）的环境恶化问题方面发挥其应有的作用。

(8) 实施家庭雨水收集工程　目前，庭院和屋顶雨水利用工程已在黄土高原地区的甘肃、宁夏、内蒙古、山西等地和华北平原的河北、河南等地广泛开展，基本解决了当地的人畜饮水问题。同时，还发展了小面积的庭院经济作物的灌溉，对当地的脱贫致富起到了很大的推动作用。家庭式的雨水利用，还可以解决西南石灰岩地区和广大沿海缺水岛屿的人畜缺水问题，因这些地区普遍雨量丰沛，但因无法调蓄而造成缺水。实施小规模的雨水利用工程，可克服上述困难，解决缺水问题。在缺乏优质淡水的沿海地区，也可以通过家庭式雨水利用系统解决用水问题。

雨水可为分散性用水提供水源，包括我国广大西北缺少地表水的地区和缺乏集中型水源的所有地区，如广布在300余万平方公里领海中的6000多个小岛（未来我国海洋资源开发基地）、地表水贫乏的石灰岩山区以及高氟饮水区等。上述这些地区有1亿多人口饮水困难亟待解决。甘肃省的雨水集流工程已获得巨大成效：城区将雨水集蓄用于卫生、消防、备用水源以及环境绿化、回灌地下水、水面景观用水等方面。

7.3.2　雨水资源化评价与利用方法

7.3.2.1　我国降水量分布与资源化情况

我国多年平均降水量约为645mm，年降水量最多的地方可超过6000mm，如藏东与滇西等地；年降水量最少的地区在西北内陆区，全国约有一半面积年降水量低于200 mm。从降水的时间分配变化上看，年际差可达数倍，北方许多地方达4～5倍，而且有连丰连枯的现象。20世纪80年代，华北平原的年降水量只相当于多年平均的40%左右。降雨的年内分布更不均匀，西北广大地区，冬季半年降水多数只占全年的10%左右。因此，雨水在夏秋季高度集中，这就为夏秋季雨水收集，而冬、春季利用提供了很好的条件。

中国有6.19万亿立方米的年降水量，其中约有2.71万亿立方米转化为河川径流，约有8300亿立方米由降雨和河川径流形成地下水的补给，扣除注入河川径流转化为地下水补给的部分，降水直接补给地下水的数量为1300亿立方米。地表水径流与湖泊、河流与地下水在重力作用下富集，形成了水利工程开发的最主要对象。因此，在我国水资源的评价中，仅从工程的角度计算地表水与地下水，其所谓的全国水资源总量2.8万亿立方米是一个不完整的水资源总量概念。

实际上，在农业水资源（国外已涉及城市）中，雨水已在作物生长中被利用，只是未纳入地表水与地下水资源的计算而已。应当强调指出，雨水资源总量才是水资源总量，地表水与地下水由其转化而来，属于雨水派生的资源。

7.3.2.2 雨水的资源化评价

(1) 水资源总量评价　按上述观点，区域水资源总量由降水量（TW）控制，它约等于降水总量（PW）。水转化总量与重复量的多种计算公式见式（7-1）：

$$
\begin{array}{ll}
\text{年水资源总量} & \text{转化中的重复量} \\
R+G & \Delta RG \\
R_s+P_e+G & 0 \\
R+P_e+G & R_g \\
R+G+W & G+R_g+F \\
R_s+G+W & G+F \\
R+W & R_g+F \\
R_s+W & 0
\end{array}
\tag{7-1}
$$

式中　R——河川总径流量；

R_s——河川地面径流量；

W——土壤水入渗总通量；

F——土壤中径流量；

G——地下水总量（定义为年补给量）；

R_g——地下水径流量；

P_e——土壤层渗蓄的有效降水量；

ΔRG——地下水与河川径流（地表水）相互转化量。

以上各部分水量可分别予以计算。

(2) 区城有效降水量评价　从区域水资源的角度来看，渗入土壤层为农田与绿地及其环境利用的降水部分视为有效降水量，是降水转化为土壤水的部分。联合国粮食组织（FAO）的定义是：年（或季）降水中在降水地点，不需提升即可就地直接或间接用于农作物生长的那部分水为年（或季）的有效降水，有效降水视为农业水资源，它的贮存条件和利用，与地表水、地下水不同，是土壤总湿度形成的天然水源。

有效降水量的确定，可采用式（7-2）、式（7-3）：

$$P_e=P-I-W_f \tag{7-2}$$

$$I=R_s+E_0 \tag{7-3}$$

式中　P_e——有效降水量；

P——总降雨量；

I——降水的地面流失与散失量；

R_s——地面径流，是主要的地面流失量；

E_0——降水期间的蒸发量，称为雨期蒸发，其数很小常常可以忽略；

W_f——降水量透过土壤层（或包气带）的深层渗透，形成潜水的入渗。

(3) 城市雨水资源评价　城市建筑物和道路形成了大量的不透水面，截断了大量地表的降雨入渗量，同时形成大量的地面径流，以至造成城市的内涝和排水问题。因此，排水与收集水是城市水资源开发利用的重要方面。

城市雨水的下泄加剧了城市下游的洪水危害，因此，城市雨水既是资源，也是一种可能的灾害。大城市的雨水利用具有兴利除害的双重性。一些发达国家如雨量丰沛的日本，在城市屋顶修建用雨水浇灌的“空中花园”，在楼房中设置雨水收集贮存与中水道，以减少自来水的消耗。城市雨水资源的评价公式为式（7-4）：

$$S=P-R_s \tag{7-4}$$

式中　S——城市绿地和透水地面建筑物的截留雨量。

$$S=P(1-R_s/P)=P(1-\alpha_s) \tag{7-5}$$

其中，α_s为城市雨水径流系数。减小α_s可以增加城市的供水雨洪的危害，降低城市排水工程的部分造价。

① 城市设计暴雨过程。城市设计暴雨过程可用暴雨公式（7-6）表示，即

$$I=\frac{s}{(t+b)^n} \tag{7-6}$$

式中　I——时段t内的平均暴雨强度，mm/min；

s——雨力，mm/min；

b，n——地区参数，北京地区可取$b=8$，$n=0.711$；

t——暴雨历时。

由此，时段内的暴雨总量为：

$$H=It=\frac{st}{(t+b)^n} \tag{7-7}$$

则瞬时降雨强度为：

$$i=\frac{\mathrm{d}H}{\mathrm{d}t}=\frac{s[(1-n)t+b]}{(t+b)^{n+1}} \tag{7-8}$$

如考虑将绿地做成低于周围地面10cm，则绿地除可滞留绿地本身阵雨径流外，尚可将屋顶或公共不透水铺装面的径流导入绿地。将径流导入绿地的范围可视作绿地的汇水区。汇水区的集流时间较短。为了简化计算，假定其总的绿地的入流过程为绿地增加的净雨量，设汇水区流入绿地的径流系数为α，则总雨力为：

$$S=s\left(1+\alpha\frac{F}{a}\right) \tag{7-9}$$

式中　S——绿地和汇水区叠加的总雨力，mm/min；

s——前述设计暴雨雨力，mm/min；

α——汇水区的径流系数，如为铺装路面可取0.9；

F——汇水区面积，m^2；

a——绿地面积，m^2。

② 绿地设计净雨量。绿地上的降雨以及屋顶、地面等汇水区汇入绿地的径流在绿地内有截流和下渗，初期截流和下渗量较大，后期趋于稳定。为简化计算，采用扣除平均损失强度的方法，以计算绿地的净雨量。假定平均损失强度为μ，主要为绿地下渗，产流历时为t_c，则t_c应满足：

$$\mu=\frac{s[(1-n)t_c+b]}{(t+b)^{n-1}} \tag{7-10}$$

在设计暴雨条件下，截流及平均损失强度为绿地土壤的稳定入渗率，城市绿地土壤以壤土考虑，并计入其初期的入渗率比稳定入渗率大，计算中μ采用0.3～0.2mm/min；对重现期为1年、2年的暴雨过程μ采用0.3mm/min；对重现期为5年、10年的暴雨过程可采用0.25mm/min。对重现期为20年、50年、100年的暴雨过程，μ采用0.2mm/min。对某

一重现期的暴雨过程的净雨量（H_c），则可由上式求得不同重现期 T 时的 s 及其 t_c 值，再由下表求得（表 7-1）。

表 7-1 不同重现期的净雨量

重现期 /a	暴雨特性		净雨量 h_c/mm	
	t_c/min	H /mm	$F/a=0.0$	$F/a=1.0$
1	42	31.2	18.6	46.7
2	55	43.2	26.7	65.4
5	90	64.9	42.5	100.9
10	108	79.9	53.0	127.8
20	170	105	68.3	160.2
50	205	129	88.3	204.0
100	232	148	102	235.4

③ 绿地滞蓄暴雨效果。表 7-1 中暴雨特性 t_c、H 是指不同重现期暴雨的时间及其总雨量。降雨扣除入渗形成径流。如绿地比周围地面低 10 m，则绿地本身的径流系数将由 0.59～0.68 减至 0，全部径流将滞蓄在下凹绿地内入渗。如果绿地还汇入相同面积屋顶或路面的雨水，径流系数为 0.74～0.80，而当绿地用作滞蓄暴雨径流时，其径流系数将降至 0～0.4。

对城市市区暴雨径流管理，一般要求其排水设计标准为 5～10 年一遇。其径流系数都将降低到 0 或 0.12。可见下凹式绿地对暴雨径流滞蓄的巨大潜力。

当然，以上对径流系数减小的分析，指的是不同频率暴雨次降雨径流系数，一般汛期降雨占全年降雨量的 80%左右，而降雨径流主要产生于汛期。如北京市平原区面积 6390km^2，多年平均径流量为 6 亿～9 亿立方米，径流系数为 0.19。如考虑径流主要产生于汛期，则汛期降雨的径流系数为 0.24。

7.3.2.3 城市雨水利用方式

在降水量较少分配不均的半干旱、半湿润地区，常采用雨洪回灌的方式利用雨水。雨洪回灌有天然回灌和人工回灌，人工回灌有多种方式，如利用沟渠、河网引渗回灌，渗井、渗坑回灌、洼地坑塘补给等。近年来采用的回灌方式还有河坝蓄水回灌、水平暗渠回灌、公路集水结合入渗池回灌、入渗池结合回灌井回灌等。

我国的城市雨水利用起步较晚，现仅有少数城市如北京市开展了一些试验研究，但尚未进行大面积推广。由于北京城市化发展迅速，城市缺水矛盾突出。有典型的代表性，加上北京市雨水利用试验研究有一定基础，因此，下面以北京市为例，说明我国城市雨水利用的方式和不同区域的雨水利用情况。

(1) 城市雨洪回灌　位于山前冲洪积层地带的城市及其郊区，其土壤颗粒粗，有利于雨水入渗，可利用这一有利条件，积极开展雨洪回灌，人工补给地下水，对缓解北京西郊地区地下水资源紧张状况起到积极作用，而且可拦蓄上游 100 年一遇的日产水量，减轻市区河湖防洪排水压力，保证钓鱼台国宾馆和西郊地区的防洪安全。

(2) 城区雨洪利用　城区雨水利用的主要方式为：①屋顶集雨系统；②道路集雨人工湖系统；③绿地草坪滞蓄汛雨回补；④增加滞洪水面。

屋顶集雨系统可为分散的住宅提供生活水源，如我国甘肃黄土高原地区的家庭雨水收集系统，已在当地大范围推广；贵州省部分地区也靠家庭雨水收集系统，解决了群众的饮水和脱贫问题。家庭雨水收集系统每户投资 400～1000 元，造价非常低。城市别墅式住宅也可发展雨水收集系统，作为生活杂用水；屋顶渗井系统可回补地下水。

新建居住小区、道路、广场和停车场等改为透水路面，同时利用居住小区、道路、广场和停车场等收集雨水，并修建人工湖或蓄水池，可作为生活小区绿化清洁用水，也可增加水面面积，美化环境。

利用绿地入渗回补地下水，可大量增加地下水补给量。绿地草坪不仅能接纳其上的降雨，还可将附近的屋顶、路面等不透水面积上的雨水径流导入绿地。这部分径流滞蓄于草地，可减少草地灌溉用水，且为排水河道减轻防洪负担，补给超采地下水的环境效益更加显著。城市小区建设和公共绿地在遇 5 年一遇、日降雨量 144mm 时，土壤为粉砂壤土时，可就地全部入渗；遇 10 年一遇、日降雨量 201mm 时，产流深为 39～50mm。如绿地低于路面，超渗雨水滞蓄，也可全部入渗。

绿地草坪除接纳降雨外，如将与草地面积相近的屋顶、路面等不透水面积上的雨水径流导入绿地，也可将日降雨量近 100mm 的降雨全部经绿地入渗。草地、绿地高于路面而无滞蓄雨水措施时，绿地的径流系数为 0.1，面屋顶、路面等不透水面上的径流系数为 0.85。当然，滞蓄于草地、绿地的雨水并非全部都能作为有效的灌溉用水，如以低于路面的草坪、绿地滞蓄雨水后，减少 3 次灌溉计，按每次用水 $30m^3$/亩，则减少用水量 $90m^3$/亩。

利用汛期雨洪增加城市湖泊等水体面积，不仅改善了城市景观和生态环境，还具有一定的防洪功能。将绿地（草坪）同渗井、蓄水池系统相结合，可明显减轻城市的防洪负担，缓解城市化对地下水补给的影响。上述雨水利用措施所需投资均较少。

(3) 平原区河道建闸蓄水汛雨利用　根据对以农田为主的平原区降雨产流的水文分析，一般认为平原河流排水河道的流域面积不小于 25 km^2时，才可考虑建闸。

(4) 河道梯级水闸地下水回灌　当河流域面积大，有稳定可靠的基流，在境内有梯级水面时，梯级水闸除有效地改善了地下水水环境状况，有力地促进了沿河生态环境的改善，推动了沿河经济发展外，还为旅游发展开拓了广阔的前景。

综上所述，国内外城市雨水利用的方式主要有利用洼地、河道等集雨进行地下水人工回灌、屋顶集雨供家庭生活杂用、绿地集雨入渗、屋顶集流入渗系统、道路及停车场地面集雨蓄水用于绿化、环境卫生等。

7.4 海水与苦咸水循环利用

7.4.1 海水直接利用

海水直接利用是用海水代替淡水作为工业用水和大生活用水等，用海水代替淡水作为工业冷却用水可使城市总的淡水用量减少约一半，这对缓解这些城市淡水资源的短缺是很有意义的。国外在这方面非常重视，美、欧、日等国家和地区年用海水作为冷却用水都在数千亿立方米以上。在大力推广海水直接利用的同时，应进一步解决海水取水、净化、防腐、防附着和防渗等问题；海水直接利用的其他方面有冲厕用水，杂用水和海水灌溉等，这些应用也在不断发展之中。其中海洋农牧化进程在世界范围内却在加快，年增长率近 10%。

据统计，城市用水中约 80%是工业用水，工业用水中约 80%是工业冷却用水；另外，在城市生活用水中约35%是冲厕用水。面对沿海城市淡水资源的紧缺局面，开发利用海水代替淡水作工业用水和生活用水，意义深远，势在必行。

海水直接利用技术，是以海水为原水，直接代替淡水作工业用水和生活用水等有关技术的总称。其典型技术主要包括：海水直流冷却技术、海水循环冷却技术、大生活用海水技术及海水养殖和海水农业。

7.4.1.1 海水作为工业冷却用水

（1）海水直流冷却技术　海水直流冷却，是指原海水经换热设备进行一次性冷却后即排放的过程。其技术关键是防腐蚀和防海洋污损生物附着技术。

海水作工业冷却水，目前国内外都仍以直流冷却为主，且主要用于滨海火电、核电、化工和冶金等企业。海水冷却用水量约占海水取用总量的90%以上。海水直流冷却技术具有深海取水温度低、冷却效果好和系统运行管理简单等优点，但也存在取水量大、工程一次性投资大、排污量大和海体污染明显等问题。

作为防腐蚀技术，主要包括以下几项。①选择耐海水材料：如海水取放水管通常为钢管（或衬里）或钢筋混凝土管；海水配管主要为铸铁管（或衬里），也有少量塑料管（聚氯乙烯、聚乙烯）和混凝土管。海水换热器的换热管材通常为铝黄铜、白铜（铜镍合金）和铁管，也有少量采用耐海水不锈钢管；管板通常为锡黄铜、铝青铜、白铜和铁板。海水泵通常为低镍铸铁，也有铜合金和不锈钢等材质。②涂层防腐技术：主要包括金属涂层和有机涂层。金属涂层主要包括合金涂层；有机涂层主要有环氧树脂漆、乙烯树脂漆、氯化橡胶漆、聚氨酪漆、无机富锌底漆等。其中用于海水管道防腐性能较为优异的有环氧改性聚氨酯漆、氯化橡胶漆、环氧沥青漆和无机富锌底漆。作为换热器用涂料主要有环氧氨基漆、如TH-847涂料和环氧沥青漆。③阴极保护技术：主要包括外加电流法阴极保护和牺牲阳极法阴极保护。

（2）海水循环冷却技术　海水循环冷却技术，就是以原海水为冷却介质，经过换热设备完成一次冷却后，再经冷却塔冷却并循环使用的冷却水处理技术。这项技术是在海水直流冷却技术和淡水循环冷却技术基础上提出的，其技术关键是海水缓蚀剂、阻垢分散剂、菌藻杀生剂、防盐雾飞溅的海水冷却塔和填料等。

海水循环冷却技术，具有海水取水量小、工程投资和运行费用低、海生物易控制及排污量小、对海体污染轻等优点，在投资、环保、技术和经济等方面具有优势，是未来海水冷却技术的主要发展方向之一。具有如下优势：①便于海水处理场的社会统筹建设和集中供水管理；②便于原有淡水循环或海水直流的海滨工厂改建、扩建；③便于离海较远和海拔较高的企业选用；④便于防腐、阻垢和防污技术的选用；⑤利于保护海洋环境，维护生态平衡。海水循环冷却技术在一定条件下，较海水直流冷却技术更显经济合理，是海水冷却技术的主要发展方向之一。

7.4.1.2 海水作为大生活用水

所谓大生活用海水技术研究就是利用海水作为部分城市生活用水（主要是利用海水冲厕所）的技术。据不完全统计，城市生活用水占城市供水的20%左右，而城市冲厕用水占城市生活用水的35%左右，因此，利用海水作为生活用水，具有非常重要的节水意义。大生活用海水技术与海水淡化技术、海水作为工业循环冷却水技术一样，都是海水利用技术的重要组成部分。

目前许多发达国家和地区都非常重视海水直接利用技术研究和推广工作。中国的香港地区从20世纪50年代开始利用海水作为大生活用水，目前每天大生活用海水（即冲厕用水）量已达35万立方米，占全部冲厕用水量的70%。香港的最终目标是全部用海水代替淡水冲厕。我国的天津、青岛、大连也有部分小区采用海水冲厕。

利用海水作为大生活用水是一项综合技术，它涉及海水取水、前处理、双管路供水、贮水、卫生洁具等系统的防腐和防生物附着技术；大生活用海水与城市污水系统混合后含盐污水的生化处理技术；合理利用海洋稀释自净能力将大生活用海水海洋处置技术。防腐技术和防生物附着技术已基本成熟。大生活用海水技术的重点是高含盐量污水的生化处理技术和海洋处置技术。

下面是我国香港利用海水冲厕的实例。

香港利用海水冲厕已形成体系。香港海水冲厕的人口占总人口的78%左右，相关工程技术问题如下。

① 供水工程系统。海水先由隔网除掉较大的杂质后，然后加氯消毒，以防止配水库和输水管内海生物附着和繁殖，降低输水能力。投入氯的剂量为2～3mg/L，以出水中余氯浓度不少于1mg/L来定。对水质变化较大的抽水站，还需安装曝气设备（以防无氧分解而产生臭味），最后用泵输往配水库。利用配水库中海水的势能，可将海水供到离地面六七层楼的高度；而高层建筑便由自设的抽水系统，把海水送至楼顶的高位水箱，再供用户。

② 冲厕用海水的水质指标。香港水务署为了推动此项工作健康发展，根据香港的具体实际情况，制定了香港冲厕海水的水质指标。

③ 系统主要设备。以香港大埔海水抽水站为例，该抽水站现时出水量每月5万立方米，其主要设备：站内安装抽水泵为3台立式泵，每台抽水量185L/s。

④ 防腐技术。采用海水冲厕的一个重要问题是防止海水的腐蚀问题，香港的办法是对直接与海水接触的一些泵部件都采用不锈钢材料；至于输配海水的管材，600mm以上的用钢管，内衬里为抗硫酸盐混凝土；直径小于600mm的管道，用抗硫酸盐混凝土衬里的球墨铸铁管或PVC管，家庭用的管道为UPVC管；凡是冲厕水管、关联的配件和接管等，均要用获得水务监督批准的抗海水材料制造。

⑤ 后处理。在香港，用海水冲厕后的污海水，经市政下水道和污水混合后一并进入污水处理厂处理，经处理厂处理后的出水，达标后排入大海。

7.4.1.3 人工海洋牧场

（1）人工养殖 海水鱼类养殖品种越来越多，养殖方式由从前的粗放型向精养、高密度工厂化养殖方向发展。养殖海区从近岸向浅海推进，有条件的地方还开展温水养鱼。

低密度粗放养殖，是利用天然水域和饵料养鱼，一般水域大，管理差，产量低；高密度精养，是人们利用网箱或室内流水养殖，整个过程在严格的管理条件下进行，产量很高。

海水养殖特点是规模不断扩大，苗种生产稳步发展，品种结构进一步优化，重视各特优品种的养殖，养殖模式优化，集约化程度提高。主要的新技术有：虾池立体开发综合利用技术、多品种轮养间养技术、蓄水养贝技术、网箱养鱼技术、低盐率海水养虾技术、塑料大棚早育虾苗技术等。

（2）海洋捕捞 人们对海洋渔业的错误思想：海洋渔业就是海洋捕捞，渔业资源是取之不尽的，使捕捞超过渔业资源的承受能力，资源衰退，渔业土产受损。只有树立生态渔业观点，加强管理，才能保障渔业资源恢复。近海利用人工鱼礁和增殖放流是恢复近海渔业资源的有效方法。人工鱼礁给鱼类提供"海底旅馆"，能造成营养丰富的上升流，改进水域的生态环境，促进鱼类的生长发育，可显著提高捕捞效率。增殖放流的实施，使鱼苗回归近海自然环境，对近海经济鱼类资源衰退有一定恢复作用。

(3) 海水农业　随着世界人口的快速增长和社会化程度的提高，生态环境日遭破坏，可耕地面积减少，淡水资源匮乏，严重危及人类的生存。为有效解决上述危机，一种崭新的农业模式——海水灌溉农业在世界沿海国家逐渐兴起，并引起广泛关注。海水灌溉农业，顾名思义，就是利用海水浇灌进行作物生产。发展海水灌溉农业，培育既耐海水又具有经济价值的植物是关键。

许多经济耐海水植物可以提供优质蛋白和食用油，嫩株可作蔬菜食用，成熟的种子可以用来榨油。除食用外，在医药及工业上具有广泛的用途。榨油后的糟粕还可作为饲料。此外，海水灌溉的植物，由于不需要大量的化学农药和肥料，产品无污染，且营养价值高，是符合现代人需要的健康食品。大面积推广海水灌溉农业，将大大缓解人类淡水资源和可耕地面积不足、土地沙漠化的危机。滩涂大面积种植耐海水植物，可促淤造陆，减缓海水对海岸土地的侵蚀，同时，在一定程度上可减轻工业和养殖业对沿海滩涂和近海造成的污染，并能大量吸收 CO_2，减轻温室效应，改善生态环境。

7.4.2 海水与苦咸水淡化

7.4.2.1 海水淡化

随着沿海岛屿和地区经济的发展，水资源的严重短缺，以及海水淡化成本的降低，对海水淡化的需求越来越大，近年来有迅速增长的势头。

反渗透海水淡化由海水提取系统、反渗透系统、后处理系统、能量回收系统、供电系统和控制监测系统等构成。多级闪蒸由预处理、盐水加热、热回收和排热四单元组成，适用于大型海水淡化，但设备动力耗电高，易腐蚀和结垢。现代的多效蒸发通常在低温段操作，腐蚀和结垢较轻，可利用废热造水以降低成本，适于热电与水联产。

海水淡化的成本一般受以下因素影响。

(1) 能源成本　在生产淡化水上，能源代表了单独的最大部分的直接成本，淡化技术上的进步明显降低了生产一定数量淡水所需的能源量，但能源耗费仍占到了淡化成本的1/3～1/2。结果，淡化成本相对容易受能源成本影响。

(2) 输送成本　与生产水的能源成本一起，淡化还需花费能量把水传送给它的最终用户。这一成本几乎与所有的水源一样，因为水是相对较重的商品，需要对它进行抬高或者长距离抽水，对许多水系统而言，这些能源成本都是单独的最大的花费。因为布局在沿海的海水淡化设施通常布局在水服务区的最低海拔处，它们具有明显的抬升和分配成本使水到达最终用户。

(3) 原水水质　海水作为适合饮用的水源的主要益处之一是它一般的直接货币价格是零。海水被认为是取之不尽、用之不竭且不容易被破坏的，因此不会因为稀缺或供需而受价格变动的影响。有关水的处理成本，通常水源质量越好，处理成本越低。各种化学的或生物的（如藻花）污染物越少，所需的预处理或处理就越少，结果成本就越低。处理中的某些成本或者体现在清洁的频率上或者是因源水中污染物的存在而做的必要维护，例如当水中溶解的固体成分较高时，反渗透膜（ROM）的运转效率一般较低，因此，当海水最后到达反渗透膜前，这些设备通常需要砂滤器或其他类型过滤器对水进行预处理（过滤）。如果因水质问题而要求膜经常替换的话，这也增加了对设备长期维护的要求。

（4）淡化方法　因需要加热源水，蒸馏法比反渗透法通常需要更高的能量成本。如果水源得到了预先加热或利用了其他环节余热如沿海发电厂排放的余热的话，两种方法的成本差异可以减小。

（5）设施的淡化规模与淡化能力　某些淡化设施可能受益于规模经济，尽管这也许依赖设施的特殊特点、区位和生产能力。

（6）基础设施　淡化设备或者必须与已有的输水系统、或建设新的管线、或与到达最终用户的输水系统相连。淡化成本随着区位、服务区的大小和其他因素的变化而变化。在美国加州许多沿海地区，这部分成本可能是很显著的，那里建设的多数输水系统都是把水从内陆地区输送到沿海地区，而非相反的方向。作为一套海水淡化设施的必备部分，与这些输水设施相关的某些影响可能是沿海地区需要考虑的方面。

（7）维护与清洁　每一套淡化设备都需要某些去污处理和日常维护与清洁，这些工作因所采用的淡化方法、使用的材料类型和其他因素的不同而不同。最近在膜技术上的发展已经延长了许多膜、过滤器和相关材料的使用寿命，然而某些改善还没有在生产环境中试验。除此之外，像其他水源，一旦处理后的水进入分配系统，必须使它保持洁净直到到达最终用户那里，因此，还有的就是与供水系统维护与清洁有关的成本。

（8）最终产品的水质要求　不是所有的淡化水都用作饮用水，成本随着水的用途而变化：高质量还是低质量的淡化水、生产用水、灌溉用水或是农业用水；此外最终水产品的标准也影响成本。

（9）其他因素　其他变量可能包括那些容易确定的成本与收益，如销售税或是补助金、基金赠予等金融激励机制，还有就是更容易确定的考虑如支付给水承办商、可靠供应的最终用户和对未来供应增加控制的利润，以及处理、储藏和其他来源的运输等可避免的成本。

7.4.2.2　苦咸水淡化

含盐量1～5g/L的水叫低盐度苦咸水，5～10g/L叫中盐度苦咸水，10g/L以上为高盐度苦咸水。将苦咸水淡化制取饮用水，能耗和价格比海水淡化低得多。据含盐量的高低，一般能耗在每立方米淡水0.5～3kW·h。中东、非洲、美国等许多地区靠苦咸水淡化解决工业用水和市政用水问题。世界上苦咸水淡化产量达$586\times10^4m^3/d$，膜技术占绝对优势。其中反渗透（RO）占76%，电渗析（ED）占15.6%。

我国自20世纪60年代末就开始用ED进行苦咸水淡化，至今已推广应用得相当普遍，约有50余个ED生产厂家，年产离子交换膜40多万平方米，ED装置千余台。特别在低盐度苦咸水脱盐方面占据了较大的市场，日产水量约60万立方米。仅山西省大同矿物局10多个矿区日处理量就达2万多立方米，供冷却用水和生活用水：20世纪80年代开始应用RO法进行苦咸水淡化，随着RO膜和相关技术的进步，RO在苦咸水淡化中的竞争地位越来越强，日产水量约50万立方米，仅大庆油田苦咸水日处理量近1.2万立方米，主要供饮用。

日产几十万立方米和几万立方米的苦咸水RO淡化厂适于城市供水和补给水，主要由取水、预处理、反渗透系统、能量回收系统、后处理系统和分配系统等组成。日产几百立方米、几千立方米的中型苦咸水淡化厂可解决村镇饮用水和小型电厂等纯水的补给。日产数立方米的小型苦咸水淡化装置可用于家庭饮用和流动作业的供水等。

第8章 资源循环利用法律规制与保障

循环经济强调资源的高效利用，以最少的资源消耗和环境成本，追求最大的经济社会效益，其核心内涵是资源循环利用。作为一项系统工程，资源循环利用既要依靠科学技术的创新和科技产业的发展，也要依靠政策法律的支撑，充分发挥法律对资源循环利用技术及产业的促进和保障作用，实现可持续发展的长远目标。

8.1 资源循环利用法律规制的必要性

资源循环利用以法律规范作保障，又以法律的实在性为基础，没有科学、有效的法律规范就不会有资源循环利用的发展前途。

8.1.1 资源、环境、技术与法律

在工业化进程中，人口增长过快而资源相对短缺，经济增长与资源供应始终是最基本的矛盾。我国人口众多、人均资源占有量远低于世界平均水平，资源供给不足已成为制约经济社会发展的瓶颈因素之一。矿产资源是国民经济的基础，是制约一个国家经济和社会发展的重要因素。当前我国矿产资源面临的问题是一方面矿产资源缺口大，另一方面矿产资源循环利用率低。从矿产资源供给上看：根据国家发改委的研究报告分析，我国45种主要矿产资源人均占有量不到世界平均水平的一半，石油、天然气、铁矿石、铜和铝土矿等重要矿产资源人均储量分别为世界人均水平的11%、4.5%、42%、18%和7.3%。国内资源供给不足，形势相当严峻，一些主要矿产资源的开采难度越来越大，开采成本增加，重要资源对外依存度不断上升。从资源循环利用上看：我国每年大约有500万吨废钢铁、20万吨废有色金属、1400万吨废纸以及大量的废旧家电和电子产品、废纸、废塑料、废玻璃等没有得到回收利用，我国再生资源的回收利用率仅相当于世界发达国家利用率的30%左右。在我国每年可回收利用的再生资源中，没有实现资源的高效利用和循环利用的资源价值高达500多亿元。我国铁矿石和铝对外依存度超过50%、铜达到71%、钾盐超过80%、石油接近60%。可见，从资源的拥有量、消耗度、资源利用效率、对外依赖度和资源再生化角度看，我国的资源状况都不容乐观。

环境问题可以分为两种类型：一是环境污染问题；二是生态破坏问题。不论是哪种类型的环境问题，其产生的根本原因，都在于人类对自然资源的不合理利用。人类的生产过程，就是利用自然界中的各种资源作为原料，通过劳动把它们转化成为产品的过程，在生产过程中，并不是所有的原料都能够转变成产品，总有一些原材料、辅助材料以及能源、水等物质被当作废物排放到自然界之中，这就是我们常常说的污染物。另外，生产出来的产品在被使用者消费之后，也会消耗、损坏，最终变成“废物”而被人们丢弃，成为人们称之为“垃

圾”的东西。当前人们已经深刻认识到，不论是生产过程还是消费过程中产生的“废物”，其实都是宝贵的资源，由于人们没有正确合理地使用它们，才使得这些宝贵的资源变成了危害环境的污染物。人类对资源的不合理利用和浪费是造成环境危机的根本原因。

长期以来，我们的工业走的是能源消耗高、资源浪费大、效率低下的粗放式道路，其结果是造成大量资源的浪费和严重的环境污染。随着着经济快速增长和人口不断增加，水、土地、能源、矿产资源不足的矛盾越来越突出，生态建设和环境保护的形势日益严峻。资源的耗费和紧缺，伴随着环境的负担加重，已经成为经济发展和社会进步巨大的压力和严峻挑战。面对资源枯竭和环境恶化，重视资源循环利用成为越来越必要的选择。开发利用再生资源、实现资源循环利用是转变经济发展方式、提升经济发展质量、加快产业结构调整的重要任务。资源循环利用有利于解决大量资源遗弃或处理不当造成的环境污染，是改善和提升人居环境的重要手段。资源循环利用是一项复杂的社会系统工程，需要法律保障体系来支撑，一个良好法律法规体系，可以引导资源循环利用的规范化实施，使发展有法可依、有章可循。资源循环利用的法制化既能保证资源环境对经济发展的支持，又能保证经济发展对资源节约和环境改善的促进，实现符合科学发展要求的良性循环。

科学技术是人类的一种社会实践活动和劳动改造世界的产物，是经济发展和社会进步的强大推动力。科学技术的发展拓宽了法律调整的领域，科学技术发展的结果，必然产生大量的人类活动的新领域和由此而形成的新的社会关系需要法律调整。法律是调整社会关系的一种行为规范。从总体上看，法律都具有确认、限制、禁止、约束、惩罚、引导、调节、预测、管理等功能，这些功能都是随着法律的制定而具有的，是法律之所以为法律的根本属性，也是法律满足主体需要的前置性要件。资源循环利用涉及许多科技创新活动，既要通过法律促进经济和社会发展以造福于人类，也要对科技活动和科技发展所引发的各种社会问题进行抑制和预防。在影响资源循环利用科技发展的整个过程中，法律的调控作用突出体现了法律的引导、评价、激励等功能。法律通过引导功能加速资源循环利用科技领域的发展，协调科技发展的格局，促使与资源循环利用科技发展相关的各个行为主体之间的联系和合作；法律通过评价功能，以社会的认同和接受程度作为标准，对资源循环利用科技发展方式的选用、实施做出规定；法律通过激励功能，使资源循环利用创新技术得到有效利用，实现创新的最大社会效益，并且有助于创造资源循环利用科技发展的有利环境。

8.1.2　可持续发展理念与要求

按照《我们共同的未来》所作的解释，可持续发展是指“既满足当代人的需要，又不对后代人满足其需要的能力构成危害的发展”。联合国环境与发展大会在 1992 年《里约宣言》中对可持续发展作了进一步的阐释：“人类应享有与自然和谐的方式过健康而富有成果的生活的权利，并公平地满足今世后代在发展和环境方面的需要，求取发展的权利必须实现。”可持续发展具有两个最基本的要点：一是强调人类追求健康而富有生产成果的生活权利应当是和坚持与自然相和谐方式的统一，而不是凭借人们手中的技术和投资，采取耗竭资源和污染环境、破坏生态的方式来追求这种发展权利的实现。二是强调当代人在创造与追求今世发展与消费的时候，应承认并努力做到使自己的机会与后代人的机会相平等，不允许当代人一味地、自私地为了追求今世的发展与消费而毫不留情地剥夺了后代人本应合理享有的同等的发展与消费的机会。每一代人都有利用地球资源的权利，也有保护地球环境的责任。可持续发展以保护自然为基础，与资源和环境的承载能力相适应，在发展的同时，必须保护环境，包括控制环境污染和改善环境质量，保护生物多样性和地球生态的完整性，保证以持续的方式使用可再生资源，使人类的发展保持在地球承载能力之内。

传统经济运行方式遵循一种由“资源-产品-废物排放”所构成的物质单向流动的开放式线性经济，其主要特征是经济增长速度与资源消耗强度、环境负荷强度在速率上成正比，形成典型的三高一低模式，即高开采、高消耗、高排放和低利用，从而导致地球上的资源和能源越来越少，而垃圾和污染却日益增长。当人类社会发展到20世纪中叶以来，自然资本已经成为经济发展的稀缺资源和瓶颈制约因素。国内外实践已表明，当经济增长达到一定阶段时，对自然生产环境的免费使用必然达到极限。人类要继续发展，就必须转换经济增长方式，减少对自然资源的消耗，并对被过度使用的自然进行补偿。在这种背景下，循环经济作为发展经济的新的模式，成为实现可持续发展的必然选择。循环经济的核心是资源循环利用和节约，最大限度地提高资源的使用效益。

走可持续发展之路、实现资源循环利用离不开法律的确认和保障。法律本身就是经济生活内在要求的一种特殊反映，在市场经济条件下，法律体现经济生活要求、维护社会利益的社会公共职能日益得到强化并发挥巨大的现实作用。无论是强调资源的永续利用、生态环境的可持续性还是人类社会发展的限度，实际上均是为了保证“代际公平”。而代际公平的本质，恰恰是将法律视角从现在扩展到未来；法律不仅要关注眼前，更要关注人类行为对未来世界以及后代生存的种种影响。在资源循环利用中，需要设计相应的法律规范，在确保当前发展的前提下，为后代人留出足够的资源与充足的空间。法律作为重要的社会规范，对可持续发展目标的实现具有重要的作用。

8.2 资源循环利用的相关立法

8.2.1 国外资源循环利用立法

德国是世界上最早实施资源循环利用的国家之一，其资源循环利用法制建设走在世界的前列。早在1972年德国就制定实施了《废弃物处理法》，该法是世界上首部针对废弃物再利用和管理的法律。但当时立法的目标仅仅是为了“处理”生产和消费过程中所产生的废物，仍然属于环境问题的末端处理方式，因此，该法尚不属于严格意义上的资源循环利用性质的立法。1986年德国将《废弃物处理法》修改为《废弃物限制处理法》，强调要采用节约资源的工艺技术和可循环的包装系统，把避免废物的产生作为废物管理的首选目标，将立法目的由“怎样处理废弃物”转变为“怎样避免废弃物的产生”。1991年德国政府为了避免废弃物处置过程中出现二次污染，首次按照从资源到产品再到资源的资源循环利用思路制定了《包装废弃物处理法》(该法分别于2000年和2001年两次修订)，要求生产商和零售商对于商品的包装物要尽可能减少并回收利用，玻璃、马口铁、铅、纸板和塑料等包装材料的回收率要达到80%，以减轻填埋和焚烧的压力。1994年德国公布了发展资源循环利用的《循环经济与废物管理法》，把资源闭路循环的资源循环利用思想从商品包装拓展到社会相关领域，规定对废物管理的手段首先是尽量避免产生，同时要求对已经产生的废物进行循环使用和最终资源化的处理。德国还根据各个行业的不同情况，制定促进该行业发展再生资源循环利用的法规，比如《饮料包装押金规定》、《废旧汽车处理规定》、

《废旧电池处理规定》、《废木料处理办法》、《避免和回收包装品垃圾条例》、《社区垃圾合乎环保放置及垃圾处理场令》、《联邦水土保持与旧废弃物法令》。此外，《联邦大气排放法》、《污染弃置法》、《废弃物排放法》、《水管理法》等法律中包含了有关废弃物管理和水体保护的法规。这些法律法规构成了德国保障循环经济发展的法律框架，其中《循环经济与废物管理法》是德国再生资源产业法制体系中的主干，也是该国发展循环经济法制建设历程中最为成功的一部法律。该法的立法目的是保护自然资源，确保废物按有利于环境保护的方式处置，明确规定废物产生者、拥有者和处置者的责任和义务；产品的开发、生产加工和经营者要对产品的物质循环负责，即使产品已进入消费过程（生产者责任延伸）；需要特别监测的废物，其制造者须制订避免带来健康和环境影响、利用、处置的计划；废物的利用和处置要处于相关政府部门的监督之下。在该法的主导下，德国再生资源产业在法律执行过程中形成了几条固定原则。首先，强化行业自律，如德国饮料包装行业统一规定 72%的包装物必须进行二次利用；其次，加强生产透明，如生产者负有公布生产产品过程的责任，提高消费者所拥有的知情权与选择权；再次，规范技术准入制度，如制定合理的废弃物循环利用程序，完善技术和工艺标准。德国的发展历程表明，完善的法律法规是成功推进再生资源产业化发展的根本保障。

日本作为一个资源与环境均十分脆弱的岛国，历来十分重视资源的有效利用，是目前世界上资源循环利用立法最完善的国家。日本促进资源循环利用发展的法律体系可以分为三个层面。一是基本法，即《建立循环型社会基本法》，该法于 2000 年 6 月公布，2001 年实施，主要包括以下几个方面：第一，将“垃圾”重新定义为“可循环利用资源”。第二，严格规定废弃物再利用程序，即减排垃圾-回收利用-能量利用-安全处理。第三，建立责任制，划分出政府主管部门、企业生产者及社会公众的各自责任，以企业生产者为主要责任人。第四，加大政府干预力度，制定适应循环发展的措施。《建立循环型社会基本法》的公布和实施，标志着日本已经成为世界资源循环利用法制化的先进国家，其环境保护技术和产业经济发展进入了新的发展阶段，其社会结构开始从过去“大量生产、大量消费、大量废弃”的传统经济社会，向降低环境负荷、实现经济社会可持续发展的循环经济社会转变。二是综合型的法律，包括《废弃物处理法》（1970 年公布，分别于 1976 年、1983 年、1987 年、1991 年、1992 年、1993 年、1994 年、1995 年、1997 年、1998 年、1999 年、2000 年修订)、《资源有效利用促进法》（1991 年公布，分别于 1993 年、1999 年、2000 年修订)，以后者为代表，该法于 2001 年实施，主要内容规定了企业生产者在生产过程中应注重预防优先，相应减少垃圾排放，提高所生产物品中可循环再利用物质百分比，并对本企业所生产的各产品在生产、分配以及消费过程中各个阶段加以回收利用，同时对不可回收物品提高安全处理性。三是专项法，包括《容器和包装物的分类收集与循环法》（1995 年公布，分别于 1997 年、1998 年、1999 年、2000 年修订)、《特种家用机器循环法》（1998 年公布，分别于 1999 年、2000 年修订)、《建筑材料循环法》（1999 年公布，2000 年两次修订)、《可循环型食品资源循环法》（2000 年公布)、《多氯联苯废弃物妥善处置特别措施法》（2001 年公布)、《家用电器再利用法》（2001 年 4 月实施)、《容器与包装分类回收法》（2001 年制定实施)、《汽车循环法》（2002 年公布）等。专项法是由社会分配过程中依据产品不同性质而专门制定的具体法，其中，《家用电器再利用法》主要涉及电视机、电冰箱、洗衣机和空调机的回收利用问题，法条中明确规定了三类主体所承担的责任，电器的生产商和进口商负责强制回收他们生产出去的电器，并承担提供安置回收电器的专门场所；电器的零售商依据规定回收旧电器，并且必须将废旧电器运送给他的上游或者指定单位；消费者必须将废旧电器运送给零售商。三类主体都要参与到回收利用工作中来，并接受市政部门监督。《容器与包装分类回收法》主要涉及使用容器与包装废弃物的回收利用，法条中明确规定了此类产品主体承担的责任，比如：消费者必须减少来自自身周边的零散废弃物的产生，适量使用容器与包装，承担超出使用规定所增加的费用；企业生产者可以自行再循环，也可以将责任委托给具有相关资质的指定单位；市政部门制定相应的循环发展措施，并对前两者进行监管。日本再生资源产业的立法处于世界前沿，完善的法制体系令日本成为废弃物循环再利用率最高的国家之一。日本的循环经济发展历程表明，完整的法律体系是其根本依托。

美国目前还没有一部全国性的再生资源循环利用法律，但美国有《资源保护与回收法》（1976 年通过，1980 年修订）和《污染预防法》（1990 年制定），都体现了循环经济背景下的资源再生利用思想，在一定程度上体现着发展资源循环利用的要求。同时美国联邦政府和各州政府还推行了一些有利于发展再生资源循环利用的政策。《资源保护与回收法》明确规定固体废物不准任意弃置，必须作为资源利用起来，强调国会要资助各州政府的环保局建立有关废弃物处理、资源回收的规划、回收技术及有关设备的研究和开发，要求 EPA 对危险废料实行从“摇篮”到“坟墓”的全程监控，同时还负责全美国近 200 万个地下储罐的设置、建造和监控。20 世纪 80 年代中期，俄勒冈州、新泽西州等州的资源循环再生促进法规相继诞生以来，美国已有半数以上的州制定了不同形式的再生资源循环法规。如，1989 年颁布的《加州综合废物管理法》，要求在 21 世纪伊始达到全国 50%的废弃物能通过削减和循环再生的方式进行处理，而不合要求的城市将处以至少每天一万美金的罚款。在美国，有七个州规定新闻用纸应该有 40%～50%的比例是由再生材料印制而成。威斯康星州规定，塑料容器必须使用 15%～25%的再生材料。加利福尼亚州规定，玻璃容器应该使用 15%～65%的再生材料，塑料垃圾袋必须使用 30%的再生材料。这些强制性的规则对于再生资源产业处于发展初期阶段的国家更加具有适用性。

此外，北欧地区是最早的践行人与自然和谐发展的地区。这些国家以瑞典、丹麦为代表，虽然未对循环经济领域进行专门的立法，却在环保法中涵盖了很多资源循环回收利用的内容。如 1979 年瑞典制定了《废物收集和处置法》、1983 年制定了《铝质材料容器回收法》等。在欧洲其他的发达国家，资源再生利用、促进循环经济发展的单行法律也配套出台，立法体系相对比较完善。

8.2.2 我国资源循环利用立法

我国资源循环利用主要包含两类：一是资源综合利用，主要包括共伴生矿综合利用和产业废弃物的综合利用；二是再生资源利用，主要包括再制造和再生资源回收利用。对于第一类，资源综合利用工作在我国已开展多年，技术不断进步，利用量和利用水平不断提高，相应的立法较丰富；对于第二类，再生资源利用工作我国近些年才高度重视，面对消费升级和资源匮乏，亟待解决技术问题，相应立法正在不断完善。

20 世纪 50～70 年代，我国开始开展资源综合利用工作；1985 年国务院颁布了《关于开展资源综合利用若干问题暂行规定》，成为我国新时期资源及再生资源利用事业的纲领性文件；1987 年国家经委、商业部等部门联合下发《关于进一步开发利用再生资源若干问题的通知》；1991 年国务院下发《关于加强再生资源回收利用管理工作的通知》；1996 年国务院批转的《国家经贸委等部门〈关于进一步开展资源综合利用的意见〉》（国发 36 号文件），代表了我国再生资源循环利用立法的实质性进展，意见主要规定了资源综合利用的范围、优惠政策、加强综合开发和合理利用的措施等，其实就是一部比较完整的再生资源循环利用的法规。

2000 年以后，再生资源循环利用立法工作取得了丰硕成果，进入了繁荣发展时期。2002 年出台《中华人民共和国清洁生产促进法》；2006 年出台《“十一五”资源综合利用指导意见》；2007 年出台《再生资源回收管理办法》，这是国内第一部再生资源行业的专门法规；2008 年出台《循环经济促进法》，初步确立了生产者延伸责任制；2009 年下发《关于开展矿产示范基地建设的通知》；2011 年出台《废弃电器电子产品回收处理管理条例》和《关于建立完整的先进的废旧商品回收体系的意见》；2012 年出台《废弃电器电子产品处理基金征收使用管理办法》，确定了废弃电器电子产品处理基金征收标准及废弃电器电子处理补贴标准。

一些地方还相继制定了许多资源综合利用的地方法规和规章，如《浙江省资源综合利用促进条例》、《山东省资源综合利用条例》、《江西省资源综合利用条例》、《湖北省资源综合利用条例》、《湖南省资源综合利用认定管理实施细则》、《江苏省资源综合利用认定管理办法》、《浙江省资源综合利用条例》、《河北省资源综合利用认定管理办法》、《山西省关于全面推进资源节约与综合利用的决定》、《贵州省生态文明建设促进条例》、《北京市人民政府关于加快推进河湖水系连通及水资源循环利用工作的意见》、《昆明市再生资源回收管理条例》、《深圳市资源综合利用条例》等。

目前我国已初步形成资源综合利用的法规政策体系，法律法规体系的完善和政府支持力度的加大，将推进我国再生资源行业的快速发展。

8.3 我国资源循环利用法律法规及主要内容

我国虽然还没有一部专门调整资源循环利用关系的基本法律，但现行法律法规中包含了大量的资源循环利用的相关规定。

8.3.1 基本法的规定

《环境保护法》(2014 年修订) 是环境领域的基础性、综合性法律，被视为环境基本法。该第三十条指出：开发利用自然资源，应当合理开发，保护生物多样性，保障生态安全，依法制定有关生态保护和恢复治理方案并予以实施。并且在第四十条明确规定：国家促进清洁生产和资源循环利用。国务院有关部门和地方各级人民政府应当采取措施，推广清洁能源的生产和使用。企业应当优先使用清洁能源，采用资源利用率高、污染物排放量少的工艺、设备以及废弃物综合利用技术和污染物无害化处理技术，减少污染物的产生。

8.3.2 单行法的规定

除《环境保护法》外，我国还有一些单行法律也在不同程度上对再生资源循环利用进行了规制。

《循环经济促进法》(2009 年 1 月 1 日起施行) 对促进资源的高效利用发挥了一定作用，为资源回收再利用提供了有效路径。该法明确规定：为促进循环经济的发展，保护和改善环境，提高资源利用率，实现可持续发展，制定本法。该法第十五条规定：生产列入强制回收名录的产品或者包装物的企业，必须对废弃的产品或者包装物负责回收；对其中可以利用的部分，应当由各生产企业负责回收利用。该法第二十三条规定：建筑设计、建设、施工等单位应当按照国家有关规定和标准，对其设计、建设、施工的建筑物及构筑物采用节能、节水、节地、节材的技术工艺和小型、轻型、再生产品。有条件的地区，应当充分利用太阳能、地热能、风能等可再生能源。第二十七条规定：国家鼓励和支持使用再生水。在有条件使用再生水的地区，限制或者禁止将自来水作为城市道路清扫、城市绿化和景观用水使用。第二十九条规定：县级以上人民政府应当统筹规划区域经济布局，合理调整产业结构，促进企业在资源综合利用等领域进行合作，实现资源的高效利用和循环使用。各类产业园区应当组织区内企业进行资源综合利用，促进循环经济发展。《循环经济促进法》还通过第四章全章对资源的再利用和资源化进行了具体规定。

《清洁生产促进法》（2012 年修订）旨在促进清洁生产，提高资源利用效率，减少和避免污染物的产生，保护和改善环境，保障人体健康，促进经济与社会可持续发展。第十条规定：各级政府和有关主管部门向社会提供可再生利用的废物供求信息和服务。第十三条规定：节能、节水、废物再生利用等方面的产品标志和标准的制定；第十六条规定：政府优先采购和鼓励公众购买节能、节水、废物再生利用的产品。第十八条规定：新建、改建和扩建项目应当进行环境影响评价，对原料使用、资源消耗、资源综合利用以及污染物产生与处置等进行分析论证，优先采用资源利用率高以及污染物产生量少的清洁生产技术、工艺和设备。第二十六条规定：企业废物、余热转让给有条件的其他企业和个人利用。第三十三条规定：依法利用废物和在废物中回收原料生产产品的，按照国家规定享受优惠。

《矿产资源法》（2009 年修正）的立法目的是为了发展矿业，加强矿产资源的勘查、开发利用和保护工作，保障社会主义现代化建设的当前和长远的需要。该法第七条规定：国家对矿产资源的勘查、开发实行统一规划、合理布局、综合勘查、合理开采和综合利用的方针。第三十条规定：在开采主要矿产的同时，对具有工业价值的共生和伴生矿产应当统一规划，综合开采，综合利用，防止浪费；对暂时不能综合开采或者必须同时采出而暂时还不能综合利用的矿产以及含有有用组分的尾矿，应当采取有效的保护措施，防止损失破坏。

《煤炭法》（2013 年修正）是我国煤炭行业发展走上规范化、法制化轨道的一个重要里程碑。该法第十九条第二款规定：审查批准煤矿企业，须由地质矿产主管部门对其开采范围和资源综合利用方案进行复核并签署意见。

《固体废物污染环境防治法》（2015 年修正）对固体废物进行了种类划分和分别管理，采取对固体废物综合利用活动有益的经济政策和技术措施，实现对固体废物的充分回收和合理利用。该法第三条规定：国家对固体废物污染环境的防治，实行减少固体废物的产生量和危害性、充分合理利用固体废物和无害化处置固体废物的原则，促进清洁生产和循环经济发展。国家采取有利于固体废物综合利用活动的经济、技术政策和措施，对固体废物实行充分回收和合理利用。第四条第二款规定：国务院有关部门、县级以上地方人民政府及其有关部门组织编制城乡建设、土地利用、区域开发、产业发展等规划，应当统筹考虑减少固体废物的产生量和危害性、促进固体废物的综合利用和无害化处置。第八条规定：各级人民政府对在固体废物污染环境防治工作以及相关的综合利用活动中作出显著成绩的单位和个人给予奖励。为减少白色污染，该法第十八条规定：产品和包装物的设计、制造，应当遵守国家有关清洁生产的规定。国务院标准化行政主管部门应当根据国家经济和技术条件、固体废物污染环境防治状况以及产品的技术要求，组织制定有关标准，防止过度包装造成环境污染。生产、销售、进口依法被列入强制回收目录的产品和包装物的企业，必须按照国家有关规定对该产品和包装物进行回收。该法第十九条针对农用薄膜的危害性，一方面鼓励科研、生产单位研究、生产容易回收利用及易处置或者在环境中可降解的农用薄膜；另一方面要求使用农用薄膜的单位和个人有效采取回收利用等措施，防止或减少农用薄膜对环境的污染。

《水法》（2009 年修正）是为合理开发、利用、节约和保护水资源，防治水害，实现水资源的可持续利用，适应国民经济和社会发展的需要而制定的。该法第四条规定：开发、利用、节约、保护水资源和防治水害，应当全面规划、统筹兼顾、标本兼治、综合利用、讲求效益，发挥水资源的多种功能，协调好生活、生产经营和生态环境用水。第二十三条第一款规定：地方各级人民政府应当结合本地区水资源的实际情况，按照地表水与地下水统一调度开发、开源与节流相结合、节流优先和污水处理再利用的原则，合理组织开发、综合利用水资源。

《大气污染防治法》（2015 年修订）第三十四条第二款规定：国家鼓励煤矿企业等采用合理、可行的技术措施，对煤层气进行开采利用，对煤矸石进行综合利用。从事煤层气开采利用的，煤层气排放应当符合有关标准规范。

8.3.3　行政法规、规章的规定

除上述法律外，我国还出台了较多的行政法规、规章，对再生资源回收利用作出了更为细致、具体的规定。

行政法规如《废弃电器电子产品回收处理管理条例》（2011 年 1 月 1 日起施行），该条例第七条第二款规定：废弃电器电子产品处理基金应当纳入预算管理，其征收、使用、管理的具体办法由国务院财政部门会同国务院环境保护、资源综合利用、工业信息产业主管部门制订，报国务院批准后施行。第十条规定：电器电子产品生产者、进口电器电子产品的收货人或者其代理人生产、进口的电器电子产品应当符合国家有关电器电子产品污染控制的规定，采用有利于资源综合利用和无害化处理的设计方案，使用无毒无害或者低毒低害以及便于回收利用的材料。第十五条规定：处理废弃电器电子产品，应当符合国家有关资源综合利用、环境保护、劳动安全和保障人体健康的要求。第十四条规定：国家鼓励处理企业与相关电器电子产品生产者、销售者以及废弃电器电子产品回收经营者等建立长期合作关系，回收处理废弃电器电子产品。第十五条规定：处理废弃电器电子产品，应当符合国家有关资源综合利用、环境保护、劳动安全和保障人体健康的要求。第二十条规定：国务院资源综合利用、质量监督、环境保护、工业信息产业等主管部门，依照规定的职责制定废弃电器电子产品处理的相关政策和技术规范。第二十一条规定：省级人民政府环境保护主管部门会同同级资源综合利用、商务、工业信息产业主管部门编制本地区废弃电器电子产品处理发展规划，报国务院环境保护主管部门备案。地方人民政府应当将废弃电器电子产品回收处理基础设施建设纳入城乡规划。

行政规章如《煤矸石综合利用管理办法》（2014 年修订版），该办法第十九条规定：煤矸石利用单位可按照《国家鼓励的资源综合利用认定管理办法》有关要求和程序申报资源综合利用认定。符合条件的，可根据国家有关规定申请享受并网运行、财税等资源综合利用鼓励扶持政策。对符合燃煤发电机组环保电价及环保设施运行管理的煤矸石综合利用发电（含热电联产）企业，可享受环保电价政策。第二十五条规定：对获得国家和地方资金支持的煤矸石综合利用项目，所在地区科技、投资、环保等部门应当对项目进展、资金使用、环境影响情况进行监督检查，并进行资源综合利用效果的后评估。

此外还有《电器电子产品有害物质限制使用管理办法》、《重要资源循环利用工程（技术推广及装备产业化）实施方案》、《关于加强再生资源回收利用管理工作的通知》、《报废汽车回收管理办法》、《建立完整的先进的废旧商品回收体系重点工作部门分工方案》等规范性文件，数量之多，不胜枚举。

8.4 资源循环利用的法律保障制度

8.4.1 规划制度

资源循环利用规划是规划管理者对一定时期内资源循环利用目标和措施所作出的具体规定，是一种带有指令性的资源循环利用方案，实质上是一项为克服人类社会经济活动和环境保护活动出现的盲目性和主观随意性而实施的科学决策活动。制定规划的基本目的在于不断改善和保护人类赖以生存和发展的自然环境，合理开发和利用各种资源，维护自然环境的生态平衡。资源循环利用规划制度包括资源循环利用规划和计划制度。资源循环利用发展规划是对资源循环利用发展战略目标、重点任务及其保障措施的总体安排和部署；计划则是规划的实施方案，具体落实资源循环利用项目、设施、产品目标及完成措施。目前我国资源循环利用规划主要有：国家经贸委于 2002 年 1 月 10 日发布的《再生资源回收利用“十五”发展规划》；商务部等部门 2015 年颁布的《再生资源回收体系建设中长期规划（2015—2020年）》；发改委等部门 2014 年颁布的《重要资源循环利用工程（技术推广及装备产业化）实施方案》为提升我国资源循环利用领域的技术装备水平，壮大资源循环利用产业，促进我国战略性新兴产业发展提出了工程总体目标和具体要求；即将出台的《“互联网+”资源循环行动方案（2016—2020）》，对“十三五”时期资源循环利用产业利用互联网、大数据的方式进行总体布局，确定重点任务，明确保障措施。

8.4.2 市场准入制度

市场准入制度是有关国家和政府准许公民和法人进入市场，从事商品生产经营活动的条件和程序规则的各种制度和规范的总称。其表现是国家通过立法，规定市场主体资格的条件及取得程序，并通过审批和登记程序执行。资源循环利用涉及资源安全、生态安全和公共秩序安全，在这一领域实施严格的市场准入制度是非常必要的。从事资源循环利用的生产经营单位，应通过针对废旧家电、电子垃圾处理、报废汽车等行业方面设定的资格条件认定，实行经营许可证制度，严格禁止不符合条件的企业和个人从事废旧物资的回收业务。2001 年 6 月实施的《报废汽车回收管理办法》规定：国家对报废汽车回收业实行特种行业管理，对报废汽车回收企业实行资格认定制度。相比而言，国内再生资源利用行业的环保门槛和资源化利用水平偏低，行业小、散、乱，尤其是废塑料、废五金、废电器等劳动密集型加工利用企业，污染防治设施简陋，技术水平落后，资源化利用率和环保标准普遍低于持进口废物许可证的企业。为此，可借鉴对进口废物加工利用企业的管理制度和环境标准，加强对国内再生资源行业的环境监管，提高环境准入门槛，逐步与进口废物许可证加工利用企业的环境标准接轨，提高国内再生资源加工利用企业的整体环境保护水平。随着资源循环产业的不断发展，市场准入制度将进一步完善。

8.4.3 生产者责任延伸制度

生产者责任延伸制度指生产经营单位对其设计、制造、进口、销售的产品，在消费者使用后有义务进行收集、处置、再使用。生产经营单位应当使用易于分解、拆解或回收再利用的材质和设计，使用产品分类回收标志，使用一定比例或数量的再生资源及可重复使用的包装容器。在传统的法律领域，产品的生产者只对产品本身的质量承担责任，而现代社会发展要求生产者还应依法承担产品废弃后的回收、利用、处置等责任。也就是说，生产者的责任已经从单纯的生产阶段、产品使用阶段逐步延伸到产品废弃后的回收、利用和处置阶段。生产者责任延伸制度扩大了生产者应承担责任的范畴，不仅在产品的生产过程之中，而且还要延伸到产品的整个生命周期，特别是废弃后的回收和处置。生产者责任延伸的思想，最早可追溯到瑞典 1975 年关于废物循环利用和管理的议案。该议案提出：产品生产前生产者有责任了解当产品废弃后，如何从保护环境和节约资源的角度，以适当的方式处理废弃产品。生产者责任延伸制度改变了先污染后治理的模式，明确生产者对产品废弃物管理的责任，综合利用法律和经济手段激励生产者进行绿色设计、开发绿色产品和绿色工艺。该制度一方面促使企业减少进入生产和消费过程的物质和能量，从生产到消费的全过程不产生或少产生废弃物，从而从源头上减少废弃物的产生；另一方面可以使产品废弃物更容易被回收利用和安全处置，以利于对废弃产品的“再利用”和“再循环”。《循环经济促进法》根据产业的特点，对生产者在产品废弃后应当承担的回收、利用、处置等责任作出了明确规定。《固体废物污染环境防治法》第五条规定：国家对固体废物污染环境防治实行污染者依法负责的原则。产品的生产者、销售者、进口者、使用者对其产生的固体废物依法承担污染防治责任。第十八条第二款规定：生产、销售、进口依法被列入强制回收目录的产品和包装物的企业，必须按照国家有关规定对该产品和包装物进行回收。根据这些规定，生产经营组织对其设计、制造、进口和销售的产品，在经消费者使用后有义务进行收集、处置和再利用等。2005 年 1 月 1 日起施行的《电子信息产品污染防治管理办法》也作出了类似规定，如第十六条明确规定：生产者应该承担其产品废弃后的回收、处理、再利用的相关责任。2015 年中共中央政治局会议审议通过的《生态文明体制改革总体方案》明文规定：实行生产者责任延伸制度，推动生产者落实废弃产品回收处理等责任。

8.4.4 产业政策引导制度

产业政策不仅是促进产业结构调整的有效手段，更是政府规范和引导产业发展的重要依据。随着我国市场化、工业化、国际化进程的不断加快，产业政策在调控经济社会发展中的作用不断加强。资源循环利用产业是指从事再生资源流通、加工利用、科技开发、信息服务和设备制造、环境保护等经济活动的集合，是集流通、生产、科研、环境保护于一体，集经济效益、社会效益、环保效益为一体的具有先进水平的新型产业。它是循环经济模式中极为关键的一环，覆盖循环经济三原则中的“再利用和资源化”两大领域，负担着将各种有价废弃资源输送回社会生产活动的“静脉输血”职能，是静脉经济的最重要支撑。大力发展资源循环利用产业具有现实的必要性和紧迫性，有利于解决我国经济发展与资源约束、环境保护以及产业结构升级之间的矛盾。《生态文明体制改革总体方案》强调了废旧回收行业和再生资源行业的重要性和不可或缺性。培育和发展这种新兴产业通常需要借助产业政策的引导和支持。自1996年《国务院批转国家经贸委等部门关于进一步开展资源综合利用的意见通知》发布后，我国颁布了一系列鼓励开展资源综合利用的产业政策和税收优惠政策，从宏观上对再生资源综合利用工作给予了指导。《循环经济促进法》规定：国务院循环经济发展综合管理部门会同国务院环境保护等有关主管部门，定期发布鼓励、限制和淘汰的技术、工艺、设备、材料和产品名录。近些年，我国先后制定出台了汽车、水泥、电解铝、钢铁、焦炭、电石、铁合金等行业的产业政策，规范和引导了资源循环利用产业的发展。根据我国有关部门的相关政策指引，我国再生资源的回收利用将进入系统化、规范化阶段，政策的指引有望带动再生资源回收市场的迸发。

8.4.5 再生资源回收利用体系制度

再生资源回收利用体系是指在市场经济条件下，为适应社会经济可持续发展要求，以促进废弃物资源化和无害化处理为主要目的，达到废旧物资从产生到回收利用和有效处理的良性循环的社会化大体系。为摆脱我国日益严重的资源瓶颈制约，有效防止环境污染，适应产品更新换代加快、废旧商品数量和种类不断增加的需要，加快再生资源回收体系制度建设刻不容缓。2005年《国务院关于加快发展循环经济的若干意见》中将资源回收利用体系建设作为循环经济的重点领域之一，进一步明确了再生资源产业在资源战略中的重要地位，对促进产业的发展起到重要作用。从政策环境看，国家"十二五"规划纲要明确提出要"完善再生资源回收体系，推进资源再生利用产业化"，把"再生资源回收体系示范"作为七项重点工程之一，首次将回收工作列入国民经济发展规划。《循环经济促进法》规定了建立健全再生资源回收体系、对废电器电子产品进行回收利用、报废机动车船回收拆解、机电产品再制造，以及生活垃圾、污泥的资源化等具体要求。2011年国务院办公厅印发《关于建立完整的先进的废旧商品回收体系的意见》，它是关于再生资源回收的指导性、纲领性文件，为实现回收体系建设提供了政策保障。根据文件精神，2012年5月，经国务院同意，建立了由商务部牵头，22个单位组成的废旧商品回收体系建设部际联席会议制度。《再生资源回收体系建设中长期规划（2015—2020年）》对厂商直挂的产业类再生资源回收体系的规定是：鼓励回收企业与各类产废企业和产业集聚区建立战略合作关系，建立适合产业特点的回收模式。同时，鼓励有条件的企业将分拣和加工的再生资源直接配送给利用企业和国家城市矿产示范基地，通过厂（企）商直挂，减少中间环节，满足下游利用企业的需求，提高回收利用率。

8.4.6 激励奖励和资金支持制度

我国资源循环利用产业正处于发展的初期阶段，产业快速发展所需要的外部环境尚不完善，完全依靠市场机制和企业自身的力量难以快速成长，必须建立健全激励奖励和资金支持制度。主要包括：建立循环经济发展专项资金；对循环经济重大科技攻关项目实行财政支持；对促进循环经济发展的产业活动给予税收优惠；对有关循环经济项目实行投资倾斜；实行有利于循环经济发展的价格政策、收费制度和有利于循环经济发展的政府采购政策。我国资源循环利用相关立法对激励的重视程度持续增强，许多法律法规规定了激励政策和措施，有些单行法律法规甚至本身就是完整的激励机制，或者用专章规定了激励机制。《环境保护保护法》（2014年修订）中激励规范的比重比修订前的旧法大大增加，也为资源循环利用单行法、行政法规和地方法规中的激励机制的建立作好了铺垫。《清洁生产促进法》、《循环经济促进法》、《可再生能源法》（第六章“经济激励与监督措施”）也有大量针对资源循环利用激励奖励的规定。在税收优惠中，2007 出台的《企业所得税法》第三十三条规定：企业综合利用资源，生产符合国家产业政策规定的产品所取得的收入，可以在计算应纳税所得额时减计收入。财政部、国家税务总局《关于印发〈资源综合利用产品和劳务增值税优惠目录〉的通知》（财税〔2015〕78 号），将资源综合利用企业享受增值税税收优惠政策全部改为即征即退，取消了增值税征前免税政策。为便于纳税人更好更快地得到税收优惠政策的支持，国家还取消了资源综合利用认定工作，企业只要符合资源综合利用条件就可到税务机关进行备案即可享受税收优惠。该政策与原有《关于调整完善资源综合利用产品及劳务增值税政策的通知》（财税［2011］115 号）相比较，主要是增加了对再生资源类的税收优惠，给予相关综合利用资源及产品 30%～70%的增值税即征即退优惠。在资金支持中，发改委、工信部等六部委发布关于印发《重要资源循环利用工程（技术推广及装备产业化）实施方案》的通知中明确指出：对资源循环利用产业加大支持力度，引导资金投入。通过各自循环经济发展专项资金等现有资金渠道，支持资源循环利用技术产业化。本工程涉及研发的相关任务，需要财政资金支持的，按照深化中央财政科技计划（专项、基金等）管理改革的要求纳入国家有关科技计划（专项、基金等）统筹给予支持。创新支持方式，组织示范推广，建立公共服务平台等，发挥对社会资金的引导带动作用，鼓励和引导民间资本投向资源循环利用产业领域。

发展再生资源循环利用技术和产业是当今世界的潮流，体现了以人为本，全面协调可持续发展观的本质要求，是转变经济增长方式、走新型工业化道路、全面建设小康社会的重要战略举措。完善的资源循环利用法律保障制度是推行循环经济模式、实现资源循环利用并最终解决我国资源环境突出问题、实现经济社会可持续发展的重要前提和基础。

参考文献

[1] 何凯．资源循环利用的应用模型及政策研究［D］．重庆：重庆大学，2006.

[2] 任丽娟．生命周期评价方法及典型纸产品生命周期评价研究［D］．北京：北京工业大学，2011.

[3] 付允，林翎，高东峰，侯姗．我国资源循环利用的理论内涵与系统模型研究［J］．生态经济，2012，(10)：58-61.

[4] 薛菲，袁汝华．城市矿产环境效益分析［J］．重庆理工大学学报（自然科学），2014，28（6）：126-130.

[5] 周永生，贺旋．我国“城市矿产”发展战略研究［J］．广西社会科学，2014，(11)：70-75.

[6] 韦冉．我国再生资源循环利用立法研究［D］．重庆：重庆大学，2005.

[7] 陈德敏．资源循环利用论——中国资源循环利用的技术经济分析［D］．重庆：重庆大学，2004.

[8] 邱定蕃，徐传华．有色金属资源循环利用［M］．北京：冶金工业出版社，2006.

[9] 赵国权，贺家齐，王碧文，张希忠．铜回收再生与加工技术［M］．北京：化学工业出版社，2007.

[10] 徐家保．建筑材料学［M］．广州：华南工学院出版社，1986.

[11] 卞致璋．从发达国家的做法看我国废玻璃的回收与利用［J］．中国建材，2003，(6)：51-55.

[12] 李湘洲．建筑材料的再生循环与利用［J］．建筑工人，2008，(2)：22-23.

[13] 龚平．建筑材料生态化探析［J］．建材发展导向，2006，(3)：54-56.

[14] 徐美君．国际国内废玻璃的回收与利用［J］．建材发展导向，2007，(1)：51-55.

[15] 王天民，翁端等．材料科学与工程手册（下卷）［M］．北京：化学工业出版社，2004.

[16] 左铁镛，聂祚仁．环境材料基础［M］．北京：科学出版社，2003.

[17] 王天民．生态环境材料［M］．天津：天津大学出版社，2000.

[18] 孙胜龙．环境材料［M］．北京：化学工业出版社，2002.

[19] 翁端．环境材料学［M］．北京：清华大学出版社，2001.

[20] 黄发荣．高分子材料的循环利用［M］．北京：化学工业出版社，2000.

[21] 张德庆．高分子材料科学导论［M］．哈尔滨：哈尔滨工业大学出版社，1999.

[22] 陈占勋．废旧高分子材料资源及综合利用［M］．北京：化学工业出版社，1998.

[23] 吴其晔，冯莺．高分子材料概论［M］．北京：机械工业出版社，2004.

[24] 刘寿华，边柿立．废旧塑料回收与再生入门［M］．杭州：浙江科学技术出版社，2002.

[25] 刘廷栋，刘京，张林．回收高分子材料的工艺与配方［M］．北京：化学工业出版社，2002.

[26] 何天白，胡汉杰．功能高分子与新技术［M］．北京：化学工业出版社，2000.

[27] 王绍文．固体废物资源化技术与应用［M］．北京：冶金工业出版社，2003.

[28] 芈振明．固体废物的处理与处置［M］．北京：高等教育出版社，1993.

[29] 刘均科．塑料废弃物的回收与利用技术［M］．北京：中国石化出版社，2000.

[30] 肖定全，王洪涛．救救地球——从环境材料说起［M］．北京：科学出版社，2002.

[31] 王德中．功能高分子材料［M］．北京：中国物资出版社，1998.

[32] 苑志伟，魏若奇．塑木生产技术与废塑料利用［M］．北京：化学工业出版社，2002.

[33] 董丽杰等．高分子材料产业的可持续发展［J］．武汉理工大学学报，2001，23（8）：88-91.

[34] 黄发荣．高分子材料的循环利用［J］．上海化工，1998，23（20）：27-31.

[35] 王骏，洪琢．ABS塑料合金在机械设计中的应用［J］．机械制造，2007，45（516）：45-46.

[36] 马建立，赵由才，任天斌．利用废旧PE/PP制备木塑复合材料的研究［J］．塑料工业，2007，35（8）：56-59.

[37] 潘志彦，王泉源，胡自伟．超临界流体技术在废旧塑料解聚中的应用［J］．环境污染治理技术与设备，2003，4（8）：51-54.

[38] 高玉新，吴勇生．国外废塑料的热能利用［J］．再生资源研究，2005，(4)：27-29.

[39] 庄伟强．固体废物处理与利用［M］．北京：化学工业出版社，2001.

[40] 赵由才．固体废物污染控制与资源化［M］．北京：化学工业出版社，2002.

[41] 王绍文．固体废物资源化技术与应用［M］．北京：冶金工业出版社，2003.

[42] 张锦瑞，王伟之等．金属矿山尾矿综合利用与资源化［M］．北京：冶金工业出版社，2002.

[43] 国家环境保护局．化学工业固体废物治理［M］．北京：中国环境科学出版社，1991.

[44] 聂永丰．三废处理工程技术手册——固体废物卷［M］．北京：化学工业出版社，2000
[45] 蒋建国．固体废物处理处置工程［M］．北京：化学工业出版社，2005.
[46] 杨慧芬，张强．固体废物资源化［M］．北京：化学工业出版社，2004.
[47] 张小平，固体废物污染控制工程［M］．北京：化学工业出版社，2004.
[48] 杨玉楠，熊运实．固体废物的处理处置工程与管理［M］．北京：科学出版社，2004.
[49] 韩怀强，蒋挺大．粉煤灰利用技术［M］．北京：化学工业出版社，2001.
[50] 国家环境保护局科技标准司．电镀污泥及铬渣资源化实用技术指南［M］．北京：中国环境科学出版社，1997.
[51] 芈振明．固体废物的处理与处置［M］．北京：高等教育出版社，1993.
[52] 冶金工业部安全环保司．钢铁工业固体废物治理［M］．北京：冶金工业出版社，1991.
[53] 王喜富，张禄秀等．煤矸石及其在矿区铁路建设中的应用［M］．北京：煤炭工业出版社，2003.
[54] 高杉晋吾．工业固体废物［M］．周北海译．北京：中国环境科学出版社，1999.
[55] 同济大学．大掺量煤矸石复合水泥及其制备方法［P］．中国专利 CN1546410，2004.11.17.
[56] 田立楠．磷石膏综合利用［J］．化工进展，2002，(1)：56-59.
[57] 尤宏，姚杰等．废旧镍-镉电池中镍镉的回收方法［J］，环境污染与防治，2002 (3)：187-189.
[58] 王子元．铅酸废蓄电池的回收利用［J］，中国物资再生，1999，(1)：20-21.
[59] 江丽，王卫红，陆严宏．溶剂萃取法分离二次电池废泡沫式镍极板中镍、镉、钴的研究［J］．湿法冶金，2000，19 (1)：46-50.
[60] 匡跃辉．中国水资源与可持续发展［M］．北京：气象出版社，2001.
[61] 许有鹏．城市水资源与水环境［M］．贵阳：贵州人民出版社，2003.
[62] 叶雯，刘美南．我国城市污水再生利用的现状与对策［J］．中国给水排水，2002，18 (12)：31-33.
[63] 王守荣．全球水循环与水资源［M］．北京：气象出版社，2003.
[64] Asit K Biswas. 水资源环境管理与规划［M］．陈伟等译．郑州：黄河水利出版社，2001.
[65] 李广贺．水资源利用与保护［M］．北京：中国建筑工业出版社，2002.
[66] 李广贺．水资源利用工程与管理［M］．北京：清华大学出版社，l998.
[67] 张忠祥，钱易．城市可持续发展与水污染防治对策［M］．北京：中国建筑工业出版社，1998.
[68] 籍国东．我国污水资源化的现状分析与对策探讨［J］．环境科学进展，1998，7 (5)：10-13.
[69] 邬扬善．城市污水处理投资与决策［M］．北京：中国环境科学出版社，1992.
[70] 任树梅．水资源保护［M］．北京：中国水利水电出版社，2003.
[71] 钱易，刘昌明，邵益生．中国城市水资源可持续开发利用［M］．北京：中国水利水电出版社，2002.
[72] 冯尚友．水资源持续利用与管理导论［M］．北京：科学出版社，2000.
[73] 钱正英．钱正英水利文选［C］．北京：中国水利水电出版社，2000.
[74] 唐受印．废水处理工程［M］．北京：化学工业出版社，2004.
[75] 王国新．水资源学基础知识［M］．北京：中国水利水电出版社，2003.
[76] 陈传友．水资源与可持续发展［M］．北京：中国科学技术出版社，1999.
[77] 李培红，张克峰，王永胜，严家适．废水处理与回收利用［M］．北京：化学工业出版社，2001.